# 高等数学简明教程

## （下）

主　编　许　召
副主编　张　忠　胡贵攀　李　樾

武汉理工大学出版社
·武汉·

图书在版编目(CIP)数据

高等数学简明教程.下 / 许召主编. —武汉:武汉理工大学出版社,2022.1
ISBN 978-7-5629-6440-7

Ⅰ. ①高… Ⅱ. ①许… Ⅲ. ①高等数学-高等学校-教材 Ⅳ. ①O13

中国版本图书馆 CIP 数据核字(2021)第 147676 号

项目负责人:杨万庆　　　　　　　　　　　　责任编辑:高　英
责任校对:夏冬琴　　　　　　　　　　　　　版面设计:正风图文
出版发行:武汉理工大学出版社
地　　　址:武汉市洪山区珞狮路 122 号
邮　　　编:430070
网　　　址:http://www.wutp.com.cn
经　　　销:各地新华书店
印　　　刷:荆州市精彩印刷有限公司
开　　　本:710×1000　1/16
印　　　张:14.5
字　　　数:292 千字
版　　　次:2022 年 1 月第 1 版
印　　　次:2022 年 1 月第 1 次印刷
定　　　价:43.80 元

# 前　言

　　本书是在教育部对普通高等院校深化教学改革的精神和对独立院校新的教学要求的背景下,由我校领导高度重视并组织长期在一线教学的数学老师编写而成。本书具有以下特点:

　　1. 分为上下两册,上册包括极限与连续、导数与微分、不定积分、定积分及其应用四章,下册包括微分方程和差分方程、多元函数微分学、多元函数积分学和无穷级数四章。全书内容通俗易懂,简约实用,保持高等数学原有知识体系的同时,突出高等数学的基本思想和基本方法,内容编写更加精简。

　　2. 在保持微积分体系的完整性和结构的合理性的同时,尽量减少抽象的理论推导和一些定理的证明,在重要的概念引入之时,尽可能做到简明、自然和浅显,力求做到"简约实用";充分考虑教学的需要,依循序渐进的原则,以适当的难度梯度选编教学例题。

　　3. 教学内容的设置上,以应用为目的,以必需、够用为度,与专业课程学习和职业岗位需求密切相关的基本知识相一致;教学模式上适应以教师为主导,以新编教材为蓝本,引导学生自主学习;各章节主题明确,结构合理,条理清晰,内容丰富。

　　4. 既考虑了理工科专业学生对高等数学的急切需要,同时也兼顾经济类专业的特点,书中带有"＊"号的内容可根据不同专业需求斟酌选讲。

　　《高等数学简明教程(下)》由许召负责统稿并担任主编,张忠、胡贵攀、李樾担任副主编。在前期高等数学教学研讨会上,湖北工程学院新技术学院的领导和各专业课教师提出了许多宝贵的意见和建议,湖北工程学院李金田老师、胡家喜老师多年来一直关注该书的建设和完善,并做了大量的工作,编者在此表示诚挚的谢意。

　　本书编写过程中,参考了大量国内外优秀图书,在此一并感谢,特别是武汉理工大学出版社的领导和编辑对本书给予了极大的支持和帮助,并提出了诸多宝贵意见和建议,对此我们表示由衷的感谢。

　　本书不足之处,恳请读者批评指正。

编者

2021 年 4 月

# 目　录

# 第五章　微分方程和差分方程

在工程技术、物理学以及经济学与管理学等各领域中,经常需要确定变量间的函数关系.可在许多实际问题中,我们往往不能直接找出所需要的函数关系,但我们能列出含有要找的函数及其导数(或微分)的方程.这样的方程就是微分方程.微分方程建立后,通过研究,找出满足方程的未知函数来,这一过程就是解微分方程.

本章主要介绍微分方程的一些基本概念和几种简单、常用的微分方程的解法以及它们的简单应用.除微分方程外,本章还要学习一阶常系数线性差分方程的解法及应用.

## 第一节　微分方程的基本概念

### 一、引例

**例 5-1**　一曲线过点 $(1,2)$,曲线上任意点 $P(x,y)$ 处的切线斜率等于该点的横坐标平方的 3 倍,求此曲线的方程.

**解**　设所求曲线的方程为 $y=y(x)$,根据导数的几何意义,可知函数 $y=y(x)$ 满足:

$$\frac{\mathrm{d}y}{\mathrm{d}x}=3x^2. \tag{5-1}$$

又已知曲线过点 $(1,2)$,则有

$$y\big|_{x=1}=2. \tag{5-2}$$

把式(5-1)两端积分,得

$$y=\int 3x^2\mathrm{d}x=x^3+C, \tag{5-3}$$

其中 $C$ 为任意常数.

把条件 $y\big|_{x=1}=2$ 代入式(5-3),得

$$2 = 1^3 + C,$$

由此得出 $C=1$,把 $C=1$ 代入式(5-3),即得所求曲线方程

$$y = x^3 + 1. \tag{5-4}$$

**例 5-2**　质量为 $m$ 的物体(仅受重力的作用)从初始位置 $s=0$ 处以初始速度 $v=0$ 下落,试确定物体下落的路程 $s$ 与时间 $t$ 的函数关系.

**解**　设物体在任一时刻 $t$ 下落的路程为 $s$.根据题意,反映物体运动规律的函数 $s=s(t)$ 应满足关系式

$$\frac{\mathrm{d}^2 s}{\mathrm{d}t^2} = s'' = a. \tag{5-5}$$

因物体仅受重力的作用,重力加速度为 $g$,则有

$$\frac{\mathrm{d}^2 s}{\mathrm{d}t^2} = g, \tag{5-6}$$

此外,未知函数 $s=s(t)$ 还应满足下列条件:

$$当 \ t=0 \ 时, s=0, v=\frac{\mathrm{d}s}{\mathrm{d}t}=0.$$

简记为

$$s\big|_{t=0} = 0,$$

$$v\big|_{t=0} = \frac{\mathrm{d}s}{\mathrm{d}t}\bigg|_{t=0} = 0. \tag{5-7}$$

把式(5-6)两端积分一次,得

$$v = \frac{\mathrm{d}s}{\mathrm{d}t} = gt + C_1, \tag{5-8}$$

再积分一次,得

$$s = \frac{1}{2}gt^2 + C_1 t + C_2. \tag{5-9}$$

这里 $C_1, C_2$ 都是任意常数.

把条件 $v\big|_{t=0}=0$ 代入式(5-8)得

$$C_1 = 0;$$

把条件 $s\big|_{t=0}=0$ 代入式(5-9)得

$$C_2 = 0.$$

把 $C_1, C_2$ 的值代入式(5-9)得

$$s = \frac{1}{2}gt^2. \tag{5-10}$$

这正是我们所熟悉的自由落体运动公式.

## 二、基本概念

上述两个例子中的关系式[式(5-1)和式(5-6)]都含有未知函数的导数,它们都是微分方程.

**定义 1**　含未知函数的导数或微分的方程称为**微分方程**;未知函数是一元函数的微分方程称为**常微分方程**;未知函数是多元函数的微分方程称为**偏微分方程**.

**定义 2**　出现在微分方程中的未知函数的最高阶导数或微分的阶数称为微分方程的**阶**.

例如,方程(5-1)是一阶微分方程,方程(5-6)是二阶微分方程.又如方程 $(t^2+x)\mathrm{d}t+x\,\mathrm{d}x=0$ 是一阶微分方程,方程 $x^3 y'''+x^2 y''-4xy=3x^2$ 是三阶微分方程.方程 $y^{(4)}-4y'''+10y''-12(y')^5+5=\sin 2x$ 是四阶微分方程.

**定义 3**　如果把某个函数代入微分方程中,能使该方程成为恒等式,则称此函数为**微分方程的解**.如果微分方程的解中含有任意常数,且独立的任意常数的个数与微分方程的阶数相同,这样的解称为**微分方程的通解**.相应地,不包含任意常数的解称为**微分方程的特解**.

例如,函数(5-3)和(5-4)都是微分方程(5-1)的解;函数(5-9)和(5-10)都是微分方程(5-6)的解.函数(5-3)是微分方程(5-1)的解,它含有一个任意常数,且方程(5-1)是一阶微分方程,所以函数(5-3)是微分方程(5-1)的通解.函数(5-4)是微分方程(5-1)的特解.同理,函数(5-9)是微分方程(5-6)的通解,函数(5-10)是微分方程(5-6)的特解.

为了得到微分方程的特解,就必须确定通解中任意常数的值.由给定的一些条件来确定微分方程解中任意常数的特定条件,称为微分方程的**初始条件**.

设函数 $y=y(x)$ 是微分方程的未知函数,通常一阶微分方程的初值条件为

当 $x=x_0$ 时,$y=y_0$,

一般写成

$$y\big|_{x=x_0}=y_0,$$

其中 $x_0,y_0$ 都是给定的值;二阶微分方程的初始条件为

当 $x=x_0$ 时,$y=y_0,y'=y_0'$,

一般写成

$$y\big|_{x=x_0}=y_0,\quad y'\big|_{x=x_0}=y_0'.$$

其中 $x_0,y_0$ 和 $y_0'$ 都是给定的值.

例如,微分方程(5-1)的初始条件为 $y\big|_{x=1}=2$,微分方程(5-6)的初始条件为

$$s\mid_{t=0}=0, v\mid_{t=0}=\frac{\mathrm{d}s}{\mathrm{d}t}\mid_{t=0}=0.$$

求一阶微分方程 $y'=f(x,y)$ 满足初始条件 $y\mid_{x=x_0}=y_0$ 的特解的这样一个问题，称为一阶微分方程的**初值问题**，记为

$$\left.\begin{array}{l}y'=f(x,y)\\ y\mid_{x=x_0}=y_0\end{array}\right\}. \qquad (5\text{-}11)$$

微分方程的解的图形是一条曲线，叫作微分方程的**积分曲线**．初值问题［式(5-11)］的几何意义就是求微分方程通过点 $(x_0,y_0)$ 的那条积分曲线．二阶微分方程的初值问题为

$$\left\{\begin{array}{l}y''=f(x,y,y')\\ y\mid_{x=x_0}=y_0, y'\mid_{x=x_0}=y_1.\end{array}\right.$$

它的几何意义是求微分方程通过点 $(x_0,y_0)$ 且在该点处的切线的斜率为 $y_1$ 的那条积分曲线．

**例 5-3**　验证函数 $x=C_1\cos t+C_2\sin t+t$（$C_1,C_2$ 为任意常数）是微分方程 $x''+x=t$ 的通解，并求满足初始条件 $x\mid_{t=0}=1, x'\mid_{t=0}=3$ 的特解．

**解**　由于 $x'=-C_1\sin t+C_2\cos t+1, x''=-C_1\cos t-C_2\sin t$，将 $x''$ 及 $x$ 的表达式代入所给微分方程 $x''+x=t$ 的左边，得

$$x''+x=-C_1\cos t-C_2\sin t+C_1\cos t+C_2\sin t+t=t,$$

这表明函数 $x=C_1\cos t+C_2\sin t+t$ 满足微分方程 $x''+x=t$，因此所给函数是所给方程的解．又 $C_1,C_2$ 是两个独立的任意常数，独立的任意常数的个数与微分方程的阶数相同，故它是微分方程 $x''+x=t$ 的通解．

由初始条件 $x\mid_{t=0}=1, x'\mid_{t=0}=3$ 得

$$\left\{\begin{array}{l}C_1\cos 0+C_2\sin 0+0=1,\\ -C_1\sin 0+C_2\cos 0+1=3,\end{array}\right.$$

解得 $C_1=1, C_2=2$．把 $C_1,C_2$ 的值代入 $x=C_1\cos t+C_2\sin t+t$ 中，可得所求特解为

$$x=\cos t+2\sin t+t.$$

# 第二节　　一阶微分方程

一阶微分方程的一般形式为

$$F(x,y,y')=0 \text{ 或 } y'=f(x,y).$$

一阶微分方程有时也写成如下对称形式

$$P(x,y)\mathrm{d}x+Q(x,y)\mathrm{d}y=0.$$

本节仅介绍几种特殊类型一阶微分方程及其解法．

# 一、可分离变量的微分方程

在例 5-1 中, 求微分方程

$$\frac{\mathrm{d}y}{\mathrm{d}x} = 3x^2 \quad 或 \quad \mathrm{d}y = 3x^2\mathrm{d}x$$

的通解. 为此对方程两边积分, 得 $y = x^3 + C$.

一般地, 方程 $y' = f(x)$ 的通解为 $y = \int f(x)\mathrm{d}x + C$ (此处积分后不再加任意常数). 但不是所有的一阶微分方程都能这样求解. 例如, 对于一阶微分方程

$$\frac{\mathrm{d}y}{\mathrm{d}x} = 2xy^2$$

就不能像上面那样直接对方程两边积分来求出它的通解. 因为 $y$ 是未知函数, 所以 $\int 2xy^2\mathrm{d}x$ 无法进行积分. 为了解决这一困难, 可将方程变为

$$\frac{1}{y^2}\mathrm{d}y = 2x\,\mathrm{d}x,$$

这样, 变量 $x$ 与 $y$ 已分离在等式的两边, 然后两边积分, 得

$$-\frac{1}{y} = x^2 + C,$$

或

$$y = -\frac{1}{x^2 + C},$$

其中 $C$ 为任意常数.

可以验证函数 $y = -\dfrac{1}{x^2 + C}$ 确实满足一阶微分方程 $\dfrac{\mathrm{d}y}{\mathrm{d}x} = 2xy^2$, 且含有一个独立的未知常数, 所以它是该方程的通解.

一般地, 如果一个一阶微分方程 $y' = \varphi(x, y)$ 能写成

$$g(y)\mathrm{d}y = f(x)\mathrm{d}x \tag{5-12}$$

形式, 那么原方程就称为**可分离变量的微分方程**. 这里, $f(x), g(y)$ 分别是 $x$ 与 $y$ 的连续函数. 形如

$$\frac{\mathrm{d}y}{\mathrm{d}x} = f_1(x)f_2(y)$$

$$M_1(x)M_2(y)\mathrm{d}x + N_1(x)N_2(y)\mathrm{d}y = 0$$

的方程均可以化为可分离变量的微分方程.

**可分离变量的微分方程的解法**:

第一步: 分离变量, 将方程写成 $g(y)\mathrm{d}y = f(x)\mathrm{d}x$ 的形式;

第二步:两边积分,得

$$\int g(y)\mathrm{d}y = \int f(x)\mathrm{d}x,$$

上式等式左边积分表示对变量 $y$ 积分,等式右边积分表示对变量 $x$ 积分.

第三步:设 $G(y)$ 与 $F(x)$ 依次是 $g(y)$ 与 $f(x)$ 的原函数,于是得通解

$$G(y) = F(x) + C.$$

**例 5-4**　求微分方程 $\dfrac{\mathrm{d}y}{\mathrm{d}x} = 3x^2 y$ 的通解.

**解**　此方程为可分离变量方程,当 $y \neq 0$ 时,分离变量后得

$$\frac{1}{y}\mathrm{d}y = 3x^2\mathrm{d}x,$$

两边积分

$$\int \frac{1}{y}\mathrm{d}y = \int 3x^2\mathrm{d}x,$$

得

$$\ln|y| = x^3 + C_1,$$

从而有

$$y = \pm \mathrm{e}^{x^3 + C_1} = \pm \mathrm{e}^{C_1}\mathrm{e}^{x^3}.$$

因为 $\pm \mathrm{e}^{C_1}$ 仍是任意非零常数,把它记作 $C_2$,所以

$$y = C_2 \mathrm{e}^{x^3},$$

其中 $C_2$ 是任意非零常数.注意到 $y = 0$ 也是方程的解,令 $C$ 是任意常数,便得所给方程的通解为

$$y = C\mathrm{e}^{x^3}.$$

**例 5-5**　求微分方程 $4x\,\mathrm{d}x - 3y\,\mathrm{d}y = 3x^2 y\,\mathrm{d}y - xy^2\,\mathrm{d}x$ 的通解.

**解**　合并同类项得

$$3y(1 + x^2)\mathrm{d}y = x(4 + y^2)\mathrm{d}x,$$

分离变量后得

$$\frac{3y}{4 + y^2}\mathrm{d}y = \frac{x}{1 + x^2}\mathrm{d}x,$$

两边积分

$$\int \frac{3y}{4 + y^2}\mathrm{d}y = \int \frac{x}{1 + x^2}\mathrm{d}x,$$

$$\frac{3}{2}\int \frac{1}{4 + y^2}\mathrm{d}(4 + y^2) = \frac{1}{2}\int \frac{1}{1 + x^2}\mathrm{d}(1 + x^2),$$

得

$$\frac{3}{2}\ln(4 + y^2) = \frac{1}{2}\ln(1 + x^2) + C_1,$$

其中 $C_1$ 是任意常数.去对数得

$$(4 + y^2)^3 = e^{2C_1}(1 + x^2),$$

令 $C = e^{2C_1}$，便得所给方程的通解为

$$(4 + y^2)^3 = C(1 + x^2)$$

其中 $C$ 是任意正常数.

**例 5-6**　求微分方程 $xy\,\mathrm{d}x + (x^2 + 1)\,\mathrm{d}y = 0$ 满足初始条件 $y(0) = 1$ 的特解.

**解**　分离变量后得

$$\frac{\mathrm{d}y}{y} = -\frac{x}{x^2 + 1}\mathrm{d}x$$

两边积分

$$\int \frac{1}{y}\mathrm{d}y = -\int \frac{x}{x^2 + 1}\mathrm{d}x,$$

得

$$\ln|y| = -\frac{1}{2}\ln(x^2 + 1) + \ln|C_1|,$$

$$\ln|y| = \ln\frac{1}{\sqrt{x^2 + 1}} + \ln|C_1|,$$

$$\ln|y| = \ln\frac{|C_1|}{\sqrt{x^2 + 1}},$$

其中 $C_1$ 是任意常数.去对数得通解为

$$y = \frac{\pm C_1}{\sqrt{x^2 + 1}},$$

令 $C = \pm C_1$，$C$ 是任意常数,便得

$$y\sqrt{x^2 + 1} = C, \tag{5-13}$$

将初始条件 $y(0) = 1$ 代入式(5-13),得 $C = 1$,故所求特解为

$$y\sqrt{x^2 + 1} = 1.$$

**例 5-7**　已知放射性元素铀的衰变速度与当时未衰变的原子的含量 $M$ 成正比.已知 $t = 0$ 时铀的含量为 $M_0$,求在衰变过程中铀含量 $M(t)$ 随时间 $t$ 变化的规律.

**解**　铀的衰变速度就是 $M(t)$ 对时间 $t$ 的导数 $\dfrac{\mathrm{d}M}{\mathrm{d}t}$.由于铀的衰变速度与其含量成正比,故得微分方程为

$$\frac{\mathrm{d}M}{\mathrm{d}t} = -\lambda M,$$

其中 $\lambda(\lambda > 0)$ 是常数,$\lambda$ 前的负号表示当 $t$ 增加时 $M$ 单调减少,即 $\dfrac{\mathrm{d}M}{\mathrm{d}t} < 0$.

由题意可知初始条件为

$$M\big|_{t=0}=M_0.$$

将方程分离变量得

$$\frac{\mathrm{d}M}{M}=-\lambda\,\mathrm{d}t.$$

两边积分,得

$$\int\frac{\mathrm{d}M}{M}=\int(-\lambda)\,\mathrm{d}t,$$

即

$$\ln M=-\lambda t+\ln C,$$

也即

$$M=\mathrm{e}^{-\lambda t+\ln C}=\mathrm{e}^{\ln C}\cdot\mathrm{e}^{-\lambda t}=C\mathrm{e}^{-\lambda t}. \tag{5-14}$$

将初始条件 $M\big|_{t=0}=M_0$ 代入式(5-14),得 $C=M_0$,所以铀含量 $M(t)$ 随时间 $t$ 变化的规律为

$$M=M_0\mathrm{e}^{-\lambda t}.$$

**例 5-8**　设降落伞从跳伞塔下落后,所受空气阻力与速度成正比,并设降落伞离开跳伞塔时($t=0$)速度为零.求降落伞下落速度与时间的函数关系.

**解**　设降落伞下落速度为 $v(t)$.降落伞在空中下落时,同时受到重力($G=mg$)与阻力($f=kv$,$k$ 为比例系数)的作用,则降落伞所受外力为 $F=mg-kv$.根据牛顿第二运动定律 $F=ma$($a$ 为加速度),又有 $a=\dfrac{\mathrm{d}v}{\mathrm{d}t}$,可得函数 $v(t)$ 应满足的方程为

$$m\frac{\mathrm{d}v}{\mathrm{d}t}=mg-kv, \tag{5-15}$$

初始条件为

$$v\big|_{t=0}=0.$$

将式(5-15)分离变量,得

$$\frac{\mathrm{d}v}{mg-kv}=\frac{\mathrm{d}t}{m},$$

两边积分,得

$$\int\frac{\mathrm{d}v}{mg-kv}=\int\frac{\mathrm{d}t}{m},$$

因为 $F=mg-kv>0$,得

$$-\frac{1}{k}\ln(mg-kv)=\frac{t}{m}+C_1,$$

即通解为

$$v=\frac{mg}{k}+C\mathrm{e}^{-\frac{k}{m}t}\left(\text{其中 }C=-\frac{\mathrm{e}^{-kC_1}}{k}\right), \tag{5-16}$$

将初始条件 $v\mid_{t=0}=0$ 代入式(5-16)可得 $C=-\dfrac{mg}{k}$，于是降落伞下落速度与时间的函数关系为

$$v=\frac{mg}{k}(1-\mathrm{e}^{-\frac{k}{m}t}).\qquad(5\text{-}17)$$

由式(5-17)可以看出，当 $t\to+\infty$ 时，有 $\mathrm{e}^{-\frac{k}{m}t}\to0$，从而 $v=\dfrac{mg}{k}(1-\mathrm{e}^{-\frac{k}{m}t})\to$ $\dfrac{mg}{k}$（常数），且不会超过 $\dfrac{mg}{k}$，即跳伞后先是加速运动，以后趋近于匀速运动．

**例 5-9**　设某厂生产某种商品的边际收益函数为 $R'(Q)=50-2Q$，其中 $Q$ 为该种产品的产出量（假定该产品可在市场上全部售出）．求总收益函数 $R(Q)$．

**解**　$R'(Q)=50-2Q$ 是可分离变量的微分方程．两边积分得

$$R(Q)=\int R'(Q)\mathrm{d}Q=\int(50-2Q)\mathrm{d}Q=50Q-Q^2+C.\qquad(5\text{-}18)$$

当 $Q=0$ 时，应有 $R(0)=0$．将此初始条件代入式(5-18)，可得 $C=0$．则总收益函数为

$$R(Q)=50Q-Q^2.$$

**例 5-10**　某种商品的需求量 $Q$ 对价格 $P$ 的弹性为 $\dfrac{EQ}{EP}=-1.5P$．已知该商品的最大需求量为 800（即当 $P=0$ 时 $Q=800$），(1) 求需求量 $Q$ 与价格 $P$ 的函数关系；(2) 当 $P\to+\infty$ 时，需求量的变化趋势如何？

**解**　(1) 由需求价格弹性的定义，有

$$\frac{EQ}{EP}=\frac{P}{Q}\cdot\frac{\mathrm{d}Q}{\mathrm{d}P}=-1.5P,$$

这是可分离变量的微分方程，移项化简，得

$$\frac{\mathrm{d}Q}{Q}=-1.5\mathrm{d}P,$$

两边积分，得

$$\ln Q=-1.5P+C_1.$$

即

$$Q=\mathrm{e}^{-1.5P+C_1}=\mathrm{e}^{C_1}\cdot\mathrm{e}^{-1.5P}=C\mathrm{e}^{-1.5P}（其中\ C=\mathrm{e}^{C_1}）.\qquad(5\text{-}19)$$

当 $P=0$ 时 $Q=800$，将此初始条件代入式(5-19)，可得 $C=800$．则需求量 $Q$ 与价格 $P$ 的函数关系为

$$Q=800\mathrm{e}^{-1.5P}.$$

(2) 由 $P$ 与 $Q$ 的函数关系可知，当 $P\to+\infty$ 时，$Q\to0$，即随着价格的无限增大，需求量将趋近于零，也即需求趋于稳定．

**例 5-11**　设某商品的供给函数 $S(t)$ 与需求函数 $Q(t)$ 分别为

$$S(t) = 60 + P + 4\frac{\mathrm{d}P}{\mathrm{d}t}, \quad Q(t) = 100 - P + 3\frac{\mathrm{d}P}{\mathrm{d}t},$$

其中 $P(t)$ 表示时间 $t$ 时的价格，且 $P(0)=8$，试求均衡价格关于时间的函数，并说明实际意义.

**解** 由题意可知，在市场均衡价格时，$S(t)=Q(t)$，于是

$$60 + P + 4\frac{\mathrm{d}P}{\mathrm{d}t} = 100 - P + 3\frac{\mathrm{d}P}{\mathrm{d}t},$$

整理得

$$\frac{\mathrm{d}P}{\mathrm{d}t} = 40 - 2P,$$

分离变量，得

$$\frac{\mathrm{d}P}{20 - P} = 2\mathrm{d}t,$$

两边积分，得

$$\int \frac{\mathrm{d}P}{20 - P} = \int 2\mathrm{d}t,$$

即

$$-\ln(20 - P) = 2t - C_1,$$

则

$$20 - P = \mathrm{e}^{-2t + C_1} = \mathrm{e}^{C_1} \cdot \mathrm{e}^{-2t}$$

也即

$$P = P(t) = 20 - C\mathrm{e}^{-2t}（其中 C = \mathrm{e}^{C_1}）, \tag{5-20}$$

将初始条件 $P(0)=8$ 代入式(5-20)，可得 $C=12$.故均衡价格关于时间的函数是

$$P(t) = 20 - 12\mathrm{e}^{-2t};$$

又由于 $\lim\limits_{t \to +\infty} P(t) = 20$，这意味着这个市场对于这种商品的价格稳定，可认为随着时间的推移，此商品的价格逐渐趋向于 20.

## 二、齐次方程

如果一阶微分方程

$$\frac{\mathrm{d}y}{\mathrm{d}x} = f(x, y)$$

中的函数 $f(x, y)$ 可写成 $\frac{y}{x}$ 的函数，即 $\frac{\mathrm{d}y}{\mathrm{d}x} = \varphi\left(\frac{y}{x}\right)$，则称这方程为**齐次方程**.

例如

$$\frac{\mathrm{d}y}{\mathrm{d}x} = \frac{y^2}{xy - x^2}$$

为齐次微分方程,因为我们可以把该方程化为

$$\frac{\mathrm{d}y}{\mathrm{d}x} = \frac{y^2}{xy - x^2} = \frac{\left(\dfrac{y}{x}\right)^2}{\dfrac{y}{x} - 1}.$$

在齐次方程

$$\frac{\mathrm{d}y}{\mathrm{d}x} = \varphi\left(\frac{y}{x}\right) \tag{5-21}$$

中作变量代换,令 $u = \dfrac{y}{x}$,即 $y = xu$,两边对 $x$ 求导得

$$\frac{\mathrm{d}y}{\mathrm{d}x} = u + x\,\frac{\mathrm{d}u}{\mathrm{d}x},$$

将其代入方程(5-21),得

$$u + x\,\frac{\mathrm{d}u}{\mathrm{d}x} = \varphi(u),$$

分离变量,得

$$\frac{\mathrm{d}u}{\varphi(u) - u} = \frac{\mathrm{d}x}{x}.$$

两边积分,得

$$\int \frac{\mathrm{d}u}{\varphi(u) - u} = \int \frac{\mathrm{d}x}{x}.$$

若记 $\Phi(u)$ 为 $\dfrac{1}{\varphi(u) - u}$ 的一个原函数,则得通解

$$\Phi(u) = \ln|x| + C.$$

再用 $\dfrac{y}{x}$ 代替 $u$,便得所给齐次方程的通解.

**例 5-12**　求微分方程 $\dfrac{\mathrm{d}y}{\mathrm{d}x} = \dfrac{y}{x} + 3\tan\dfrac{y}{x}$ 的通解.

**解**　作变量代换,令 $u = \dfrac{y}{x}$,即 $y = xu$,两边对 $x$ 求导得

$$\frac{\mathrm{d}y}{\mathrm{d}x} = u + x\,\frac{\mathrm{d}u}{\mathrm{d}x},$$

将其代入原方程得

$$u + x\,\frac{\mathrm{d}u}{\mathrm{d}x} = u + 3\tan u,$$

即

$$\frac{\mathrm{d}u}{\mathrm{d}x} = \frac{3\tan u}{x},$$

分离变量得

$$\frac{\mathrm{d}u}{\tan u} = \frac{3\mathrm{d}x}{x},$$

两边积分

$$\int \frac{\mathrm{d}u}{\tan u} = \int \frac{3\mathrm{d}x}{x},$$

$$\int \frac{\cos u}{\sin u}\mathrm{d}u = 3\int \frac{\mathrm{d}x}{x},$$

$$\int \frac{1}{\sin u}\mathrm{d}\sin u = 3\int \frac{\mathrm{d}x}{x},$$

得

$$\ln|\sin u| = 3\ln|x| + \ln C_1,$$
$$\sin u = \pm C_1 x^3,$$

即

$$\sin u = C x^3 (\text{其中 } C = \pm C_1),$$

将 $u = \dfrac{y}{x}$ 代入上式，便得所给方程的通解

$$\sin\left(\frac{y}{x}\right) = C x^3.$$

**例 5-13**　求微分方程 $\dfrac{\mathrm{d}y}{\mathrm{d}x} = \dfrac{y^2}{xy - x^2}$ 的通解.

**解**　原方程可化为

$$\frac{\mathrm{d}y}{\mathrm{d}x} = \frac{y^2}{xy - x^2} = \frac{\left(\dfrac{y}{x}\right)^2}{\dfrac{y}{x} - 1}, \tag{5-22}$$

作变量代换，令 $u = \dfrac{y}{x}$，即 $y = xu$，两边对 $x$ 求导得

$$\frac{\mathrm{d}y}{\mathrm{d}x} = u + x\frac{\mathrm{d}u}{\mathrm{d}x},$$

将上式代入方程(5-22)，得

$$u + x\frac{\mathrm{d}u}{\mathrm{d}x} = \frac{u^2}{u - 1},$$

即

$$x\frac{\mathrm{d}u}{\mathrm{d}x} = \frac{u}{u - 1},$$

分离变量得

$$\left(1 - \frac{1}{u}\right) \mathrm{d}u = \frac{\mathrm{d}x}{x},$$

两边积分

$$\int \left(1 - \frac{1}{u}\right) \mathrm{d}u = \int \frac{\mathrm{d}x}{x}$$

得

$$u - \ln|u| = \ln|x| + C_1$$

或写成

$$\ln|xu| = u - C_1.$$

将 $u = \dfrac{y}{x}$ 代入上式,便得所给方程的通解

$$\ln|y| = \frac{y}{x} - C_1 \quad \text{或} \quad |y| = \mathrm{e}^{\frac{y}{x} - C_1} = \mathrm{e}^{-C_1} \cdot \mathrm{e}^{\frac{y}{x}},$$

即

$$y = C\mathrm{e}^{\frac{y}{x}} \text{(其中 } C = \pm \mathrm{e}^{-C_1}\text{)}.$$

# 三、一阶线性微分方程

形如

$$\frac{\mathrm{d}y}{\mathrm{d}x} + P(x)y = Q(x) \tag{5-23}$$

的一阶微分方程称为**一阶线性微分方程**,其中 $y$ 及 $\dfrac{\mathrm{d}y}{\mathrm{d}x}$ 的幂是一次的,$P(x)$ 与 $Q(x)$ 是两个已知的连续函数.如果 $Q(x) \equiv 0$,则方程(5-23)称为**一阶齐次线性微分方程**,此时方程为

$$\frac{\mathrm{d}y}{\mathrm{d}x} + P(x)y = 0; \tag{5-24}$$

如果 $Q(x) \neq 0$,则方程(5-23)称为**一阶非齐次线性微分方程**.通常方程(5-24)称为一阶非齐次线性微分方程(5-23)所对应的**齐次线性微分方程**.

## 1. 一阶齐次线性微分方程的解法

一阶齐次线性微分方程是变量可分离方程.分离变量后得

$$\frac{\mathrm{d}y}{y} = -P(x)\mathrm{d}x,$$

两边积分,得

$$\ln|y| = -\int P(x)\mathrm{d}x + C_1,$$

或

$$y = C\mathrm{e}^{-\int P(x)\mathrm{d}x} \ (C = \pm \mathrm{e}^{C_1}),\tag{5-25}$$

这就是齐次线性方程的通解(积分中不再加任意常数).

**注**:式(5-25)中 $\int P(x)\mathrm{d}x$ 表示 $P(x)$ 的某个确定的原函数.

**例 5-14**　求方程 $y' - \dfrac{2y}{x+1} = 0$ 的通解.

**解**　这是一阶齐次线性微分方程,其中

$$P(x) = -\frac{2}{x+1},$$

代入一阶齐次线性微分方程的通解公式(5-25),可得其通解为

$$y = C\mathrm{e}^{-\int P(x)\mathrm{d}x} = C\mathrm{e}^{-\int \left(-\frac{2}{x+1}\right)\mathrm{d}x} = C\mathrm{e}^{2\int \frac{\mathrm{d}(x+1)}{x+1}}$$
$$= C\mathrm{e}^{2\ln(x+1)} = C\mathrm{e}^{\ln(x+1)^2} = C(x+1)^2 \text{(其中 } C \text{ 为任意常数)}.$$

**例 5-15**　若函数 $f(x)$ 可微且满足关系式 $f(x) = \displaystyle\int_0^{2x} f\left(\frac{t}{2}\right)\mathrm{d}t + \ln 2$,求 $f(x)$.

**解**　将 $f(x) = \displaystyle\int_0^{2x} f\left(\frac{t}{2}\right)\mathrm{d}t + \ln 2$ 两边对 $x$ 求导,得

$$f'(x) = f\left(\frac{2x}{2}\right) \cdot (2x)' = 2f(x),$$

即

$$\frac{\mathrm{d}y}{\mathrm{d}x} - 2y = 0,$$

这是一阶齐次线性微分方程,其中

$$P(x) = -2.$$

代入一阶齐次线性微分方程的通解公式(5-25),可得其通解为

$$y = C\mathrm{e}^{-\int P(x)\mathrm{d}x} = C\mathrm{e}^{-\int(-2)\mathrm{d}x} = C\mathrm{e}^{2x}.$$

又

$$f(0) = \int_0^0 f\left(\frac{t}{2}\right)\mathrm{d}t + \ln 2 = \ln 2,$$

从而有 $C\mathrm{e}^0 = \ln 2$,即 $C = \ln 2$.故 $f(x) = \ln 2 \cdot \mathrm{e}^{2x}$.

**2. 一阶非齐次线性微分方程的解法**

利用与一阶非齐次线性微分方程(5-23)对应的一阶齐次线性微分方程(5-24)的通解,我们用**常数变易法**来求一阶非齐次线性微分方程(5-23)的通解. 这种方法是将一阶齐次线性微分方程(5-24)的通解中的常数 $C$ 换成 $x$ 的未知函

数 $C(x)$，即设一阶非齐次线性微分方程(5-23)有解

$$y = C(x)\mathrm{e}^{-\int P(x)\mathrm{d}x},\qquad(5\text{-}26)$$

代入一阶非齐次线性微分方程(5-23)得

$$\left[C(x)\mathrm{e}^{-\int P(x)\mathrm{d}x}\right]' + P(x)C(x)\mathrm{e}^{-\int P(x)\mathrm{d}x} = Q(x),$$

化简得

$$C'(x)\mathrm{e}^{-\int P(x)\mathrm{d}x} = Q(x)$$

或

$$C'(x) = Q(x)\mathrm{e}^{\int P(x)\mathrm{d}x},$$

两边积分得

$$C(x) = \int Q(x)\mathrm{e}^{\int P(x)\mathrm{d}x}\mathrm{d}x + C.$$

再将上式代入式(5-26)，便得一阶非齐次线性微分方程(5-23)的通解为

$$y = \mathrm{e}^{-\int P(x)\mathrm{d}x}\left[\int Q(x)\mathrm{e}^{\int P(x)\mathrm{d}x}\mathrm{d}x + C\right].\qquad(5\text{-}27)$$

式(5-27)也称为一阶非齐次线性微分方程(5-23)的**通解公式**.

**注**：式(5-27)中 $\int P(x)\mathrm{d}x$ 与 $\int Q(x)\mathrm{e}^{\int P(x)\mathrm{d}x}\mathrm{d}x$ 都表示某个确定的原函数.

将式(5-27)改写为两项之和

$$y = C\mathrm{e}^{-\int P(x)\mathrm{d}x} + \mathrm{e}^{-\int P(x)\mathrm{d}x}\int Q(x)\mathrm{e}^{\int P(x)\mathrm{d}x}\mathrm{d}x.$$

上式右边第一项对应的是一阶齐次线性微分方程(5-24)的通解，第二项对应的是一阶非齐次线性微分方程(5-23)的一个特解[在一阶非齐次线性微分方程(5-23)的通解[式(5-27)]中取 $C=0$ 得到].由此可知一阶非齐次线性微分方程的通解等于对应的齐次线性微分方程通解与非齐次线性微分方程的一个特解之和.

这样，对于一阶非齐次线性微分方程的求解，有两种常用的方法：一种是在求出一阶非齐次线性微分方程(5-23)对应的一阶齐次线性微分方程(5-24)的通解的基础上，再用常数变易法求解；另一种是直接记住用常数变易法导出的一阶非齐次线性微分方程(5-23)的通解公式(5-27)，将给定的 $P(x)$，$Q(x)$ 代入通解公式(5-27)，从而得到一阶非齐次线性微分方程(5-23)的通解.

**例 5-16**　求方程 $\dfrac{\mathrm{d}y}{\mathrm{d}x} + 2xy = 2x\mathrm{e}^{-x^2}$ 的通解.

**解　方法 1**

此方程为一阶非齐次线性微分方程.先求对应的一阶齐次线性微分方程

$$\frac{\mathrm{d}y}{\mathrm{d}x} + 2xy = 0$$

的通解.分离变量得

$$\frac{\mathrm{d}y}{y} = -2x\,\mathrm{d}x,$$

两边积分得

$$\ln|y| = -x^2 + \ln C,$$

则齐次线性微分方程的通解为

$$y = C\mathrm{e}^{-x^2}（其中 C 为任意常数）.$$

再使用常数变易法把 $C$ 换成 $C(x)$，即令 $y = C(x)\mathrm{e}^{-x^2}$，代入所给非齐次线性微分方程，得

$$C'(x)\mathrm{e}^{-x^2} - 2xC(x)\mathrm{e}^{-x^2} + 2xC(x)\mathrm{e}^{-x^2} = 2x\mathrm{e}^{-x^2},$$

化简得

$$C'(x) = 2x,$$

两边积分，得

$$C(x) = \int 2x\,\mathrm{d}x = x^2 + C,$$

再把上式代入 $y = C(x)\mathrm{e}^{-x^2}$ 中，即得所求方程的通解为

$$y = (x^2 + C)\mathrm{e}^{-x^2}（其中 C 为任意常数）.$$

**方法 2**

由一阶非齐次线性微分方程 $\dfrac{\mathrm{d}y}{\mathrm{d}x} + 2xy = 2x\mathrm{e}^{-x^2}$ 可知

$$P(x) = 2x, Q(x) = 2x\mathrm{e}^{-x^2},$$

将其代入通解公式(5-27)，可得通解为

$$\begin{aligned}
y &= \mathrm{e}^{-\int P(x)\mathrm{d}x}\left[\int Q(x)\mathrm{e}^{\int P(x)\mathrm{d}x}\,\mathrm{d}x + C\right]\\
&= \mathrm{e}^{-\int 2x\mathrm{d}x}\left[\int 2x\mathrm{e}^{-x^2}\mathrm{e}^{\int 2x\mathrm{d}x}\,\mathrm{d}x + C\right]\\
&= \mathrm{e}^{-x^2}\left[\int 2x\mathrm{e}^{-x^2}\cdot\mathrm{e}^{x^2}\,\mathrm{d}x + C\right]\\
&= \mathrm{e}^{-x^2}\left(\int 2x\,\mathrm{d}x + C\right)\\
&= \mathrm{e}^{-x^2}(x^2 + C).
\end{aligned}$$

**例 5-17** 求方程 $\dfrac{\mathrm{d}y}{\mathrm{d}x} - y\cot x = 2x\sin x$ 的通解.

**解 方法 1**

此方程为一阶非齐次线性微分方程.先求对应的一阶齐次线性微分方程

$$\frac{\mathrm{d}y}{\mathrm{d}x} - y\cot x = 0$$

的通解.分离变量得

$$\frac{\mathrm{d}y}{y} = \cot x \, \mathrm{d}x \,,$$

两边积分得

$$\ln|y| = \int \cot x \, \mathrm{d}x + \ln C = \int \frac{\cos x}{\sin x} \mathrm{d}x + \ln C = \int \frac{\mathrm{d}(\sin x)}{\sin x} + \ln C = \ln|\sin x| + \ln C,$$

因此,对应的齐次线性微分方程的通解为

$$y = C\sin x \,.$$

再使用常数变易法把 $C$ 换成 $C(x)$,即令 $y = C(x)\sin x$,代入所给非齐次线性微分方程,得

$$C'(x)\sin x + C(x)\cos x - C(x)\sin x \cot x = 2x\sin x \,,$$

化简得

$$C'(x) = 2x \,,$$

两边积分,得

$$C(x) = \int 2x \, \mathrm{d}x = x^2 + C \,,$$

再把上式代入 $y = C(x)\sin x$ 中,即得所求方程的通解为

$$y = (x^2 + C)\sin x \,.$$

**方法 2**

由一阶非齐次线性微分方程 $\dfrac{\mathrm{d}y}{\mathrm{d}x} - y\cot x = 2x\sin x$ 可知

$$P(x) = -\cot x \,, Q(x) = 2x\sin x \,,$$

将其代入通解公式(5-27),可得通解为

$$
\begin{aligned}
y &= \mathrm{e}^{-\int P(x)\mathrm{d}x}\left[\int Q(x)\mathrm{e}^{\int P(x)\mathrm{d}x}\mathrm{d}x + C\right] \\
&= \mathrm{e}^{-\int(-\cot x)\mathrm{d}x}\left[\int 2x\sin x \cdot \mathrm{e}^{\int(-\cot x)\mathrm{d}x}\mathrm{d}x + C\right] \\
&= \mathrm{e}^{\int \frac{\mathrm{d}(\sin x)}{\sin x}}\left[\int 2x\sin x \cdot \mathrm{e}^{-\int \frac{\mathrm{d}(\sin x)}{\sin x}}\mathrm{d}x + C\right] \\
&= \mathrm{e}^{\ln|\sin x|}\left[\int 2x\sin x \cdot \mathrm{e}^{-\ln|\sin x|}\mathrm{d}x + C\right] \\
&= \sin x\left(\int 2x\sin x \cdot \frac{1}{\sin x}\mathrm{d}x + C\right) \\
&= (x^2 + C)\sin x \,.
\end{aligned}
$$

**例 5-18** 求方程 $x\ln x \, \mathrm{d}y + (y - \ln x)\mathrm{d}x = 0$ 满足 $y(\mathrm{e}) = 1$ 的特解.

**解** 此方程可改写为

$$\frac{\mathrm{d}y}{\mathrm{d}x} + \frac{1}{x\ln x}y = \frac{1}{x} \,,$$

此方程为一阶非齐次线性微分方程.从而有

$$P(x) = \frac{1}{x\ln x}, Q(x) = \frac{1}{x},$$

将其代入通解公式(5-27),可得通解为

$$
\begin{aligned}
y &= e^{-\int P(x)dx} \left[ \int Q(x)e^{\int P(x)dx}dx + C \right] \\
&= e^{-\int \frac{1}{x\ln x}dx} \left[ \int \frac{1}{x}e^{\int \frac{1}{x\ln x}dx}dx + C \right] \\
&= e^{-\int \frac{d(\ln x)}{\ln x}} \left[ \int \frac{1}{x}e^{\int \frac{d(\ln x)}{\ln x}}dx + C \right] \\
&= e^{-\ln|\ln x|} \left[ \int \frac{1}{x}e^{\ln|\ln x|}dx + C \right] \\
&= \frac{1}{\ln x} \left( \int \frac{\ln x}{x}dx + C \right) \\
&= \frac{1}{\ln x} \left[ \int \ln x\, d(\ln x) + C \right] \\
&= \frac{1}{\ln x} \left( \frac{1}{2}\ln^2 x + C \right) \\
&= \frac{1}{2}\ln x + \frac{C}{\ln x},
\end{aligned}
$$

将 $y(e) = 1$ 代入上式,得 $\frac{1}{2}\ln e + \frac{C}{\ln e} = 1$,即 $C = \frac{1}{2}$.所以所求特解为

$$y = \frac{1}{2}\left(\ln x + \frac{1}{\ln x}\right).$$

**例 5-19** 设 $f(x)$ 可微且满足 $f(x) + 3\int_0^x f(t)dt = (x-1)e^x$,求 $f(x)$.

**解** 在积分等式 $f(x) + 3\int_0^x f(t)dt = (x-1)e^x$ 中令 $x = 0$,得 $f(0) = -1$.

对积分等式 $f(x) + 3\int_0^x f(t)dt = (x-1)e^x$ 两边同时对 $x$ 求导可得

$$f'(x) + 3f(x) = xe^x,$$

由此可知,函数 $f(x)$ 是一阶非齐次线性微分方程

$$\frac{dy}{dx} + 3y = xe^x$$

的满足初始条件 $y(0) = -1$ 的特解.由上述一阶非齐次线性微分方程可知,

$$P(x) = 3, Q(x) = xe^x,$$

将其代入通解公式(5-27),可得通解为

$$y = e^{-\int P(x)dx} \left[ \int Q(x)e^{\int P(x)dx}dx + C \right]$$

$$= \mathrm{e}^{-\int 3\mathrm{d}x} \left[ \int x \, \mathrm{e}^x \cdot \mathrm{e}^{\int 3\mathrm{d}x} \, \mathrm{d}x + C \right]$$

$$= \mathrm{e}^{-3x} \left[ \int x \, \mathrm{e}^x \cdot \mathrm{e}^{3x} \, \mathrm{d}x + C \right]$$

$$= \mathrm{e}^{-3x} \left[ \int x \, \mathrm{e}^{4x} \, \mathrm{d}x + C \right]$$

$$= \mathrm{e}^{-3x} \left[ \frac{1}{4} \int x \, \mathrm{d}(\mathrm{e}^{4x}) + C \right]$$

$$= \mathrm{e}^{-3x} \left[ \frac{1}{4} x \, \mathrm{e}^{4x} - \frac{1}{4} \int \mathrm{e}^{4x} \, \mathrm{d}x + C \right]$$

$$= \mathrm{e}^{-3x} \left[ \frac{1}{4} x \, \mathrm{e}^{4x} - \frac{1}{16} \int \mathrm{d}(\mathrm{e}^{4x}) + C \right]$$

$$= \mathrm{e}^{-3x} \left[ \frac{1}{4} x \, \mathrm{e}^{4x} - \frac{1}{16} \mathrm{e}^{4x} + C \right]$$

$$= \frac{1}{4} x \, \mathrm{e}^x - \frac{1}{16} \mathrm{e}^x + C \mathrm{e}^{-3x},$$

将 $y(0) = -1$ 代入上式,得 $\frac{1}{4} \times 0 \times \mathrm{e}^0 - \frac{1}{16} \mathrm{e}^0 + C \mathrm{e}^0 = -1$,即 $C = -\frac{15}{16}$.所以所求函数为

$$f(x) = \frac{1}{4} x \, \mathrm{e}^x - \frac{1}{16} \mathrm{e}^x - \frac{15}{16} \mathrm{e}^{-3x}.$$

**例 5-20**　求微分方程

$$y \, \mathrm{d}x - (x + y^3) \, \mathrm{d}y = 0 \, (\text{设 } y > 0)$$

的通解.

**解**　如果将上述微分方程改写为

$$\frac{\mathrm{d}y}{\mathrm{d}x} - \frac{y}{x + y^3} = 0,$$

则显然不是一阶线性微分方程.

如果将原微分方程改写为

$$\frac{\mathrm{d}x}{\mathrm{d}y} - \frac{x + y^3}{y} = 0,$$

即

$$\frac{\mathrm{d}x}{\mathrm{d}y} - \frac{1}{y} x = y^2,$$

将 $x$ 看作 $y$ 的函数,上式微分方程是形如

$$\frac{\mathrm{d}x}{\mathrm{d}y} + P(y) x = Q(y)$$

的一阶非齐次线性微分方程.其通解公式为

$$x = e^{-\int P(y)dy}\left[\int Q(y)e^{\int P(y)dy}dy + C\right],$$ (5-28)

这里

$$P(y) = -\frac{1}{y}, Q(y) = y^2$$

将其代入通解公式(5-28),得所求方程的通解为

$$x = e^{-\int\left(-\frac{1}{y}\right)dy}\left[\int y^2 e^{\int\left(-\frac{1}{y}\right)dy}dy + C\right]$$

$$= e^{\ln y}\left(\int y^2 e^{-\ln y}dy + C\right)$$

$$= y\left(\int y^2 \cdot y^{-1}dy + C\right)$$

$$= y\left(\frac{1}{2}y^2 + C\right).$$

**例 5-21** 设有一个电感 $L$、电阻 $R$ 及电源电动势为 $E = E_m \sin\omega t$($E_m$,$\omega$ 都是常数)的串联电路,其中电阻 $R$ 和电感 $L$ 都是常量.在 $t=0$ 时接通电路,求电流 $i$ 与时间 $t$ 的函数关系 $i(t)$.

**解** 由电学相关知识可知,当电流变化时,$L$ 上有感应电动势 $L\dfrac{di}{dt}$.由基尔霍夫第二定理可知,回路中总电动势等于接入回路中各部分电压降的代数和.设时刻 $t$ 的电流为 $i(t)$,则电阻上的电压降为 $Ri$,于是有

$$L\frac{di}{dt} + iR = E_m\sin(\omega t),$$

即

$$\frac{di}{dt} + \frac{R}{L}i = \frac{E_m}{L}\sin(\omega t).$$ (5-29)

未知函数 $i(t)$ 应满足微分方程(5-29).此外,当 $t=0$ 时,$i=0$,即 $i(t)$ 还应满足初始条件

$$i\mid_{t=0} = 0.$$

方程 $\dfrac{di}{dt} + \dfrac{R}{L}i = \dfrac{E_m}{L}\sin(\omega t)$ 为一阶非齐次线性微分方程,其中

$$P(t) = \frac{R}{L}, \quad Q(t) = \frac{E_m}{L}\sin(\omega t).$$

由通解公式可得

$$i(t) = e^{-\int P(t)dt}\left[\int Q(t)e^{\int P(t)dt}dt + C\right]$$

$$= e^{-\int\frac{R}{L}dt}\left(\int\frac{E_m}{L}\sin(\omega t)e^{\int\frac{R}{L}dt}dt + C\right)$$

$$= \frac{E_m}{L} e^{-\frac{R}{L}t} \left( \int \sin(\omega t) e^{\frac{R}{L}t} dt + C \right)$$

$$= \frac{E_m}{R^2 + \omega^2 L^2} (R\sin(\omega t) - \omega L\cos(\omega t)) + Ce^{-\frac{R}{L}t}.$$

其中 $C$ 为任意常数.

将初始条件 $i \mid_{t=0} = 0$ 代入通解,得

$$C = \frac{\omega L E_m}{R^2 + \omega^2 L^2},$$

因此,所求函数 $i(t)$ 为

$$i(t) = \frac{\omega L E_m}{R^2 + \omega^2 L^2} e^{-\frac{R}{L}t} + \frac{E_m}{R^2 + \omega^2 L^2} (R\sin(\omega t) - \omega L\cos(\omega t)).$$

若令 $\cos\varphi = \dfrac{R}{\sqrt{R^2 + \omega^2 L^2}}$,$\sin\varphi = \dfrac{\omega L}{\sqrt{R^2 + \omega^2 L^2}}$,那么上式可以写成

$$i(t) = \frac{\omega L E_m}{R^2 + \omega^2 L^2} e^{-\frac{R}{L}t} + \frac{E_m}{\sqrt{R^2 + \omega^2 L^2}} (\cos\varphi \sin(\omega t) - \sin\varphi \cos(\omega t))$$

$$= \frac{\omega L E_m}{R^2 + \omega^2 L^2} e^{-\frac{R}{L}t} + \frac{E_m}{\sqrt{R^2 + \omega^2 L^2}} \sin(\omega t - \varphi), \tag{5-30}$$

其中

$$\varphi = \arctan \frac{\omega L}{R}.$$

从电学上分析,当 $t$ 增大时,式(5-30)中第一项很快衰减并趋于零,称之为暂态电流;第二项是正弦函数,它是一个与电动势的周期相同,而相角滞后 $\varphi$ 角的周期函数,称之为稳态电流.

# 第三节　　二阶常系数线性微分方程

## 一、二阶线性微分方程

### 1. 二阶线性微分方程的概念

二阶线性微分方程的一般形式是

$$\frac{d^2 y}{dx^2} + P(x)\frac{dy}{dx} + Q(x)y = f(x), \tag{5-31}$$

即

$$y'' + P(x)y' + Q(x)y = f(x). \tag{5-32}$$

其中 $y, \dfrac{\mathrm{d}y}{\mathrm{d}x}$ 及 $\dfrac{\mathrm{d}^2 y}{\mathrm{d}x^2}$ 的幂是一次的, $P(x), Q(x)$ 及 $f(x)$ 是已知的连续函数.如果方程(5-31)的右端 $f(x) \equiv 0$,则方程(5-31)称为**二阶齐次线性微分方程**,此时方程为

$$\frac{\mathrm{d}^2 y}{\mathrm{d}x^2} + P(x)\frac{\mathrm{d}y}{\mathrm{d}x} + Q(x)y = 0; \tag{5-33}$$

如果 $f(x) \neq 0$,则方程(5-31)称为**二阶非齐次线性微分方程**.通常方程(5-33)称为二阶非齐次线性微分方程(5-31)所对应的**齐次线性微分方程**.

### 2. 二阶线性微分方程解的结构

(1) 二阶齐次线性微分方程解的结构

**定理 1**　若 $y_1(x)$ 与 $y_2(x)$ 是二阶齐次线性微分方程(5-33)的两个特解,且 $y_1(x)$ 与 $y_2(x)$ 不成比例(即 $\dfrac{y_1(x)}{y_2(x)} \neq$ 常数),则 $y(x) = C_1 y_1(x) + C_2 y_2(x)$ 是二阶齐次线性微分方程(5-33)的通解,其中 $C_1$ 与 $C_2$ 是两个常数.

例如,微分方程

$$\frac{\mathrm{d}^2 y}{\mathrm{d}x^2} - \frac{x}{x-1} \cdot \frac{\mathrm{d}y}{\mathrm{d}x} + \frac{1}{x-1}y = 0$$

是二阶齐次线性微分方程,容易验证 $y_1 = x$, $y_2 = \mathrm{e}^x$ 是所给方程的两个解,且 $\dfrac{y_1}{y_2} = \dfrac{x}{\mathrm{e}^x} \neq$ 常数,则所给微分方程的通解为

$$y(x) = C_1 x + C_2 \mathrm{e}^x \text{(其中 } C_1 \text{ 与 } C_2 \text{ 是两个常数)}.$$

(2) 二阶非齐次线性微分方程解的结构

**定理 2**　设 $y^*(x)$ 是二阶非齐次线性微分方程

$$\frac{\mathrm{d}^2 y}{\mathrm{d}x^2} + P(x)\frac{\mathrm{d}y}{\mathrm{d}x} + Q(x)y = f(x)$$

的一个特解, $Y(x) = C_1 y_1(x) + C_2 y_2(x)$ 是该二阶非齐次线性微分方程所对应的齐次线性微分方程

$$\frac{\mathrm{d}^2 y}{\mathrm{d}x^2} + P(x)\frac{\mathrm{d}y}{\mathrm{d}x} + Q(x)y = 0$$

的通解,则

$$y(x) = Y(x) + y^*(x) = C_1 y_1(x) + C_2 y_2(x) + y^*(x)$$

是该二阶非齐次线性微分方程的通解.

**证明**　因为 $y^*(x)$ 是二阶非齐次线性微分方程 $\dfrac{\mathrm{d}^2 y}{\mathrm{d}x^2} + P(x)\dfrac{\mathrm{d}y}{\mathrm{d}x} + Q(x)y =$

$f(x)$ 的一个特解,则有

$$y^{*''}(x) + P(x)y^{*'}(x) + Q(x)y^*(x) = f(x);$$

$Y(x) = C_1 y_1(x) + C_2 y_2(x)$ 是二阶非齐次线性微分方程(5-31)所对应的齐次线性微分方程

$$\frac{\mathrm{d}^2 y}{\mathrm{d}x^2} + P(x)\frac{\mathrm{d}y}{\mathrm{d}x} + Q(x)y = 0$$

的通解,则有

$$Y''(x) + P(x)Y'(x) + Q(x)Y(x) = 0.$$

将 $y(x) = Y(x) + y^*(x)$ 代入二阶非齐次线性微分方程(5-31)的左端,有

$$[Y(x) + y^*(x)]'' + P(x)[Y(x) + y^*(x)]' + Q(x)[Y(x) + y^*(x)]$$
$$= Y''(x) + y^{*''}(x) + P(x)Y'(x) + P(x)y^{*'}(x) + Q(x)Y(x) + Q(x)y^*(x)$$
$$= [Y''(x) + P(x)Y'(x) + Q(x)Y(x)] + [y^{*''}(x) + P(x)y^{*'}(x) + Q(x)y^*(x)]$$
$$= 0 + f(x) = f(x).$$

因此,$y(x) = Y(x) + y^*(x)$ 是二阶非齐次线性微分方程(5-31)的解,又因此解中含有两个独立的任意常数,从而它就是二阶非齐次线性微分方程(5-31)的通解.

例如,方程 $y'' + y = x^2$ 是二阶非齐次线性微分方程.已知 $Y(x) = C_1\cos x + C_2\sin x$ 是对应的齐次线性微分方程 $y'' + y = 0$ 的通解,又易证 $y^*(x) = x^2 - 2$ 是 $y'' + y = x^2$ 的一个特解,因此

$$y(x) = C_1\cos x + C_2\sin x + x^2 - 2$$

是方程 $y'' + y = x^2$ 的通解.

**定理 3**　设 $y_1^*(x)$ 是二阶非齐次线性微分方程

$$y'' + P(x)y' + Q(x)y = f_1(x)$$

的特解,$y_2^*(x)$ 是二阶非齐次线性微分方程

$$y'' + P(x)y' + Q(x)y = f_2(x)$$

的特解,则 $y^*(x) = y_1^*(x) + y_2^*(x)$ 是二阶非齐次线性微分方程

$$y'' + P(x)y' + Q(x)y = f_1(x) + f_2(x) \tag{5-34}$$

的特解.

**证明**　因为 $y_1^*(x)$ 是二阶非齐次线性微分方程 $y'' + P(x)y' + Q(x)y = f_1(x)$ 的特解,则有

$$y_1^{*''}(x) + P(x)y_1^{*'}(x) + Q(x)y_1^*(x) = f_1(x);$$

$y_2^*(x)$ 是二阶非齐次线性微分方程 $y'' + P(x)y' + Q(x)y = f_2(x)$ 的特解,则有

$$y_2^{*''}(x) + P(x)y_2^{*'}(x) + Q(x)y_2^*(x) = f_2(x).$$

将 $y^*(x) = y_1^*(x) + y_2^*(x)$ 代入二阶非齐次线性微分方程(5-34)的左边,有

$$[y_1^*(x)+y_2^*(x)]''+P(x)[y_1^*(x)+y_2^*(x)]'+Q(x)[y_1^*(x)+y_2^*(x)]$$
$$=y_1^*{}''(x)+y_2^*{}''(x)+P(x)y_1^*{}'(x)+P(x)y_2^*{}'(x)+Q(x)y_1^*(x)+Q(x)y_2^*(x)$$
$$=[y_1^*{}''(x)+P(x)y_1^*{}'(x)+Q(x)y_1^*(x)]+[y_2^*{}''(x)+P(x)y_2^*{}'(x)+Q(x)y_2^*(x)]$$
$$=f_1(x)+f_2(x).$$

因此，$y^*(x)=y_1^*(x)+y_2^*(x)$ 是二阶非齐次线性微分方程(5-34)的特解.
这一定理通常称为线性微分方程的解的**叠加原理**.

**定理 4**　若 $y_1^*(x)$ 与 $y_2^*(x)$ 是二阶非齐次线性微分方程(5-31)的两个特解，则其差 $y_1^*(x)-y_2^*(x)$ 是其对应的二阶齐次线性微分方程(5-33)的特解.

**定理 5**　若 $y^*(x)$ 是二阶非齐次线性微分方程(5-31)的一个特解，$y(x)$ 是二阶非齐次线性微分方程(5-31)所对应的齐次线性微分方程(5-33)的任意特解，则其和 $y^*(x)+y(x)$ 为二阶非齐次线性微分方程(5-31)的特解.

**注**：对一阶线性微分方程也有类似的上述定理 3、定理 4、定理 5.

## 二、二阶常系数线性微分方程

### 1. 二阶常系数线性微分方程的概念

在二阶非齐次线性微分方程(5-31)中，当 $P(x)$、$Q(x)$ 为常数时，这类方程为二阶常系数线性微分方程.

**定义 1**　形如

$$y''+py'+qy=f(x) \tag{5-35}$$

的微分方程，称为**二阶常系数线性微分方程**，其中 $p,q$ 均为常数，$f(x)$ 为 $x$ 的已知的连续函数.如果方程(5-35)的右边 $f(x)\equiv0$，则方程(5-35)称为**二阶常系数齐次线性微分方程**，此时方程为

$$y''+py'+qy=0; \tag{5-36}$$

如果 $f(x)\neq0$，则方程(5-35)称为**二阶常系数非齐次线性微分方程**.通常方程(5-36)称为二阶常系数非齐次线性微分方程(5-35)所对应的**齐次线性微分方程**.

由二阶常系数线性微分方程的定义可知，二阶常系数线性微分方程(5-35)是二阶线性微分方程(5-31)的一个特殊情况，故本节定理 1 对二阶常系数齐次线性微分方程(5-36)也适用，本节定理 2 对二阶常系数非齐次线性微分方程(5-35)也适用.

### 2. 二阶常系数齐次线性微分方程的通解

由本节定理 1 可知，要找二阶常系数齐次线性微分方程(5-36)的通解，可以

先求出微分方程(5-36)的两个特解 $y_1(x)$ 与 $y_2(x)$，如果它们之比不为常数，那么 $y(x)=C_1y_1(x)+C_2y_2(x)$ 就是微分方程(5-36)的通解.

要使未知函数 $y(x)$ 是微分方程(5-36)的解，那么，该未知函数与它的一阶导数、二阶导数只差常数因子.而当 $r$ 为常数时，指数函数 $y=\mathrm{e}^{rx}$ 和它的各阶导数都只相差一个常数因子.因此我们用 $y=\mathrm{e}^{rx}$ 来尝试，看能否取到适当的常数 $r$，使 $y=\mathrm{e}^{rx}$ 满足微分方程(5-36).

对 $y=\mathrm{e}^{rx}$ 求导，得

$$y'=r\mathrm{e}^{rx},y''=r^2\mathrm{e}^{rx},$$

把 $y,y'$ 和 $y''$ 代入微分方程(5-36)得

$$(r^2+pr+q)\mathrm{e}^{rx}=0.$$

由于 $\mathrm{e}^{rx}\neq0$，从而

$$r^2+pr+q=0.$$

由此可见，只要满足代数方程 $r^2+pr+q=0$，函数 $y=\mathrm{e}^{rx}$ 就是微分方程(5-36)的解.

**定义2**　代数方程 $r^2+pr+q=0$ 称为微分方程 $y''+py'+qy=0$ 的**特征方程**，称特征方程的根为微分方程 $y''+py'+qy=0$ 的**特征根**.

特征方程 $r^2+pr+q=0$ 是一个一元二次方程，其中 $r^2,r$ 的系数及常数项恰好依次是微分方程(5-36)中 $y'',y'$ 和 $y$ 的系数.

特征方程 $r^2+pr+q=0$ 的两个根 $r_1$、$r_2$ 可用公式

$$r_{1,2}=\frac{-p\pm\sqrt{p^2-4q}}{2}$$

求出.判别式 $\Delta=p^2-4q$ 在大于零、等于零和小于零三种情形下，分别对应着微分方程(5-36)的通解的三种不同情形.

(1)当 $\Delta=p^2-4q>0$ 时，特征方程 $r^2+pr+q=0$ 有两个不等实根 $r_1,r_2$.这时函数 $y_1=\mathrm{e}^{r_1x},y_2=\mathrm{e}^{r_2x}$ 是微分方程(5-36)的两个特解，由于 $\frac{y_1}{y_2}=\frac{\mathrm{e}^{r_1x}}{\mathrm{e}^{r_2x}}=\mathrm{e}^{(r_1-r_2)x}$ 不是常数，因此微分方程(5-36)的通解为

$$y=C_1\mathrm{e}^{r_1x}+C_2\mathrm{e}^{r_2x}.$$

(2)当 $\Delta=p^2-4q=0$ 时，特征方程 $r^2+pr+q=0$ 有两个相等的实根 $r_1$、$r_2$，且

$$r_1=r_2=-\frac{p}{2}.$$

这时，只得到微分方程(5-36)的一个特解

$$y_1=\mathrm{e}^{r_1x},$$

为了得出微分方程(5-36)的通解，现在还需找到微分方程(5-36)的另一个特解

$y_2(x)$,并且要求 $\dfrac{y_2(x)}{y_1(x)}$ 不是常数.设 $\dfrac{y_2(x)}{y_1(x)}=u(x)$,$u(x)$ 是 $x$ 的待定函数,从而有

$$y_2(x)=y_1(x)u(x)=\mathrm{e}^{r_1 x}u(x).$$

下面来求 $u(x)$.将 $y_2(x)$ 求导,得

$$y_2'(x)=\mathrm{e}^{r_1 x}(u'+r_1 u),$$

$$y_2''(x)=\mathrm{e}^{r_1 x}(u''+2r_1 u'+r_1^2 u).$$

将 $y_2(x)$,$y_2'(x)$,$y_2''(x)$ 代入微分方程(5-36),得

$$\mathrm{e}^{r_1 x}(u''+2r_1 u'+r_1^2 u)+p\,\mathrm{e}^{r_1 x}(u'+r_1 u)+q\,\mathrm{e}^{r_1 x}u=0,$$

整理得

$$\mathrm{e}^{r_1 x}[u''+(2r_1+p)u'+(r_1^2+pr_1+q)u]=0,$$

由于 $\mathrm{e}^{r_1 x}\neq 0$,从而

$$u''+(2r_1+p)u'+(r_1^2+pr_1+q)u=0.$$

又因 $r_1$ 是特征方程 $r^2+pr+q=0$ 的二重根,则有 $r_1^2+pr_1+q=0$,$2r_1+p=0$,于是有 $u''=0$.这表明 $u(x)$ 需要满足 $u''(x)=0$ 且不是常数,显然 $u(x)=x$ 满足此条件,由此得到微分方程(5-36)的另一个特解

$$y_2(x)=x\,\mathrm{e}^{r_1 x}.$$

从而微分方程(5-36)的通解为

$$y=C_1\mathrm{e}^{r_1 x}+C_2 x\,\mathrm{e}^{r_1 x}$$

即

$$y=(C_1+C_2 x)\mathrm{e}^{r_1 x}.$$

(3) 当 $\Delta=p^2-4q<0$ 时,特征方程 $r^2+pr+q=0$ 有一对共轭复根 $r_1=\alpha+\beta\mathrm{i}$,$r_2=\alpha-\beta\mathrm{i}$.可以验证函数 $y_1=\mathrm{e}^{(\alpha+\mathrm{i}\beta)x}$,$y_2=\mathrm{e}^{(\alpha-\mathrm{i}\beta)x}$ 是微分方程(5-36)的解.这种复数形式的解使用不方便.为了得到实值函数形式的解,先利用欧拉公式

$$\mathrm{e}^{\pm\mathrm{i}\theta}=\cos\theta\pm\mathrm{i}\sin\theta$$

将 $y_1=\mathrm{e}^{(\alpha+\mathrm{i}\beta)x}$,$y_2=\mathrm{e}^{(\alpha-\mathrm{i}\beta)x}$ 改写为

$$y_1=\mathrm{e}^{(\alpha+\mathrm{i}\beta)x}=\mathrm{e}^{\alpha x}\cdot\mathrm{e}^{\beta x\mathrm{i}}=\mathrm{e}^{\alpha x}(\cos\beta x+\mathrm{i}\sin\beta x)$$

$$y_2=\mathrm{e}^{(\alpha-\mathrm{i}\beta)x}=\mathrm{e}^{\alpha x}\cdot\mathrm{e}^{-\beta x\mathrm{i}}=\mathrm{e}^{\alpha x}(\cos\beta x-\mathrm{i}\sin\beta x)$$

由本节定理 3,可知

$$y_1^*=\frac{1}{2}(y_1+y_2)=\mathrm{e}^{\alpha x}\cos\beta x$$

$$y_2^*=\frac{1}{2\mathrm{i}}(y_1-y_2)=\mathrm{e}^{\alpha x}\sin\beta x$$

也是微分方程(5-36)的解,且 $\dfrac{y_1^*}{y_2^*}=\dfrac{\mathrm{e}^{\alpha x}\cos\beta x}{\mathrm{e}^{\alpha x}\sin\beta x}=\cot\beta x$ 不是常数,故微分方程

(5-36) 的通解为

$$y = C_1 y_1^* + C_2 y_2^*,$$

即

$$y = e^{\alpha x}(C_1 \cos\beta x + C_2 \sin\beta x).$$

综上所述，求二阶常系数齐次线性微分方程

$$y'' + py' + qy = 0$$

的通解的步骤为：

第一步　写出微分方程(5-36)的特征方程

$$r^2 + pr + q = 0;$$

第二步　求出特征方程 $r^2 + pr + q = 0$ 的两个根 $r_1, r_2$；

第三步　根据特征方程 $r^2 + pr + q = 0$ 的两个根的不同情况，写出微分方程 (5-36) 的通解(表 5-1).

表 5-1

| 特征方程 $r^2 + pr + q = 0$ 的根的情况 | 微分方程 $y'' + py' + qy = 0$ 的通解 |
| --- | --- |
| 两个不相等的实根 $r_1, r_2$ | $y = C_1 e^{r_1 x} + C_2 e^{r_2 x}$ |
| 两个相等的实根 $r_1 = r_2$ | $y = (C_1 + C_2 x)e^{r_1 x}$ |
| 一对共轭复根 $r_1 = \alpha + \beta i, r_2 = \alpha - \beta i$ | $y = e^{\alpha x}(C_1 \cos\beta x + C_2 \sin\beta x)$ |

**例 5-22**　求二阶常系数齐次线性微分方程 $y'' + y' - 12y = 0$ 的通解.

**解**　所给微分方程的特征方程为

$$r^2 + r - 12 = (r - 3)(r + 4) = 0,$$

其根 $r_1 = 3, r_2 = -4$ 是两个不相等的实根，因此所求通解为

$$y = C_1 e^{3x} + C_2 e^{-4x}.$$

**例 5-23**　求方程 $y'' + 6y' + 9y = 0$ 满足初始条件 $y(0) = y'(0) = 1$ 的特解.

**解**　这是一个二阶常系数齐次线性微分方程，所给方程的特征方程为

$$r^2 + 6r + 9 = (r + 3)^2 = 0$$

其根 $r_1 = r_2 = -3$ 是两个相等的实根，因此所给微分方程的通解为

$$y = (C_1 + C_2 x)e^{-3x}.$$

将条件 $y(0) = 1$ 代入通解，得 $C_1 = 1$，从而有

$$y = (1 + C_2 x)e^{-3x}.$$

将上式对 $x$ 求导，得

$$y' = (C_2 - 3 - 3C_2 x)e^{-3x}.$$

再把条件 $y'(0) = 1$ 代入上式，得 $C_2 = 4$. 于是所求特解为

$$y = (1 + 4x)e^{-3x}.$$

**例 5-24**　求微分方程 $4y'' + 4y' + 5y = 0$ 的通解.

**解**　这是一个二阶常系数齐次线性微分方程,所给方程的特征方程为

$$4r^2 + 4r + 5 = 0.$$

特征方程的根为 $r_1 = -\dfrac{1}{2} + \mathrm{i}, r_2 = -\dfrac{1}{2} - \mathrm{i}$,是一对共轭复根,因此所求通解为

$$y = \mathrm{e}^{-\frac{1}{2}x}(C_1 \cos x + C_2 \sin x).$$

### 3. 二阶常系数非齐次线性微分方程的通解

由本节定理 2 可知,二阶常系数非齐次线性微分方程

$$y'' + py' + qy = f(x)$$

(其中 $p,q$ 均为常数,$f(x)$ 为 $x$ 的已知的连续函数)的通解是它本身的一个特解 $y^*(x)$ 与它所对应的齐次线性微分方程

$$y'' + py' + qy = 0$$

的通解 $Y(x)$ 之和:

$$y(x) = Y(x) + y^*(x).$$

而微分方程(5-36)的通解 $Y(x)$ 在上面已经求出了.因此,求二阶常系数非齐次线性微分方程(5-35)的通解关键是求出它的一个特解 $y^*(x)$.

下面我们只介绍当 $f(x)$ 为两种特殊形式时,用**待定系数法**求方程(5-35)的特解 $y^*(x)$ 的方法:

(1) $f(x) = \mathrm{e}^{\lambda x} P_m(x)$,其中 $\lambda$ 是常数,$P_m(x)$ 为 $m$ 次多项式:

$$P_m(x) = a_0 x^m + a_1 x^{m-1} + \cdots + a_{m-1} x + a_m,$$

即微分方程为

$$y'' + py' + qy = \mathrm{e}^{\lambda x} P_m(x). \tag{5-37}$$

由于指数函数与多项式函数之积的导数仍然是指数函数与多项式函数的乘积,而考虑到方程(5-37)右边为指数函数与多项式乘积的形式,可以猜想,方程(5-37)的特解也应具有这种形式.因此,我们不妨设方程(5-37)的特解为

$$y^* = Q(x)\mathrm{e}^{\lambda x},$$

其中 $Q(x)$ 为待定多项式.将

$$y^* = Q(x)\mathrm{e}^{\lambda x}$$
$$y^{*\prime} = Q'(x)\mathrm{e}^{\lambda x} + \lambda Q(x)\mathrm{e}^{\lambda x}$$
$$y^{*\prime\prime} = Q''(x)\mathrm{e}^{\lambda x} + 2\lambda Q'(x)\mathrm{e}^{\lambda x} + \lambda^2 Q(x)\mathrm{e}^{\lambda x}$$

代入方程(5-37),可得等式

$$[Q''(x) + 2\lambda Q'(x) + \lambda^2 Q(x)]\mathrm{e}^{\lambda x} + p[Q'(x) + \lambda Q(x)]\mathrm{e}^{\lambda x} + qQ(x)\mathrm{e}^{\lambda x} = P_m(x)\mathrm{e}^{\lambda x},$$

约去 $\mathrm{e}^{\lambda x}(\mathrm{e}^{\lambda x} \neq 0)$,得

$$Q''(x) + (2\lambda + p)Q'(x) + (\lambda^2 + p\lambda + q)Q(x) = P_m(x). \tag{5-38}$$

① 如果 $\lambda$ 不是特征方程 $r^2 + pr + q = 0$ 的根，则 $\lambda^2 + p\lambda + q \neq 0$. 于是，式 (5-38) 的左边与右边一样也应该是一个 $m$ 次多项式，由此可见，为使式 (5-38) 成为恒等式，这时应设 $Q(x)$ 为 $m$ 次多项式：

$$Q_m(x) = b_0 x^m + b_1 x^{m-1} + \cdots + b_{m-1} x + b_m,$$

将 $Q(x)$ 代入式 (5-38)，通过比较等式两边 $x$ 的同次幂的系数，可得到以 $b_0, b_1, \cdots, b_m$ 为未知数的 $m+1$ 个方程的联立方程组，从而可以确定系数 $b_0, b_1, \cdots, b_m$，并得到所求特解 $y^* = Q_m(x)e^{\lambda x}$.

② 如果 $\lambda$ 是特征方程 $r^2 + pr + q = 0$ 的单根，则 $\lambda^2 + p\lambda + q = 0$，而 $2\lambda + p \neq 0$. 这时式 (5-38) 的左边 $Q(x)$ 的系数为零，$Q'(x)$ 的系数不为零，即式 (5-38) 变成

$$Q''(x) + (2\lambda + p)Q'(x) = P_m(x),$$

由于上式中右边是一个 $m$ 次多项式 $P_m(x)$，要使上式两边恒等，那么 $Q'(x)$ 必须为 $m$ 次多项式，从而可知 $Q(x)$ 应为 $m+1$ 次多项式. 故可设

$$Q(x) = xQ_m(x),$$

其中

$$Q_m(x) = b_0 x^m + b_1 x^{m-1} + \cdots + b_{m-1} x + b_m,$$

将 $Q(x)$ 代入式 (5-38)，通过比较等式两边 $x$ 的同次幂的系数，可得到以 $b_0, b_1, \cdots, b_m$ 为未知数的 $m+1$ 个方程的联立方程组，从而可以确定系数 $b_0, b_1, \cdots, b_m$，并得到所求特解 $y^* = Q(x)e^{\lambda x} = xQ_m(x)e^{\lambda x}$.

③ 如果 $\lambda$ 是特征方程 $r^2 + pr + q = 0$ 的二重根，则 $\lambda^2 + p\lambda + q = 0$，且 $2\lambda + p = 0$，这时等式 (5-38) 的左边 $Q(x), Q'(x)$ 的系数都为零，即等式 (5-38) 变成

$$Q''(x) = P_m(x),$$

由于上式中右端是一个 $m$ 次多项式 $P_m(x)$，要使上式两边恒等，那么 $Q''(x)$ 必须为 $m$ 次多项式，从而可知 $Q(x)$ 应为 $m+2$ 次多项式. 故可设

$$Q(x) = x^2 Q_m(x),$$

其中

$$Q_m(x) = b_0 x^m + b_1 x^{m-1} + \cdots + b_{m-1} x + b_m,$$

将 $Q(x)$ 代入式 (5-38)，通过比较等式两边 $x$ 的同次幂的系数，可得到以 $b_0, b_1, \cdots, b_m$ 为未知数的 $m+1$ 个方程的联立方程组，从而可以确定系数 $b_0, b_1, \cdots, b_m$，并得到所求特解 $y^* = Q(x)e^{\lambda x} = x^2 Q_m(x)e^{\lambda x}$.

综上所述，我们有如下结论：

**结论 1**　如果 $f(x) = e^{\lambda x}P_m(x)$，其中 $P_m(x)$ 为 $m$ 次多项式，$\lambda$ 是常数 [显然，若 $\lambda = 0$，则 $f(x) = P_m(x)$]，则二阶常系数非齐次线性微分方程 $y'' + py' + qy = f(x)$ 有形如

$$y^* = x^k Q_m(x)e^{\lambda x}$$

的特解,其中 $Q_m(x)$ 是与 $P_m(x)$ 同次($m$ 次)的待定多项式,而 $k$ 的取值按如下确定:

① 当 $\lambda$ 不是微分方程(5-36)的特征方程的根时,取 $k=0$;

② 当 $\lambda$ 是微分方程(5-36)的特征方程的单根时,取 $k=1$;

③ 当 $\lambda$ 是微分方程(5-36)的特征方程的重根时,取 $k=2$.

**例 5-25** 求微分方程 $y''-2y'-3y=(x+2)\mathrm{e}^{2x}$ 的通解.

**解** 这是二阶常系数非齐次线性微分方程,且函数 $f(x)$ 是 $\mathrm{e}^{\lambda x}P_m(x)$ 型,由

$$f(x)=(x+2)\mathrm{e}^{2x}=\mathrm{e}^{\lambda x}P_m(x) \text{ 可知},\lambda=2,m=1,P_1(x)=x+2.$$

该方程所对应的齐次方程为

$$y''-2y'-3y=0,$$

它的特征方程为

$$r^2-2r-3=0.$$

特征方程有两个实根,$r_1=3,r_2=-1$.于是所给方程对应的齐次方程的通解为

$$Y(x)=C_1\mathrm{e}^{3x}+C_2\mathrm{e}^{-x}.$$

由于这里 $\lambda=2$ 不是特征方程的根,因此取 $k=0$,故可设原二阶常系数非齐次线性微分方程的一个特解为

$$y^*=(b_0x+b_1)\mathrm{e}^{2x}.$$

求导得

$$y^{*\prime}=b_0\mathrm{e}^{2x}+2(b_0x+b_1)\mathrm{e}^{2x},$$
$$y^{*\prime\prime}=4b_0\mathrm{e}^{2x}+4(b_0x+b_1)\mathrm{e}^{2x}.$$

把 $y^*,y^{*\prime},y^{*\prime\prime}$ 代入所给方程,约去 $\mathrm{e}^{2x}$,得

$$-3b_0x+(2b_0-3b_1)=x+2,$$

比较等式两边 $x$ 同次幂的系数,得

$$\begin{cases} -3b_0=1, \\ 2b_0-3b_1=2, \end{cases}$$

由此求得 $b_0=-\dfrac{1}{3},b_1=-\dfrac{8}{9}$.于是求得所给方程的一个特解为

$$y^*=\left(-\frac{1}{3}x-\frac{8}{9}\right)\mathrm{e}^{2x}.$$

从而所给方程的通解为

$$y=C_1\mathrm{e}^{3x}+C_2\mathrm{e}^{-x}+\left(-\frac{1}{3}x-\frac{8}{9}\right)\mathrm{e}^{2x}.$$

**例 5-26** 求微分方程 $y''-4y=\mathrm{e}^{2x}$ 的通解.

**解** 这是二阶常系数非齐次线性微分方程,且函数 $f(x)$ 是 $\mathrm{e}^{\lambda x}P_m(x)$ 型,

由 $f(x) = \mathrm{e}^{2x} = \mathrm{e}^{\lambda x} P_m(x)$ 可知，$\lambda = 2, m = 0, P_0(x) = 1$.

该方程所对应的齐次方程为

$$y'' - 4y = 0,$$

它的特征方程为

$$r^2 - 4 = 0.$$

特征方程有两个实根，$r_1 = 2, r_2 = -2$. 于是所给方程对应的齐次方程的通解为

$$Y(x) = C_1 \mathrm{e}^{2x} + C_2 \mathrm{e}^{-2x}.$$

由于这里 $\lambda = 2$ 是特征方程的单根，因此取 $k = 1$，故可设原二阶常系数非齐次线性微分方程的一个特解为

$$y^* = ax\,\mathrm{e}^{2x}.$$

求导得

$$y^{*\prime} = a(2x + 1)\mathrm{e}^{2x},$$
$$y^{*\prime\prime} = a(4x + 4)\mathrm{e}^{2x}.$$

把 $y^*, y^{*\prime\prime}$ 代入所给方程，约去 $\mathrm{e}^{2x}$，得

$$4a = 1,$$

由此求得 $a = \dfrac{1}{4}$. 于是求得所给方程的一个特解为

$$y^* = \frac{1}{4} x\,\mathrm{e}^{2x}.$$

从而所给方程的通解为

$$y = C_1 \mathrm{e}^{2x} + C_2 \mathrm{e}^{-2x} + \frac{1}{4} x\,\mathrm{e}^{2x}.$$

**例 5-27**　求微分方程 $y'' - 2y' + y = 12x\,\mathrm{e}^{x}$ 的通解.

**解**　这是二阶常系数非齐次线性微分方程，且函数 $f(x)$ 是 $\mathrm{e}^{\lambda x} P_m(x)$ 型，由 $f(x) = 12x\,\mathrm{e}^{x} = \mathrm{e}^{\lambda x} P_m(x)$ 可知，$\lambda = 1, m = 1, P_1(x) = 12x$.

该方程所对应的齐次方程为

$$y'' - 2y' + y = 0,$$

它的特征方程为

$$r^2 - 2r + 1 = 0.$$

特征方程有两个实根，$r_1 = r_2 = 1$. 于是所给方程对应的齐次方程的通解为

$$Y(x) = (C_1 + C_2 x)\mathrm{e}^{x}.$$

由于这里 $\lambda = 1$ 是特征方程的二重根，因此取 $k = 2$，故可设原二阶常系数非齐次线性微分方程的一个特解为

$$y^* = (ax + b)x^2 \mathrm{e}^{x}.$$

把 $y^*$ 代入所给方程，约去 $\mathrm{e}^{x}$，得

$$6ax + 2b = 12x,$$

比较等式两边 $x$ 同次幂的系数,得
$$\begin{cases}6a=12,\\2b=0,\end{cases}$$
由此求得 $a=2,b=0$.于是求得所给方程的一个特解为
$$y^*=2x^3\mathrm{e}^x.$$
从而所给方程的通解为
$$y=(C_1+C_2x+2x^3)\mathrm{e}^x.$$

**注意**:由前面的讨论可知,如果 $\lambda$ 是特征方程 $r^2+pr+q=0$ 的二重根,则 $\lambda^2+p\lambda+q=0$,且 $2\lambda+p=0$,这时式(5-38)的左边 $Q(x)$,$Q'(x)$ 的系数都为零,即式(5-38) 变成
$$Q''(x)=P_m(x),$$
因此,本题在实际计算时,只要将 $Q(x)=(ax+b)x^2=ax^3+bx^2$ 代入原微分方程,即有 $Q''(x)=P_m(x)$,从而得 $6ax+2b=12x$,这样比代入原方程要简便得多.

**例 5-28**　求微分方程 $y''-2y'-3y=3x+1$ 的通解.

**解**　这是二阶常系数非齐次线性微分方程,且函数 $f(x)$ 是 $\mathrm{e}^{\lambda x}P_m(x)$ 型,由
$$f(x)=3x+1=\mathrm{e}^{\lambda x}P_m(x)\ 可知,\lambda=0,m=1,P_1(x)=3x+1.$$
该方程所对应的齐次方程为
$$y''-2y'-3y=0,$$
它的特征方程为
$$r^2-2r-3=0.$$
特征方程有两个实根,$r_1=3,r_2=-1$.于是所给方程对应的齐次方程的通解为
$$Y(x)=C_1\mathrm{e}^{3x}+C_2\mathrm{e}^{-x}.$$

由于这里 $\lambda=0$ 不是特征方程的根,因此取 $k=0$,故可设原二阶常系数非齐次线性微分方程的一个特解为
$$y^*=ax+b.$$
求导得
$$y^{*\prime}=a,$$
$$y^{*\prime\prime}=0.$$
把 $y^*,y^{*\prime},y^{*\prime\prime}$ 代入所给方程,得
$$-3ax-2a-3b=3x+1,$$
比较等式两边 $x$ 同次幂的系数,得
$$\begin{cases}-3a=3,\\-2a-3b=1,\end{cases}$$

由此求得 $a=-1,b=\dfrac{1}{3}$. 于是求得所给方程的一个特解为

$$y^{*}=-x+\dfrac{1}{3}.$$

从而所给方程的通解为

$$y=C_{1}\mathrm{e}^{3x}+C_{2}\mathrm{e}^{-x}-x+\dfrac{1}{3}.$$

**例 5-29**  求微分方程 $y''-4y'=72(2x-3)$ 的通解.

**解**  这是二阶常系数非齐次线性微分方程,且函数 $f(x)$ 是 $\mathrm{e}^{\lambda x}P_{m}(x)$ 型,由 $f(x)=72(2x-3)=\mathrm{e}^{\lambda x}P_{m}(x)$ 可知,$\lambda=0,m=1,P_{1}(x)=72(2x-3)$.

该方程所对应的齐次方程为

$$y''-4y'=0,$$

它的特征方程为

$$r^{2}-4r=0.$$

特征方程有两个实根,$r_{1}=0,r_{2}=4$. 于是所给方程对应的齐次方程的通解为

$$Y(x)=C_{1}+C_{2}\mathrm{e}^{4x}.$$

由于这里 $\lambda=0$ 是特征方程的单根,因此取 $k=1$,故可设原二阶常系数非齐次线性微分方程的一个特解为

$$y^{*}=(ax+b)x\,\mathrm{e}^{0x}=ax^{2}+bx.$$

求导得

$$y^{*\prime}=2ax+b,$$
$$y^{*\prime\prime}=2a.$$

把 $y^{*\prime},y^{*\prime\prime}$ 代入所给方程,得

$$-8ax+2a-4b=72(2x-3),$$

比较等式两边 $x$ 同次幂的系数,得

$$\begin{cases}-8a=144,\\ 2a-4b=-216,\end{cases}$$

由此求得 $a=-18,b=45$. 于是求得所给方程的一个特解为

$$y^{*}=-18x^{2}+45x.$$

从而所给方程的通解为

$$y=C_{1}+C_{2}\mathrm{e}^{4x}-18x^{2}+45x.$$

**例 5-30**  设可导函数 $\varphi(x)$ 满足 $\varphi(x)=\mathrm{e}^{x}+\displaystyle\int_{0}^{x}t\varphi(t)\mathrm{d}t-x\displaystyle\int_{0}^{x}\varphi(t)\mathrm{d}t$,求 $\varphi(x)$.

**解**  在积分等式 $\varphi(x)=\mathrm{e}^{x}+\displaystyle\int_{0}^{x}t\varphi(t)\mathrm{d}t-x\displaystyle\int_{0}^{x}\varphi(t)\mathrm{d}t$ 中令 $x=0$,得 $\varphi(0)=1$.

将积分等式 $\varphi(x)=\mathrm{e}^{x}+\displaystyle\int_{0}^{x}t\varphi(t)\mathrm{d}t-x\displaystyle\int_{0}^{x}\varphi(t)\mathrm{d}t$ 两边同时对 $x$ 求导可得

$$\varphi'(x) = e^x + x\varphi(x) - \int_0^x \varphi(t)\mathrm{d}t - x\varphi(x),$$

即

$$\varphi'(x) = e^x - \int_0^x \varphi(t)\mathrm{d}t,$$

在上式中令 $x=0$，得 $\varphi'(0)=1$．又在方程 $\varphi'(x)=e^x-\int_0^x \varphi(t)\mathrm{d}t$ 两边同时对 $x$ 求导可得

$$\varphi''(x) = e^x - \varphi(x),$$

即

$$\varphi''(x) + \varphi(x) = e^x.$$

由此可知，若记 $\varphi(x)=y$，则函数 $\varphi(x)$ 是二阶常系数非齐次线性微分方程

$$y'' + y = e^x$$

的满足初始条件 $\varphi(0)=1$，$\varphi'(0)=1$ 的特解．由上述二阶常系数非齐次线性微分方程可知，函数 $f(x)$ 是 $e^{\lambda x}P_m(x)$ 型，由 $f(x)=e^x=e^{\lambda x}P_m(x)$ 可知，$\lambda=1$，$m=0$，$P_0(x)=1$．

该方程所对应的齐次方程为

$$y'' + y = 0,$$

它的特征方程为

$$r^2 + 1 = 0.$$

特征方程有一对共轭复根，$r_1=\mathrm{i}$，$r_2=-\mathrm{i}$．于是所给方程对应的齐次方程的通解为

$$Y(x) = C_1\cos x + C_2\sin x.$$

由于这里 $\lambda=1$ 不是特征方程的根，因此取 $k=0$，故可设原二阶常系数非齐次线性微分方程的一个特解为

$$y^* = a\,e^x.$$

求导得

$$y^{*\prime} = a\,e^x,$$
$$y^{*\prime\prime} = a\,e^x.$$

把 $y^*$，$y^{*\prime\prime}$ 代入方程 $y''+y=e^x$，约去 $e^x$，得 $a=\dfrac{1}{2}$，于是求得方程 $y''+y=e^x$ 的一个特解为

$$y^* = \frac{1}{2}e^x.$$

从而方程 $y''+y=e^x$ 的通解为

$$y = C_1\cos x + C_2\sin x + \frac{1}{2}e^x, \tag{5-39}$$

且有

$$y' = -C_1 \sin x + C_2 \cos x + \frac{1}{2} e^x. \qquad (5\text{-}40)$$

把初始条件 $\varphi(0) = 1$ 代入式(5-39)，把 $\varphi'(0) = 1$ 代入式(5-40)，有

$$\begin{cases} C_1 + \dfrac{1}{2} = 1, \\ C_2 + \dfrac{1}{2} = 1, \end{cases}$$

即

$$C_1 = C_2 = \frac{1}{2},$$

于是有

$$y = \varphi(x) = \frac{1}{2}(\cos x + \sin x + e^x).$$

**例 5-31**　设某产品的需求函数为 $Q(t) = 42 - 4P - 4\dfrac{\mathrm{d}P}{\mathrm{d}t} + \dfrac{\mathrm{d}^2 P}{\mathrm{d}t^2}$，供给函数为

$S(t) = -6 + 8P$，若在每一时刻市场供需平衡，在初始条件 $P(0) = 6, P'(0) = 4$ 下求价格函数 $P(t)$.

**解**　由题意可知，在市场供需平衡时，$S(t) = Q(t)$，于是

$$42 - 4P - 4\frac{\mathrm{d}P}{\mathrm{d}t} + \frac{\mathrm{d}^2 P}{\mathrm{d}t^2} = -6 + 8P,$$

整理得

$$P'' - 4P' - 12P = -48.$$

这是一个二阶常系数非齐次线性微分方程，该方程所对应的齐次方程为

$$P'' - 4P' - 12P = 0,$$

它的特征方程为

$$r^2 - 4r - 12 = 0.$$

特征方程有两个实根，$r_1 = 6, r_2 = -2$. 于是所给方程对应的齐次方程的通解为

$$P(t) = C_1 e^{6t} + C_2 e^{-2t}.$$

由于这里 $\lambda = 0$ 不是特征方程的单根，因此取 $k = 0$，故可设原二阶常系数非齐次线性微分方程的一个特解为

$$P^* = a e^{0x} = a.$$

把 $P^*$ 代入所给方程，得

$$-12a = -48,$$

即得

$$a = 4,$$

于是可求得所给方程的一个特解为

$$P^* = 4.$$

从而所给方程的通解为

$$P = C_1 \mathrm{e}^{6t} + C_2 \mathrm{e}^{-2t} + 4, \qquad (5\text{-}41)$$

且有

$$P' = 6C_1 \mathrm{e}^{6t} - 2C_2 \mathrm{e}^{-2t}. \qquad (5\text{-}42)$$

把初始条件 $P(0) = 6$ 代入式(5-41),把 $P'(0) = 4$ 代入式(5-42),有

$$\begin{cases} C_1 + C_2 + 4 = 6, \\ 6C_1 - 2C_2 = 4, \end{cases}$$

即

$$C_1 = C_2 = 1,$$

于是满足初始条件的价格函数为

$$P(t) = \mathrm{e}^{6t} + \mathrm{e}^{-2t} + 4.$$

(2) $f(x) = \mathrm{e}^{\lambda x}[P_m(x)\cos\omega x + P_n(x)\sin\omega x]$,其中 $\lambda$,$\omega$ 是实常数,$P_m(x)$,$P_n(x)$ 分别为 $x$ 的 $m$ 次、$n$ 次多项式,即微分方程为

$$y'' + py' + qy = \mathrm{e}^{\lambda x}[P_m(x)\cos\omega x + P_n(x)\sin\omega x]. \qquad (5\text{-}43)$$

**结论 2**　如果 $f(x) = \mathrm{e}^{\lambda x}[P_m(x)\cos\omega x + P_n(x)\sin\omega x]$,其中 $P_m(x)$,$P_n(x)$ 分别为 $x$ 的 $m$ 次、$n$ 次多项式,$\lambda$,$\omega$ 是实常数(显然,若 $\lambda = 0$,则 $f(x) = P_m(x)\cos\omega x + P_n(x)\sin\omega x$),则二阶常系数非齐次线性微分方程 $y'' + py' + qy = f(x)$ 的特解可设为

$$y^* = x^k \mathrm{e}^{\lambda x}[R_l(x)\cos\omega x + S_l(x)\sin\omega x],$$

其中 $R_l(x)$、$S_l(x)$ 都是 $l$ 次待定多项式,$l = \max\{m,n\}$,而 $k$ 的取值按如下方法确定:

① 当 $\lambda + \mathrm{i}\omega$(或 $\lambda - \mathrm{i}\omega$)不是微分方程(5-36)的特征方程的根时,取 $k = 0$;

② 当 $\lambda + \mathrm{i}\omega$(或 $\lambda - \mathrm{i}\omega$)是微分方程(5-36)的特征方程的单根时,取 $k = 1$.

**例 5-32**　求微分方程 $y'' - 5y' + 6y = \cos x + x\sin x$ 的通解.

**解**　所给方程是二阶常系数非齐次线性微分方程,且 $f(x)$ 属于 $\mathrm{e}^{\lambda x}[P_m(x)\cos\omega x + P_n(x)\sin\omega x]$ 型,由 $f(x) = \cos x + x\sin x = \mathrm{e}^{\lambda x}[P_m(x)\cos\omega x + P_n(x)\sin\omega x]$ 可知,$\lambda = 0$,$m = 0$,$n = 1$,$l = \max\{m,n\} = \{0,1\} = 1$,$\omega = 1$,$P_m(x) = 1$,$P_n(x) = x$.

与所给方程对应的齐次方程为

$$y'' - 5y' + 6y = 0,$$

它的特征方程为

$$r^2 - 5r + 6 = 0.$$

特征方程有两个实根,$r_1 = 3$,$r_2 = 2$.于是所给方程对应的齐次方程的通解为

$$Y(x) = C_1 \mathrm{e}^{3x} + C_2 \mathrm{e}^{2x}.$$

由于这里 $\lambda + \mathrm{i}\omega = 0 + \mathrm{i}$ 不是特征方程的根,因此取 $k = 0$,故可设原二阶常系数非齐次线性微分方程的一个特解为

$$y^* = (ax+b)\cos x + (cx+d)\sin x.$$

对上式求导得

$$y^{*\prime} = (a+cx+d)\cos x + (c-ax-b)\sin x,$$

$$y^{*\prime\prime} = (2c-ax-b)\cos x - (2a+cx+d)\sin x.$$

把 $y^*,y^{*\prime},y^{*\prime\prime}$ 代入所给方程,整理得

$$[(5a-5c)x-5a+5b+2c-5d]\cos x + [(5a+5c)x-2a+5b-5c+5d]\sin x$$
$$= \cos x + x\sin x,$$

比较等式两边同类项的系数,得

$$\begin{cases} (5a-5c)x-5a+5b+2c-5d=1, \\ (5a+5c)x-2a+5b-5c+5d=x, \end{cases}$$

从而有

$$\begin{cases} 5a-5c=0, \\ -5a+5b+2c-5d=1, \\ 5a+5c=1, \\ -2a+5b-5c+5d=0. \end{cases}$$

由此求得 $a=\dfrac{1}{10},b=\dfrac{1}{5},c=\dfrac{1}{10},d=-\dfrac{3}{50}$.于是求得所给方程的一个特解为

$$y^* = \left(\frac{1}{10}x+\frac{1}{5}\right)\cos x + \left(\frac{1}{10}x-\frac{3}{50}\right)\sin x.$$

从而所给方程的通解为

$$y = C_1 e^{3x} + C_2 e^{2x} + \left(\frac{1}{10}x+\frac{1}{5}\right)\cos x + \left(\frac{1}{10}x-\frac{3}{50}\right)\sin x.$$

**例 5-33**　求微分方程 $y''+2y'+2y=10\sin 2x$ 的通解.

**解**　所给方程是二阶常系数非齐次线性微分方程,且 $f(x)$ 属于 $e^{\lambda x}[P_m(x)\cos\omega x + P_n(x)\sin\omega x]$ 型,由 $f(x)=10\sin 2x=e^{\lambda x}[P_m(x)\cos\omega x + P_n(x)\sin\omega x]$ 可知,$\lambda=0,m=0,n=0,l=\max\{m,n\}=\{0,0\}=0,\omega=2$, $P_m(x)=0,P_n(x)=10$.

与所给方程对应的齐次方程为

$$y''+2y'+2y=0,$$

它的特征方程为

$$r^2+2r+2=(\lambda+1)^2+1=0.$$

特征方程有一对共轭复根,$r_1=-1+i,r_2=-1-i$.于是所给方程对应的齐次方程的通解为

$$Y(x)=(C_1\cos x + C_2\sin x)e^{-x}.$$

由于这里 $\lambda+i\omega=0+2i$ 不是特征方程的根,因此取 $k=0$,故可设原二阶常系数非齐次线性微分方程的一个特解为

$$y^* = a\cos 2x + b\sin 2x.$$

对上式求导得

$$y^{*\prime} = -2a\sin 2x + 2b\cos 2x,$$
$$y^{*\prime\prime} = -4a\cos 2x - 4b\sin 2x.$$

把 $y^*, y^{*\prime}, y^{*\prime\prime}$ 代入所给方程,整理得

$$(4b - 2a)\cos 2x - (4a + 2b)\sin 2x = 10\sin 2x,$$

比较等式两边同类项的系数,得

$$\begin{cases} 4b - 2a = 0, \\ -(4a + 2b) = 10, \end{cases}$$

由此求得 $a = -2, b = -1$.于是求得所给方程的一个特解为

$$y^* = -2\cos 2x - \sin 2x.$$

从而所给方程的通解为

$$y = (C_1\cos x + C_2\sin x)e^{-x} - 2\cos 2x - \sin 2x.$$

**例 5-34** 求微分方程 $y'' + 4y = 2\cos 2x$ 满足初始条件 $y(0) = 0, y'(0) = 2$ 的特解.

**解** 所给方程是二阶常系数非齐次线性微分方程,且 $f(x)$ 属于 $e^{\lambda x}[P_m(x)\cos\omega x + P_n(x)\sin\omega x]$ 型,由 $f(x) = 2\cos 2x = e^{\lambda x}[P_m(x)\cos\omega x + P_n(x)\sin\omega x]$ 可知,$\lambda = 0, m = 0, n = 0, l = \max\{m, n\} = \{0, 0\} = 0, \omega = 2$, $P_m(x) = 2, P_n(x) = 0$.

与所给方程对应的齐次方程为

$$y'' + 4y = 0,$$

它的特征方程为

$$r^2 + 4 = 0.$$

特征方程有一对共轭复根,$r_1 = +2i, r_2 = -2i$.于是所给方程对应的齐次方程的通解为

$$Y(x) = C_1\cos 2x + C_2\sin 2x.$$

由于这里 $\lambda + i\omega = 0 + 2i$ 是特征方程的单根,因此取 $k = 1$,故可设原二阶常系数非齐次线性微分方程的一个特解为

$$y^* = x(a\cos 2x + b\sin 2x).$$

把 $y^*$ 代入所给方程,整理得

$$4b\cos 2x - 4a\sin 2x = 2\cos 2x,$$

比较等式两边同类项的系数,得

$$\begin{cases} 4b = 2, \\ -4a = 0, \end{cases}$$

由此求得 $a = 0, b = \dfrac{1}{2}$.于是求得所给方程的一个特解为

$$y^* = \frac{1}{2}x\sin 2x.$$

从而所给方程的通解为

$$y = C_1\cos 2x + C_2\sin 2x + \frac{1}{2}x\sin 2x,$$

且有

$$y' = -2C_1\sin 2x + 2C_2\cos 2x + \frac{1}{2}\sin 2x + x\cos 2x,$$

把初始条件 $y(0)=0, y'(0)=2$ 分别代入上面两式,解得 $C_1=0, C_2=1$,于是满足初始条件的特解为

$$y = \sin 2x + \frac{1}{2}x\sin 2x.$$

**例 5-35**　求微分方程 $y''-3y'+2y=2e^x\cos x$ 的通解.

**解**　所给方程是二阶常系数非齐次线性微分方程,且 $f(x)$ 属于 $e^{\lambda x}[P_m(x)\cos\omega x + P_n(x)\sin\omega x]$ 型,由 $f(x) = 2e^x\cos x = e^{\lambda x}[P_m(x)\cos\omega x + P_n(x)\sin\omega x]$ 可知,$\lambda = 1, m = 0, n = 0, l = \max\{m,n\} = \{0,0\} = 0, \omega = 1$, $P_m(x) = 2, P_n(x) = 0$.

与所给方程对应的齐次方程为

$$y'' - 3y' + 2y = 0,$$

它的特征方程为

$$r^2 - 3r + 2 = 0.$$

特征方程有两个实根,$r_1=1, r_2=2$.于是所给方程对应的齐次方程的通解为

$$Y(x) = C_1e^x + C_2e^{2x}.$$

由于这里 $\lambda + i\omega = 1+i$ 不是特征方程的根,因此取 $k=0$,故可设原二阶常系数非齐次线性微分方程的一个特解为

$$y^* = (a\cos x + b\sin x)e^x.$$

把 $y^*$ 代入所给方程,约去 $e^x$,整理得

$$-(a+b)\cos x + (a-b)\sin x = 2\cos x,$$

比较等式两边同类项的系数,得

$$\begin{cases} -(a+b)=2, \\ a-b=0, \end{cases}$$

由此求得 $a=b=-1$.于是求得所给方程的一个特解为

$$y^* = -(\cos x + \sin x)e^x.$$

从而所给方程的通解为

$$y = (C_1 - \cos x - \sin x)e^x + C_2e^{2x}.$$

**例 5-36**　求微分方程 $y''-4y'+4y=8x^2+e^{2x}+\sin 2x$ 的通解.

**解**　设微分方程 $y''-4y'+4y=8x^2$ 的特解为 $y_1^*$,微分方程 $y''-4y'+4y=e^{2x}$ 的特解为 $y_2^*$,微分方程 $y''-4y'+4y=\sin 2x$ 的特解为 $y_3^*$,由本节定理 3 可知,所给方程的特解应为 $y^* = y_1^* + y_2^* + y_3^*$.

与所给方程对应的齐次方程为
$$y'' - 4y' + 4y = 0,$$
它的特征方程为
$$r^2 - 4r + 4 = 0.$$

特征方程有两个相等的实根，$r_1 = r_2 = 2$. 于是所给方程对应的齐次方程的通解为
$$Y(x) = (C_1 + C_2 x)e^{2x}.$$

① 先求微分方程 $y'' - 4y' + 4y = 8x^2$ 的特解 $y_1^*$.

由结论 1 可知，它有形如 $y_1^* = ax^2 + bx + c$ 的特解，将 $y_1^*$ 代入 $y'' - 4y' + 4y = 8x^2$ 整理得
$$4ax^2 - (8a - 4b)x + 2a - 4b + 4c = 8x^2,$$
比较等式两边同类项的系数，得
$$\begin{cases} 4a = 8, \\ 8a - 4b = 0, \\ 2a - 4b + 4c = 0, \end{cases}$$
由此求得 $a = 2, b = 4, c = 3$. 于是求得所给方程的一个特解为 $y_1^* = 2x^2 + 4x + 3$.

② 再求微分方程 $y'' - 4y' + 4y = e^{2x}$ 的特解 $y_2^*$.

由结论 1 可知，它有形如 $y_2^* = dx^2 e^{2x}$ 的特解，将 $y_2^*$ 代入 $y'' - 4y' + 4y = e^{2x}$，约去 $e^{2x}$，整理得
$$2d = 1,$$
由此求得 $d = \dfrac{1}{2}$. 于是求得所给方程的一个特解为
$$y_2^* = \frac{1}{2}x^2 e^{2x}.$$

③ 最后求微分方程 $y'' - 4y' + 4y = \sin 2x$ 的特解 $y_3^*$.

由结论 2 可知，它有形如 $y_3^* = e\cos 2x + f\sin 2x$ 的特解，将 $y_3^*$ 代入 $y'' - 4y' + 4y = \sin 2x$ 整理得
$$-8f\cos 2x + 8e\sin 2x = \sin 2x,$$
比较等式两边同类项的系数，得
$$\begin{cases} -8f = 0, \\ 8e = 1, \end{cases}$$
由此求得 $e = \dfrac{1}{8}, f = 0$. 于是求得所给方程的一个特解为
$$y_3^* = \frac{1}{8}\cos 2x.$$

从而所给方程的通解为

$$y = Y(x) + y_1^* + y_2^* + y_3^*$$

$$= (C_1 + C_2 x)e^{2x} + 2x^2 + 4x + 3 + \frac{1}{2}x^2 e^{2x} + \frac{1}{8}\cos 2x$$

$$= \left(C_1 + C_2 x + \frac{1}{2}x^2\right)e^{2x} + 2x^2 + 4x + 3 + \frac{1}{8}\cos 2x.$$

# *第四节 差分方程

微分方程刻画了自变量 $x$ 连续变化的过程中变量 $y$ 的变化率,但在很多实际问题中,有些变量不是连续取值的,而是取一系列离散的值.例如,银行中的定期存款是按所设定的时间等间隔计息,外贸出口额按月统计,国民收入按年统计,产品的产量按月统计,等等.对取值是离散化的经济变量,差分方程是研究它们之间变化规律的有效方法.

## 一、差分方程的基本概念

### 1. 差分的概念

设变量 $y$ 是时间 $t$ 的函数,如果函数 $y = y(t)$ 不仅连续而且可导,则在连续变化的时间范围内,变量 $y$ 关于时间 $t$ 的变化率是用 $\frac{\mathrm{d}y}{\mathrm{d}t}$ 来刻画的;对离散型的变量 $y$,我们常用在规定时间区间上的差商 $\frac{\Delta y}{\Delta t}$ 来刻画变量 $y$ 的变化率.如果取 $\Delta t = 1$,则

$$\Delta y = y(t+1) - y(t)$$

可以近似表示变量 $y$ 的变化率.由此我们给出差分的定义.

**定义 1** 设函数 $y_t = y(t)$,自变量 $t$ 取非负整数,当自变量从 $t$ 变到 $t+1$ 时,函数的改变量 $y_{t+1} - y_t$ 称为函数 $y_t = y(t)$ 在点 $t$ 的**差分**,也称为函数 $y_t = y(t)$ 在点 $t$ 的**一阶差分**,记为 $\Delta y_t$,即

$$\Delta y_t = y_{t+1} - y_t,$$

或

$$\Delta y(t) = y(t+1) - y(t).$$

当自变量从 $t$ 变到 $t+1$ 时,一阶差分的差分

$$\Delta(\Delta y_t) = \Delta(y_{t+1} - y_t)$$
$$= (y_{t+2} - y_{t+1}) - (y_{t+1} - y_t)$$
$$= y_{t+2} - 2y_{t+1} + y_t$$

称为函数 $y_t = y(t)$ 在点 $t$ 的**二阶差分**,记为 $\Delta^2 y_t$,即

$$\Delta^2 y_t = y_{t+2} - 2y_{t+1} + y_t.$$

同样,二阶差分的差分称为三阶差分,记为 $\Delta^3 y_t$,即

$$\Delta^3 y_t = \Delta(\Delta^2 y_t) = y_{t+3} - 3y_{t+2} + 3y_{t+1} - y_t.$$

类似地可以定义四阶及四阶以上差分.

**例 5-37**　已知 $y_t = C(C$ 为常数$)$,求 $\Delta y_t$.

**解**　$\Delta y_t = y_{t+1} - y_t = C - C = 0$;

由此例可得出如下结论:常数的差分为零.

**例 5-38**　已知 $y_t = a^t$(其中 $a > 0$ 且 $a \neq 1$),求 $\Delta y_t$.

**解**　$\Delta y_t = y_{t+1} - y_t = a^{t+1} - a^t = (a-1)a^t$;

由此例可得出如下一般性结论:指数函数的差分为原指数函数乘上一个常数.

**例 5-39**　已知 $y_t = 3t^2 - 4t + 2$,求 $\Delta^2 y_t$,$\Delta^3 y_t$.

**解**　$\Delta y_t = y_{t+1} - y_t = [3(t+1)^2 - 4(t+1) + 2] - (3t^2 - 4t + 2) = 6t - 1$,
$\Delta^2 y_t = \Delta(\Delta y_t) = \Delta(6t - 1) = [6(t+1) - 1] - (6t - 1) = 6$,
$\Delta^3 y_t = \Delta(\Delta^2 y_t) = \Delta(6) = 0$,

由此例可得出如下一般性结论:多项式函数的差分幂降低一次,一般地,$k$ 次多项式的 $k$ 阶差分为常数,而 $k$ 阶以上的差分均为零.

**例 5-40**　求函数 $y_t = t^2 \cdot 2^t$ 的差分.

**解**　$\Delta y_t = y_{t+1} - y_t = (t+1)^2 \cdot 2^{t+1} - t^2 \cdot 2^t = (t^2 + 4t + 2) \cdot 2^t$,

由此例可得出如下一般性结论:指数函数与多项式函数乘积的差分仍为指数函数与多项式函数之积.

由差分的定义,易得差分的性质:

(1) $\Delta(Cy_t) = C\Delta y_t$;

(2) $\Delta(y_t \pm z_t) = \Delta y_t \pm \Delta z_t$;

(3) $\Delta(y_t \cdot z_t) = y_{t+1} \cdot \Delta z_t + z_t \cdot \Delta y_t = y_t \cdot \Delta z_t + z_{t+1} \cdot \Delta y_t$.

**2. 差分方程**

先来看一个例子:设 $A_0$ 是初始存款($t = 0$ 时的存款),年利率为 $r(0 < r < 1)$,若以复利计息,试确定 $t$ 年末的本利和 $A_t$.

在该问题中,若将时间 $t$($t$ 以年为单位)看作自变量,则 $t$ 年末的本利和 $A_t$ 可看作是 $t$ 的函数 $A_t = A(t)$,这个函数就是要求的未知函数.由存款模型可知,

$t+1$ 年末的本利和 $A_{t+1}$ 与 $t$ 年末的本利和 $A_t$ 有如下关系

$$A_{t+1}=A_t+rA_t,(t=0,1,2,3,\cdots),\qquad\qquad(5\text{-}44)$$

若写作函数 $A_t=A(t)$ 在 $t$ 的差分 $\Delta A_t=A_{t+1}-A_t$ 的形式,则上式可变形为

$$\Delta A_t=rA_t,(t=0,1,2,3,\cdots),\qquad\qquad(5\text{-}45)$$

由式(5-44)可得

$$A_{t+1}=(1+r)A_t,$$

从而依次可得出

$$A_1=(1+r)A_0,$$
$$A_2=(1+r)A_1=(1+r)^2A_0,$$
$$A_3=(1+r)A_2=(1+r)^3A_0,$$
$$\vdots$$

于是得 $t$ 年末的本利和 $A_t$ 为

$$A_t=(1+r)^tA_0,(t=0,1,2,3,\cdots).\qquad\qquad(5\text{-}46)$$

在式(5-44)和式(5-45)中,因含有未知函数 $A_t=A(t)$,所以这是一个函数方程;又由于在方程(5-44)中含有两个未知函数的函数值 $A_t$ 和 $A_{t+1}$,在方程(5-45)中含有未知函数的差分 $\Delta A_t$,像这样的函数方程称为差分方程.在方程(5-45)中,仅含未知函数的函数值 $A_t=A(t)$ 的一阶差分,在方程(5-44)中,未知函数的下标最大差数是 1,即 $(t+1)-t=1$,故方程(5-44)或方程(5-45)称为一阶差分方程.

显然式(5-46)满足差分方程(5-44)或(5-45),这个函数称为差分方程(5-44)或(5-45)的解.

由以上例题分析可知,差分方程的基本概念如下:

**定义 2**　含有自变量、未知函数以及未知函数差分或含有未知函数不同时期值的符号的函数方程,称为**差分方程**.其一般形式为

$$G(t,y_t,y_{t+1},\cdots,y_{t+n})=0,$$

或

$$F(t,y_t,\Delta y_t,\Delta^2y_t,\cdots,\Delta^ny_t)=0.$$

由差分的定义可知,差分方程的不同表达形式之间可以相互转化.

例如,差分方程 $y_{t+2}-2y_{t+1}-y_t=3^t$ 可转化为 $y_t-2y_{t-1}-y_{t-2}=3^{t-2}$,若将原方程的左边写成

$$(y_{t+2}-2y_{t+1}+y_t)-2y_t=\Delta^2y_t-2y_t,$$

则原方程又可以化为

$$\Delta^2y_t-2y_t=3^t.$$

差分方程 $\Delta^2y_t+y_t+1=0$ 的左边写成

$$(y_{t+2} - 2y_{t+1} + y_t) + y_t + 1 = y_{t+2} - 2y_{t+1} + 2y_t + 1,$$

则方程 $\Delta^2 y_t + y_t + 1 = 0$ 又可以化为

$$y_{t+2} - 2y_{t+1} + 2y_t + 1 = 0.$$

**定义 3**　在差分方程 $G(t, y_t, y_{t+1}, \cdots, y_{t+n}) = 0$ 中,未知函数的最大下标与最小下标的差称为差分方程的**阶**.

例如,方程 $y_{t+2} - 2y_{t+1} - y_t = 3^t$ 是二阶差分方程;方程 $y_{t+5} - 4y_{t+3} - 3y_{t+2} - 2 = 3^t$ 是三阶差分方程;又如差分方程 $\Delta^3 y_t + y_t + 1 = 0$,虽然它含有三阶差分 $\Delta^3 y_t$,但它实际上是二阶差分方程.因为该方程可以化为

$$y_{t+3} - 3y_{t+2} + 3y_{t+1} + 1 = 0.$$

所以,它是二阶差分方程.

**定义 4**　若一个函数代入差分方程后,方程两边恒等,则称此函数为该差分方程的**解**.若差分方程的解中含有相互独立的任意常数且其个数恰好等于差分方程的阶数,则称该解为差分方程的**通解**.

例如,对于差分方程 $y_{t+1} - y_t = 2$,将 $y_t = 2t + 1$ 代入方程,则有

$$左边 = [2(t+1)+1] - (2t+1) = 2 = 右边,$$

故 $y_t = 2t + 1$ 是该方程的解,易见对任意的常数 $C$,

$$y_t = 2t + C$$

都是差分方程 $y_{t+1} - y_t = 2$ 的解,它含有一个任意常数,而所给差分方程又是一阶的,故 $y_t = 2t + C$ 是该差分方程的通解.

我们往往要根据系统在初始时刻所处的状态,对差分方程附加一定的条件,这种附加条件称之为**初始条件**.差分方程满足初始条件的解称为该问题的**特解**.

## 二、常系数线性差分方程及其基本定理

### 1. $n$ 阶常系数线性差分方程

**定义 5**　形如

$$y_{t+n} + a_1 y_{t+n-1} + \cdots + a_{n-1} y_{t+1} + a_n y_t = f(t) \qquad (5-47)$$

的差分方程,称为 $n$ **阶常系数线性差分方程**.其中 $a_i(i = 1, 2, 3, \cdots, n)$ 为常数,且 $a_n \neq 0$,$f(t)$ 为已知函数.若 $f(t) \equiv 0$,则差分方程(5-47)称为 $n$ **阶常系数齐次线性差分方程**.若 $f(t) \neq 0$,则差分方程(5-47)称为 $n$ **阶常系数非齐次线性差分方程**.

若方程(5-47)是 $n$ 阶常系数非齐次线性差分方程,则其所对应的 $n$ 阶常系数齐次线性差分方程为

$$y_{t+n} + a_1 y_{t+n-1} + \cdots + a_{n-1} y_{t+1} + a_n y_t = 0. \quad (a_n \neq 0) \qquad (5-48)$$

## 2. $n$ 阶常系数线性差分方程的解的性质

**定理 1**　若函数 $y_1(t), y_2(t), \cdots, y_m(t)$ 都是 $n$ 阶常系数齐次线性差分方程(5-48)

$$y_{t+n} + a_1 y_{t+n-1} + \cdots + a_{n-1} y_{t+1} + a_n y_t = 0$$

的特解,则它们的线性组合

$$y(t) = C_1 y_1(t) + C_2 y_2(t) + \cdots + C_m y_m(t)$$

也是该差分方程的解,其中 $C_1, C_2, \cdots, C_m$ 为任意常数.

下面介绍 $n$ 个函数的线性相关及线性无关的概念.

**定义 6**　设有 $n$ 个函数 $y_1(t), y_2(t), \cdots, y_n(t)$ 都在区间 $I$ 上有定义,若存在一组不全为零的数 $k_1, k_2, \cdots, k_n$ 使得对一切 $t \in I$,都有

$$k_1 y_1(t) + k_2 y_2(t) + \cdots + k_n y_n(t) = 0,$$

则称函数 $y_1(t), y_2(t), \cdots, y_n(t)$ 在区间 $I$ 上**线性相关**.当且仅当 $k_1 = k_2 = \cdots = k_n = 0$ 时,上式才成立,则称函数 $y_1(t), y_2(t), \cdots, y_n(t)$ 在区间 $I$ 上**线性无关**.

**定理 2**　$n$ 阶常系数齐次线性差分方程一定存在 $n$ 个线性无关的特解,若函数 $y_1(t), y_2(t), \cdots, y_n(t)$ 是 $n$ 阶常系数齐次线性差分方程(5-48)

$$y_{t+n} + a_1 y_{t+n-1} + \cdots + a_{n-1} y_{t+1} + a_n y_t = 0$$

的 $n$ 个线性无关的特解,则它们的线性组合

$$Y_t = C_1 y_1(t) + C_2 y_2(t) + \cdots + C_n y_n(t)$$

就是该差分方程的**通解**,其中 $C_1, C_2, \cdots, C_n$ 为任意常数.

由此定理可知,要求 $n$ 阶常系数齐次线性差分方程(5-48)的通解,只需要求出它的 $n$ 个线性无关的特解.该定理也称为 $n$ 阶常系数齐次线性差分方程(5-48)的通解的**结构定理**.

**定理 3**　如果 $y_t^*$ 是非齐次线性差分方程(5-47)

$$y_{t+n} + a_1 y_{t+n-1} + \cdots + a_{n-1} y_{t+1} + a_n y_t = f(t)$$

的一个特解,$Y_t$ 是其对应的齐次线性差分方程(5-48)的通解,那么,非齐次线性差分方程(5-47)的通解为:

$$y_t = y_t^* + Y_t$$

即

$$y_t = y_t^* + C_1 y_1(t) + C_2 y_2(t) + \cdots + C_n y_n(t),$$

其中 $C_1, C_2, \cdots, C_n$ 为任意常数.

由此定理可知,要求 $n$ 阶常系数非齐次线性差分方程(5-47)的通解,可先求其对应的齐次线性差分方程(5-48)的通解,再求出非齐次线性差分方程(5-47)的一个特解,然后相加.该定理也称为 $n$ 阶常系数非齐次线性差分方程(5-47)的通解的**结构定理**.

**定理 4**　若 $y_1^*(t)$ 与 $y_2^*(t)$ 是非齐次线性差分方程(5-47)

$$y_{t+n} + a_1 y_{t+n-1} + \cdots + a_{n-1} y_{t+1} + a_n y_t = f(t)$$

的两个特解,则其差 $y_1^*(t) - y_2^*(t)$ 是其对应的齐次线性差分方程(5-48)

$$y_{t+n} + a_1 y_{t+n-1} + \cdots + a_{n-1} y_{t+1} + a_n y_t = 0$$

的特解.

**定理 5**　如果 $y_1^*$,$y_2^*$ 分别是非齐次线性差分方程

$$y_{t+n} + a_1 y_{t+n-1} + \cdots + a_{n-1} y_{t+1} + a_n y_t = f_1(t),$$

$$y_{t+n} + a_1 y_{t+n-1} + \cdots + a_{n-1} y_{t+1} + a_n y_t = f_2(t)$$

的一个特解,则 $y^* = y_1^* + y_2^*$ 是差分方程

$$y_{t+n} + a_1 y_{t+n-1} + \cdots + a_{n-1} y_{t+1} + a_n y_t = f_1(t) + f_2(t)$$

的特解.

# 三、一阶常系数线性差分方程

一阶常系数线性差分方程标准形式为

$$y_{t+1} - a y_t = f(t), \tag{5-49}$$

其中 $t = 0,1,2,\cdots$,常数 $a \neq 0$,$f(t)$ 为已知函数.若 $f(t) \equiv 0$,则差分方程(5-49)变为

$$y_{t+1} - a y_t = 0, \tag{5-50}$$

称为**一阶常系数齐次线性差分方程**.若 $f(t) \neq 0$,则差分方程(5-49)称为**一阶常系数非齐次线性差分方程**.差分方程(5-50)称为一阶常系数非齐次线性差分方程(5-49)所对应的一阶常系数齐次线性差分方程.

下面介绍它们的求解方法.

## 1. 一阶常系数齐次线性差分方程的通解

对于一阶常系数齐次线性差分方程(5-50),通常有两种解法.

(1) 迭代法

若 $y_0$ 已知,由方程(5-50)依次得出

$$y_1 = a y_0,$$
$$y_2 = a y_1 = a^2 y_0,$$
$$y_3 = a y_2 = a^3 y_0,$$
$$\vdots$$

于是得

$$y_t = a^t y_0, (t = 0,1,2,3,\cdots),$$

为方程(5-50)的解.容易验证,对任意常数 $C$,

$$y_t = Ca^t, (t=0,1,2,3,\cdots)$$

都是方程(5-50)的解.故方程(5-50)的通解为

$$y_t = Ca^t, (t=0,1,2,3,\cdots).$$

(2) 特征根法

由于方程 $y_{t+1} - ay_t = 0$ 等同于 $\Delta y_t = (a-1)y_t$,且由例 5-38 的结论可猜测 $y_t$ 为某个指数函数.于是,设 $y_t = \lambda^t (\lambda \neq 0)$,代入方程 $y_{t+1} - ay_t = 0$ 得

$$\lambda^{t+1} - a\lambda^t = 0,$$

即

$$\lambda - a = 0, \tag{5-51}$$

得 $\lambda = a$,称方程(5-51)为一阶常系数齐次线性差分方程(5-50)的**特征方程**,而 $\lambda = a$ 为**特征方程的根**(简称**特征根**).故 $y_t = a^t$ 是差分方程(5-50)的解,容易验证,对任意常数 $C$,

$$y_t = Ca^t, (t=0,1,2,3,\cdots)$$

都是方程(5-50)的解.故方程(5-50)的通解为

$$y_t = Ca^t, (t=0,1,2,3,\cdots).$$

**例 5-41** 求 $3y_{t+1} - 2y_t = 0$ 的通解.

**解** 特征方程为

$$3\lambda - 2 = 0,$$

特征方程的根为

$$\lambda = \frac{2}{3},$$

于是原方程的通解为

$$y_t = C\left(\frac{2}{3}\right)^t \quad (C \text{ 为任意常数}).$$

**例 5-42** 求方程 $2y_t + y_{t-1} = 0$ 满足初始条件 $y_0 = 3$ 的特解.

**解** 原方程 $2y_t + y_{t-1} = 0$ 可以改写为

$$2y_{t+1} + y_t = 0,$$

特征方程为

$$2\lambda + 1 = 0,$$

则特征方程的根为

$$\lambda = -\frac{1}{2},$$

于是原方程的通解为

$$y_t = C\left(-\frac{1}{2}\right)^t.$$

把初始条件 $y_0 = 3$ 代入上式,得 $C = 3$,因此所求特解为

$$y_t = 3 \left(-\frac{1}{2}\right)^t.$$

**2. 一阶常系数非齐次线性差分方程的通解**

由本节定理 3 可知,一阶常系数非齐次线性差分方程(5-49)的通解由其对应的齐次方程(5-50)的通解 $Y_t$ 与该方程的一个特解 $y_t^*$ 之和构成.又其对应的齐次方程(5-50)的通解 $Y_t$ 的求法刚刚已得出,因此,我们只需要讨论一阶常系数非齐次线性差分方程(5-49)的特解 $y_t^*$ 的求法.

下面我们仅仅讨论当一阶常系数非齐次线性差分方程(5-49)的右端 $f(t)$ 是某些特殊形式的函数时,采用待定系数法求其特解 $y_t^*$.

(1) $f(t) = P_n(t)$ 型

$P_n(t)$ 为 $t$ 的 $n$ 次多项式函数,此时一阶常系数非齐次线性差分方程(5-49)为

$$y_{t+1} - ay_t = P_n(t) \quad (a \neq 0).$$

由差分的定义 $\Delta y_t = y_{t+1} - y_t$,上式可以改写为

$$\Delta y_t + (1-a)y_t = P_n(t) \quad (a \neq 0).$$

若设 $y_t^*$ 是它的解,代入上式得

$$\Delta y_t^* + (1-a)y_t^* = P_n(t) \quad (a \neq 0).$$

由于上式等号右边 $P_n(t)$ 为 $t$ 的 $n$ 次多项式函数,因此上式等号左边也应该是 $t$ 的 $n$ 次多项式函数,即 $\Delta y_t^* + (1-a)y_t^*$ 为 $t$ 的 $n$ 次多项式函数.由例 5-39 所得多项式函数差分的结论,再观察 $\Delta y_t^* + (1-a)y_t^*$ 的形式,可知 $y_t^*$ 必为 $t$ 的 $m$ 次多项式函数,$\Delta y_t^*$ 为 $t$ 的 $m-1$ 次多项式函数.

若 1 不是齐次方程 $y_{t+1} - ay_t = 0$ 的特征根,即 $1-a \neq 0$,那么 $y_t^*$ 必为 $t$ 的 $n$ 次多项式函数,于是可令

$$y_t^* = Q_n(t) = b_0 t^n + b_1 t^{n-1} + \cdots + b_{n-1} t + b_n,$$

把它代入方程 $y_{t+1} - ay_t = P_n(t)$,比较两边同次幂的系数,便可确定各系数 $b_0$, $b_1, \cdots, b_{n-1}, b_n$,从而求出 $Q_n(t)$.

若 1 是齐次方程 $y_{t+1} - ay_t = 0$ 的特征根,即 $1-a = 0$,此时 $y_t^*$ 满足 $\Delta y_t^* = P_n(t)$,那么 $y_t^*$ 必为 $t$ 的 $n+1$ 次多项式函数,于是可令

$$y_t^* = tQ_n(t) = t(b_0 t^n + b_1 t^{n-1} + \cdots + b_{n-1} t + b_n),$$

把它代入方程 $y_{t+1} - ay_t = P_n(t)$,比较两边同次幂的系数,便可确定各系数 $b_0$, $b_1, \cdots, b_{n-1}, b_n$,从而求得 $Q_n(t)$.

综上所述,我们有如下结论:

**结论 1**　若一阶常系数非齐次线性差分方程(5-49)为

$$y_{t+1} - ay_t = P_n(t) \quad (a \neq 0).$$

其中 $P_n(t)$ 为 $t$ 的 $n$ 次多项式函数,则一阶常系数非齐次线性差分方程(5-49)有形如

$$y_t^* = t^k Q_n(t)$$

的特解,其中 $Q_n(t)$ 也为 $t$ 的 $n$ 次待定多项式函数,而 $k$ 的取值有如下规定:

① 当 1 不是齐次方程 $y_{t+1} - ay_t = 0$ 的特征根时,取 $k = 0$;

② 当 1 是齐次方程 $y_{t+1} - ay_t = 0$ 的特征根时,取 $k = 1$.

**例 5-43**　求差分方程 $y_{t+1} - 2y_t = 3t^2$ 的通解.

**解**　① 这是一个一阶常系数非齐次线性差分方程,先求对应的齐次线性差分方程

$$y_{t+1} - 2y_t = 0$$

的通解 $Y_t$.

由于齐次线性差分方程的特征方程为 $\lambda - 2 = 0, \lambda = 2$ 是特征方程的根,从而齐次线性差分方程的通解为 $Y_t = C \cdot 2^t$($C$ 为任意常数).

② 再求非齐次线性差分方程的一个特解 $y_t^*$.

由于 1 不是齐次线性差分方程 $y_{t+1} - 2y_t = 0$ 的特征根,于是令

$$y_t^* = at^2 + bt + c,$$

代入原方程得

$$a(t+1)^2 + b(t+1) + c - 2(at^2 + bt + c) = 3t^2,$$

比较两边同次幂的系数,得

$$a = -3, b = -6, c = -9,$$

从而非齐次线性差分方程的一个特解 $y_t^* = -3t^2 - 6t - 9$.

③ 原方程的通解为

$$y_t = Y_t + y_t^* = C \cdot 2^t - 3t^2 - 6t - 9 \quad (C \text{ 为任意常数}).$$

**例 5-44**　求差分方程 $y_{t+1} - y_t = 2t + 3$ 满足 $y_0 = 1$ 的特解.

**解**　① 这是一个一阶常系数非齐次线性差分方程,先求对应的齐次线性差分方程

$$y_{t+1} - y_t = 0$$

的通解 $Y_t$.

由于齐次线性差分方程的特征方程为 $\lambda - 1 = 0, \lambda = 1$ 是特征方程的根,从而齐次线性差分方程的通解为 $Y_t = C \cdot 1^t = C$($C$ 为任意常数).

② 再求非齐次线性差分方程的一个特解 $y_t^*$.

由于 1 是齐次线性差分方程 $y_{t+1} - y_t = 0$ 的特征根,于是令

$$y_t^* = t(at + b) = at^2 + bt,$$

代入原方程得

$$a(t+1)^2 + b(t+1) - (at^2 + bt) = 2t + 3,$$

比较两边同次幂的系数,得

$$a = 1, b = 2,$$

则非齐次线性差分方程的一个特解为 $y_t^* = t^2 + 2t$.

③ 原方程的通解为

$$y_t = Y_t + y_t^* = C + t^2 + 2t \quad (C \text{ 为任意常数}).$$

④ 由 $y_0 = 1$,得 $C = 1$,故原方程满足初始条件的特解为

$$y_t = t^2 + 2t + 1.$$

**例 5-45**　求差分方程 $y_{t+1} + 7y_t = 16$ 的通解.

**解**　① 这是一个一阶常系数非齐次线性差分方程,先求对应的齐次线性差分方程

$$y_{t+1} + 7y_t = 0$$

的通解 $Y_t$.

由于齐次线性差分方程的特征方程为 $\lambda + 7 = 0$,$\lambda = -7$ 是特征方程的根,从而齐次线性差分方程的通解为 $Y_t = C(-7)^t$($C$ 为任意常数).

② 再求非齐次线性差分方程的一个特解 $y_t^*$.

由于 1 不是齐次线性差分方程 $y_{t+1} + 7y_t = 0$ 的特征根,于是令

$$y_t^* = a$$

代入原方程得

$$a + 7a = 16,$$

即 $a = 2$,则非齐次线性差分方程的一个特解为 $y_t^* = 2$.

③ 原方程的通解为

$$y_t = y_t^* + Y_t = 2 + C(-7)^t \quad (C \text{ 为任意常数}).$$

**例 5-46**　求差分方程 $y_{t+1} - y_t = 3$ 满足 $y_0 = 2$ 的特解.

**解**　① 这是一个一阶常系数非齐次线性差分方程,先求对应的齐次线性差分方程

$$y_{t+1} - y_t = 0$$

的通解 $Y_t$.

由于齐次线性差分方程的特征方程为 $\lambda - 1 = 0$,$\lambda = 1$ 是特征方程的根,则齐次线性差分方程的通解为 $Y_t = C \cdot 1^t = C$($C$ 为任意常数).

② 再求非齐次线性差分方程的一个特解 $y_t^*$.

由于 1 是齐次线性差分方程 $y_{t+1} - y_t = 0$ 的特征根,于是令

$$y_t^* = at$$

代入原方程得

$$a(t + 1) - at = 3,$$

即 $a = 3$,则非齐次线性差分方程的一个特解为 $y_t^* = 3t$.

③ 原方程的通解为

$$y_t = y_t^* + Y_t = 3t + C \quad (C \text{ 为任意常数}).$$

④ 由 $y_0 = 2$，得 $C = 2$，故原方程满足初始条件的特解为

$$y_t = 3t + 2.$$

如果所给差分方程不是标准形式的，必须先把它化为标准形式才能应用上面给出的通解公式和选取特解的有关结论.见下例：

**例 5-47**　求差分方程 $2y_{t+1} + 10y_t - 5t = 0$ 的通解.

**解**　① 首先把差分方程改写为标准形式为

$$y_{t+1} + 5y_t = \frac{5}{2}t.$$

这是一个一阶常系数非齐次线性差分方程，先求对应的齐次线性差分方程

$$y_{t+1} + 5y_t = 0$$

的通解 $Y_t$.

由于齐次线性差分方程的特征方程为 $\lambda + 5 = 0$，$\lambda = -5$ 是特征方程的根，则齐次线性差分方程的通解为 $Y_t = C \cdot (-5)^t$（$C$ 为任意常数）.

② 再求非齐次线性差分方程的一个特解 $y_t^*$.

由于 1 不是齐次线性差分方程 $y_{t+1} + 5y_t = 0$ 的特征根，于是令

$$y_t^* = at + b,$$

代入原方程得

$$a(t+1) + b + 5(at + b) = \frac{5}{2}t,$$

比较两边同次幂的系数，得

$$a = \frac{5}{12}, b = -\frac{5}{72},$$

则非齐次线性差分方程的一个特解为 $y_t^* = \frac{5}{12}t - \frac{5}{72}$.

③ 原方程的通解为

$$y_t = Y_t + y_t^* = C \cdot (-5)^t + \frac{5}{12}t - \frac{5}{72} \quad (C \text{ 为任意常数}).$$

(2) $f(t) = d^t \cdot P_n(t)$ 型

$P_n(t)$ 为 $t$ 的 $n$ 次多项式函数，$d$ 为常数，$d \neq 0$ 且 $d \neq 1$，此时一阶常系数非齐次线性差分方程(5-49)为

$$y_{t+1} - ay_t = d^t \cdot P_n(t) \quad (a \neq 0).$$

由差分的定义 $\Delta y_t = y_{t+1} - y_t$，上式可以改写为

$$\Delta y_t + (1-a)y_t = d^t \cdot P_n(t) \quad (a \neq 0).$$

若设 $y_t^*$ 是它的解，代入上式得

$$\Delta y_t^* + (1-a)y_t^* = d^t \cdot P_n(t) \quad (a \neq 0).$$

由于上式等号右边为 $t$ 的 $n$ 次多项式函数 $P_n(t)$ 与指数函数 $d^t$ 的乘积,因此,上式等号左边也应该是 $t$ 的 $n$ 次多项式函数与指数函数 $d^t$ 的乘积,即 $\Delta y_t^* + (1-a)y_t^*$ 为 $t$ 的 $n$ 次多项式函数与指数函数 $d^t$ 的乘积.由例 5-40 所得多项式函数与指数函数的乘积的差分仍是多项式函数与指数函数的乘积的结论,可猜想 $y_t^*$ 为多项式函数与指数函数 $d^t$ 的乘积的形式,于是可设

$$y_t^* = d^t \cdot Q_m(t),$$

其中 $Q_m(t)$ 为 $t$ 的 $m$ 次多项式函数,代入原方程 $y_{t+1} - ay_t = d^t \cdot P_n(t)$ 中,得

$$d^{t+1} Q_m(t+1) - a d^t Q_m(t) = d^t P_n(t),$$

消去 $d^t$,即得

$$d Q_m(t+1) - a Q_m(t) = P_n(t),$$

或

$$d Q_m(t) + (d-a) Q_m(t) = P_n(t). \tag{5-52}$$

当 $d-a \neq 0$,即 $d \neq a$ 时,由于式(5-52)右边为 $t$ 的 $n$ 次多项式函数 $P_n(t)$,而式(5-52)左边中 $Q_m(t)$ 为 $t$ 的 $m$ 次多项式函数,$\Delta Q_m(t)$ 为 $t$ 的 $m-1$ 次多项式函数,从而有 $m=n$,于是原方程的特解可设为

$$y_t^* = d^t \cdot Q_n(t) = d^t(b_0 t^n + b_1 t^{n-1} + \cdots + b_{n-1}t + b_n),$$

把它代入方程 $y_{t+1} - ay_t = d^t \cdot P_n(t)$,比较两边同次幂的系数,便可确定系数 $b_0$,$b_1, \cdots, b_{n-1}, b_n$,从而求得 $Q_n(t)$.

当 $d-a=0$,即 $d=a$ 时,式(5-52)变为

$$d \Delta Q_m(t) = P_n(t), \tag{5-53}$$

由于式(5-53)右边为 $t$ 的 $n$ 次多项式函数 $P_n(t)$,而式(5-53)左边中 $\Delta Q_m(t)$ 为 $t$ 的 $m-1$ 次多项式函数,从而有 $m-1=n$,或 $m=n+1$,于是原方程的特解可设为

$$y_t^* = d^t \cdot t Q_n(t) = t d^t(b_0 t^n + b_1 t^{n-1} + \cdots + b_{n-1}t + b_n).$$

把它代入方程 $y_{t+1} - ay_t = d^t \cdot P_n(t)$,比较两边同次幂的系数,便可确定系数 $b_0$,$b_1, \cdots, b_{n-1}, b_n$,从而求得 $Q_n(t)$.

综上所述,我们有如下结论:

**结论 2**　若一阶常系数非齐次线性差分方程为

$$y_{t+1} - ay_t = d^t \cdot P_n(t) \quad (a \neq 0),$$

其中 $P_n(t)$ 为 $t$ 的 $n$ 次多项式函数,$d$ 为常数,$d \neq 0$ 且 $d \neq 1$,则该一阶常系数非齐次线性差分方程有形如

$$y_t^* = t^k d^t Q_n(t)$$

的特解,其中 $Q_n(t)$ 也为 $t$ 的 $n$ 次待定多项式函数,而 $k$ 的取值有如下规定:

① 当 $d \neq a$ 时,取 $k=0$;

② 当 $d=a$ 时,取 $k=1$.

**例 5-48**　求差分方程 $y_{t+1}-y_t=t2^t$ 的通解.

**解**　① 这是一个一阶常系数非齐次线性差分方程,先求对应的齐次线性差分方程

$$y_{t+1}-y_t=0$$

的通解 $Y_t$.

由于齐次线性差分方程的特征方程为 $\lambda-1=0,\lambda=1$ 是特征方程的根,则齐次线性差分方程的通解为 $Y_t=C\cdot1^t=C$($C$ 为任意常数).

② 再求非齐次线性差分方程的一个特解 $y_t^*$.

由于 $d=2,a=1,d\neq a$,于是令

$$y_t^*=(bt+c)2^t,$$

代入原方程得

$$[b(t+1)+c]2^{t+1}-(bt+c)2^t=t2^t,$$

消去 $2^t$ 得

$$2[b(t+1)+c]-(bt+c)=t,$$

比较两边同次幂的系数,得

$$b=1,c=-2,$$

则非齐次线性差分方程的一个特解为 $y_t^*=(t-2)2^t$.

③ 原方程的通解为

$$y_t=Y_t+y_t^*=C+(t-2)2^t\quad(C\text{ 为任意常数}).$$

**例 5-49**　求差分方程 $y_{t+1}-3y_t=(6t+2)3^t$ 的通解.

**解**　① 这是一个一阶常系数非齐次线性差分方程,先求对应的齐次线性差分方程

$$y_{t+1}-3y_t=0$$

的通解 $Y_t$.

由于齐次线性差分方程的特征方程为 $\lambda-3=0,\lambda=3$ 是特征方程的根,则齐次线性差分方程的通解为 $Y_t=C\cdot3^t$($C$ 为任意常数).

② 再求非齐次线性差分方程的一个特解 $y_t^*$.

由于 $d=3=a$,于是令

$$y_t^*=t(bt+c)3^t=(bt^2+ct)3^t,$$

代入原方程得

$$[b(t+1)^2+c(t+1)]3^{t+1}-3(bt^2+ct)3^t=(6t+2)3^t,$$

消去 $3^t$ 得

$$3[b(t+1)^2+c(t+1)]-3(bt^2+ct)=6t+2,$$

比较两边同次幂的系数,得

$$b=1,c=-\frac{1}{3},$$

则非齐次线性差分方程的一个特解为 $y_t^* = \left(t^2 - \dfrac{1}{3}t\right)3^t$.

③ 原方程的通解为

$$y_t = Y_t + y_t^* = \left(C + t^2 - \dfrac{1}{3}t\right)3^t \quad (C \text{ 为任意常数}).$$

**例 5-50**　求差分方程 $2y_{t+1} - 4y_t - 2^{t+1} = 0$ 的通解.

**解**　① 首先把差分方程改写为标准形式

$$y_{t+1} - 2y_t = 2^t.$$

这是一个一阶常系数非齐次线性差分方程,先求对应的齐次线性差分方程

$$y_{t+1} - 2y_t = 0$$

的通解 $Y_t$.

由于齐次线性差分方程的特征方程为 $\lambda - 2 = 0$,$\lambda = 2$ 是特征方程的根,则齐次线性差分方程的通解为 $Y_t = C \cdot 2^t$($C$ 为任意常数).

② 再求非齐次线性差分方程的一个特解 $y_t^*$.

由于 $d = 2 = a$,于是令

$$y_t^* = bt2^t,$$

代入原方程得

$$b(t+1)2^{t+1} - 2bt2^t = 2^t,$$

消去 $2^t$ 得

$$2b(t+1) - 2bt = 1,$$

比较两边同次幂的系数,得

$$b = \dfrac{1}{2},$$

则非齐次线性差分方程的一个特解为 $y_t^* = t2^{t-1}$.

③ 原方程的通解为

$$y_t = Y_t + y_t^* = C2^t + t2^{t-1} \quad (C \text{ 为任意常数}).$$

**例 5-51**　求差分方程 $3y_t - 3y_{t-1} = t3^t + 1$ 的通解.

**解**　① 首先把差分方程改写为

$$3y_{t+1} - 3y_t = (t+1)3^{t+1} + 1,$$

其标准形式为

$$y_{t+1} - y_t = (t+1)3^t + \dfrac{1}{3},$$

这是一个一阶常系数非齐次线性差分方程,先求解如下两个非齐次线性差分方程

$$y_{t+1} - y_t = (t+1)3^t, \tag{5-54}$$

$$y_{t+1} - y_t = \frac{1}{3},　　　　　　　　　(5\text{-}55)$$

的特解.

对应的齐次线性差分方程

$$y_{t+1} - y_t = 0$$

的特征方程为 $\lambda - 1 = 0$，$\lambda = 1$ 是特征方程的根，则齐次线性差分方程的通解为 $Y_t = C \cdot 1^t = C$（$C$ 为任意常数）.

② 对于方程(5-54)，由于 $d = 3, a = 1, d \neq a$，于是令

$$y_t^* = (bt + c)3^t,$$

代入方程(5-54)得

$$[b(t+1) + c]3^{t+1} - (bt + c)3^t = (t+1)3^t,$$

消去 $3^t$ 得

$$3[b(t+1) + c] - (bt + c) = t + 1,$$

比较两边同次幂的系数，得

$$b = \frac{1}{2}, c = -\frac{1}{4},$$

则非齐次线性差分方程(5-54)的一个特解为 $y_1^*(t) = \left(\frac{1}{2}t - \frac{1}{4}\right)3^t$.

对于方程(5-55)，由于 1 是齐次线性差分方程 $y_{t+1} - y_t = 0$ 的特征根，于是令

$$y_t^* = dt,$$

代入方程(5-55)得

$$d(t+1) - dt = \frac{1}{3},$$

即 $d = \frac{1}{3}$，则非齐次线性差分方程的一个特解为 $y_2^*(t) = \frac{t}{3}$.

③ 由本节定理 5 可知，原差分方程的通解为

$$y_t = Y_t + y_1^*(t) + y_2^*(t) = C + \left(\frac{1}{2}t - \frac{1}{4}\right)3^t + \frac{t}{3} \quad （C \text{ 为任意常数}）.$$

# 四、差分方程的应用

## 1. 贷款购房

**例 5-52**　某房屋总价 80 万元，先付一半就可入住，另一半由银行以年利率 4.8% 贷款，五年付清，问平均每月需付多少元？共付利息多少元？

**解**　设 $y_t$ 是第 $t$ 个月还欠银行的款额，平均每月需付 $a$ 元，共付利息 $Q$ 元，

月利率为 $p=\dfrac{0.048}{12}=0.004$，由题意得第 $t+1$ 个月还欠银行的款额 $y_{t+1}$ 为 $(y_t+0.004y_t-a)$ 元，即

$$y_{t+1}-1.004y_t=-a，且有~y_0=400000，y_{60}=0.$$

这是一个一阶常系数非齐次线性差分方程，其对应的齐次线性差分方程的特征方程为 $r-1.004=0$，解得特征方程的根为 $r=1.004$，故其对应的齐次线性差分方程的通解为

$$Y_t=C\cdot(1.004)^t（C~为任意常数）.$$

因为 $f(t)=-a$，$1$ 不是特征根，故原方程的一个特解可设为：$y_t^*=b$，代入原方程 $y_{t+1}-1.004y_t=-a$，得

$$b-1.004b=-a，$$

即 $b=250a$，因此，原方程的一个特解为

$$y_t^*=250a，$$

则原方程的通解为

$$y_t=C\cdot(1.004)^t+250a.$$

把初始条件 $y_0=400000，y_{60}=0$ 代入上式，解得

$$a=7511.9，Q=60a-y_0=50714，$$

因此，五年付清，平均每月需付 7511.9 元，共付利息 50714 元.

### 2. 筹措教育经费模型

**例 5-53** 某家庭从现在着手，从每月工资中拿出一部分资金存入银行，用于投资子女的教育.并计划 20 年后开始从投资账户中每月支取 1000 元，直到 10 年后子女大学毕业用完全部资金.要实现这个投资目标，20 年内共要筹措多少资金？每月要向银行存入多少钱？假设投资的月利率为 0.5%.

**解** 设第 $n$ 个月投资账户资金为 $S_n$ 元，每月存入资金为 $a$ 元.于是，20 年后关于 $S_n$ 的差分方程模型为

$$S_{n+1}=1.005S_n-1000，\tag{5-56}$$

并且 $S_{120}=0，S_0=x$（即 20 年末投资账户资金）.

解方程(5-56)，得通解

$$S_n=1.005^nC-\frac{1000}{1-1.005}=1.005^nC+200000，$$

以及

$$S_{120}=1.005^nC+200000=0，$$
$$S_0=C+200000=x，$$

从而有

$$x = 200000 - \frac{200000}{1.005^{120}} = 90073.45.$$

从现在到 20 年内，$S_n$ 满足的差分方程模型为

$$S_{n+1} = 1.005 S_n + a, \tag{5-57}$$

并且 $S_{240} = 90073.45, S_0 = 0.$

解方程(5-57)，得通解

$$S_n = 1.005^n C + \frac{a}{1 - 1.005} = 1.005^n C - 200a,$$

以及

$$S_{240} = 1.005^{240} C - 200a = 90073.45,$$
$$S_0 = C - 200a = 0,$$

从而有

$$a = 194.95.$$

即要达到投资目标，20 年内要筹措资金 90073.45 元，平均每月要存入银行 194.95 元.

### 3. 价格变化模型

**例 5-54**　设 $P_t$ 表示某种商品在时期 $t$ 的价格，$S_t$ 表示这种商品在时期 $t$ 的供给量，$D_t$ 表示这种商品在时期 $t$ 的需求量，这里 $t$ 取离散值，例如 $t = 0, 1, 2, 3, \cdots$，已知这种商品时期 $t$ 的供给量 $S_t$ 与需求量 $D_t$ 都是这一时期价格 $P_t$ 的线性函数：

$$S_t = -a + b P_t,$$
$$D_t = c - d P_t,$$

这里 $a, b, c, d$ 均为正常数.设时期 $t$ 的价格 $P_t$ 由 $t-1$ 时期的价格 $P_{t-1}$ 与供给量及需求量之差 $S_{t-1} - D_{t-1}$ 按如下关系

$$P_t = P_{t-1} - \lambda(S_{t-1} - D_{t-1})$$

确定($\lambda$ 为常数).

① 求供需相等时的价格 $P_e$（称为均衡价格）；

② 求商品的价格随时间的变化规律.

**解**　① 由 $S_t = D_t$ 可得

$$-a + b P_t = c - d P_t,$$

即

$$P_e = \frac{a+c}{b+d}.$$

② 由题意可得

$$\begin{aligned} P_t &= P_{t-1} - \lambda(S_{t-1} - D_{t-1}) \\ &= P_{t-1} - \lambda\left[(-a + b P_{t-1}) - (c - d P_{t-1})\right] \\ &= P_{t-1} - \lambda(b+d) P_{t-1} + \lambda(a+c), \end{aligned}$$

即

$$P_t - (1 - \lambda b - \lambda d)P_{t-1} = \lambda(a + c). \tag{5-58}$$

这是一个一阶常系数非齐次线性差分方程,其对应的齐次线性差分方程

$$P_t - (1 - \lambda b - \lambda d)P_{t-1} = 0$$

的通解为 $P_t = C \cdot (1 - \lambda b - \lambda d)^t$ ($C$ 为任意常数).

由于 1 不是齐次线性差分方程 $P_t - (1 - \lambda b - \lambda d)P_{t-1} = 0$ 的特征根,于是令

$$P_t^* = m,$$

代入原方程

$$P_t - (1 - \lambda b - \lambda d)P_{t-1} = \lambda(a + c)$$

得

$$m - (1 - \lambda b - \lambda d)m = \lambda(a + c),$$

即 $m = \dfrac{a + c}{b + d} = P_e$,则非齐次线性差分方程(5-58)的一个特解为

$$P_t^* = \frac{a + c}{b + d} = P_e.$$

于是原方程的通解为

$$P_t = C \cdot (1 - \lambda b - \lambda d)^t + \frac{a + c}{b + d}$$
$$= C \cdot (1 - \lambda b - \lambda d)^t + P_e.$$

由于初始价格 $P_0$ 一般为已知,代入上式有

$$P_0 = C \cdot (1 - \lambda b - \lambda d)^0 + P_e,$$

即

$$C = P_0 - P_e,$$

从而有

$$P_t = (P_0 - P_e)(1 - \lambda b - \lambda d)^t + P_e.$$

在实际的经济问题中,往往是时期 $t$ 的价格 $P_t$ 决定下一时期的供给量 $S_{t+1}$,同时 $P_t$ 还决定本期的需求量 $D_t$.因此,我们有必要学习下一个模型.

### 4. 动态供需均衡模型(蛛网定理)

**例 5-55** 设 $P_t$ 表示某种商品在时期 $t$ 的价格,$S_t$ 表示这种商品在时期 $t$ 的供给量,$D_t$ 表示这种商品在时期 $t$ 的需求量,时期 $t$ 该商品的价格 $P_t$ 决定着生产者在下一时期愿意提供给市场的产量 $S_{t+1}$,同时 $P_t$ 还决定本期的需求量 $D_t$,因此有:

$$S_t = -a + bP_{t-1}, \quad D_t = c - dP_t,(这里 a,b,c,d 均为正常数).$$

假设每一时期的价格总是确定在市场售清的水平上,即 $S_t = D_t$.

① 求商品的价格随时间的变化规律；

② 讨论市场价格的种种变化趋势.

**解**　① 由 $S_t = D_t$ 可得

$$-a + bP_{t-1} = c - dP_t,$$

即

$$dP_t + bP_{t-1} = a + c,$$

于是得

$$P_t + \frac{b}{d}P_{t-1} = \frac{a+c}{d}（这里 a,b,c,d 均为正常数）. \tag{5-59}$$

这是一个一阶常系数非齐次线性差分方程，其对应的齐次线性差分方程

$$P_t + \frac{b}{d}P_{t-1} = 0$$

的特征方程为

$$\lambda + \frac{b}{d} = 0,$$

特征方程的根为

$$\lambda = -\frac{b}{d}.$$

因为 $b > 0, d > 0$，所以 $\lambda = -\frac{b}{d} \neq 1$，故对应的齐次线性差分方程的通解为

$P_t = C\left(-\frac{b}{d}\right)^t$（$C$ 为任意常数）.

由于 1 不是齐次线性差分方程 $P_t + \frac{b}{d}P_{t-1} = 0$ 的特征根，于是令 $P_t^* = m$，代入原方程

$$P_t + \frac{b}{d}P_{t-1} = \frac{a+c}{d}$$

得

$$m + \frac{b}{d}m = \frac{a+c}{d},$$

即 $m = \frac{a+c}{b+d}$，则非齐次线性差分方程(5-59)的一个特解为

$$P_t^* = \frac{a+c}{b+d}.$$

于是原方程的通解为

$$P_t = C\left(-\frac{b}{d}\right)^t + \frac{a+c}{b+d}.$$

由于初始价格 $P_0$ 一般为已知，代入上式有

$$P_0 = C\left(-\frac{b}{d}\right)^0 + \frac{a+c}{b+d},$$

即

$$C = P_0 - \frac{a+c}{b+d},$$

从而有

$$P_t = \left(P_0 - \frac{a+c}{b+d}\right)\left(-\frac{b}{d}\right)^t + \frac{a+c}{b+d}.$$

② 若在供需平衡条件下,而且价格保持不变,即

$$P_t = P_{t-1} = P_e,$$

由 $S_t = D_t$ 可得

$$-a + bP_{t-1} = c - dP_t,$$

即

$$dP_e + bP_e = a + c,$$

于是得静态均衡价格 $P_e = \dfrac{a+c}{b+d}$.

如果初始价格 $P_0 = \dfrac{a+c}{b+d}$,那么 $P_t = \dfrac{a+c}{b+d}$,这表明没有外部干扰发生,价格将固定在常数值 $P_0 = \dfrac{a+c}{b+d} = P_e$ 上,即静态均衡.

如果初始价格 $P_0 \neq \dfrac{a+c}{b+d} = P_e$,那么价格 $P_t$ 将随 $t$ 的变化而变化.

A. 若 $\left|-\dfrac{b}{d}\right| < 1$,则

$$\lim_{t \to +\infty} P_t = \frac{a+c}{b+d} = P_e.$$

这说明动态价格 $P_t$ 随着 $t$ 的无限增大逐渐趋近于静态均衡价格 $P_e$.

B. 若 $\left|-\dfrac{b}{d}\right| > 1$,则

$$\lim_{t \to +\infty} P_t = \infty.$$

这说明在这种情形下,动态价格 $P_t$ 随着 $t$ 的无限增大波动越来越大,且呈发散状态.

C. 若 $\left|-\dfrac{b}{d}\right| = 1$,则

$$P_{2t} = P_0,$$
$$P_{2t+1} = 2P_e - P_0.$$

即动态价格 $P_t$ 呈周期变化状态.

# 第六章　　多元函数微分学

上册中我们学习了一元函数的微积分的知识,本章和下一章将要继续学习在空间解析几何的基础上多元函数的微积分及其应用的问题.

空间解析几何是以向量为工具将空间几何模型与代数的方程对应起来进行研究的一门数学学科,在多元函数的微积分学中不可或缺,本章我们简单地介绍空间向量及其运算、空间直线、曲线、平面、曲面等内容.

很多实际问题中,也需要解决多个因素下事情变化的内在规律,由此抽象出多元函数的数学模型.所谓多元函数是指某一个因素通常是由多个变量决定的函数关系(以二元函数为重点),本章也将从多元函数的微分的角度进行研究,包括偏导数、全微分、复合函数的求导以及它们的应用.

## 第一节　　空间向量及其运算

### 一、空间直角坐标系

在空间取定一点 $O$,以 $O$ 点为公共原点作三条两两垂直的数轴,三条坐标轴依次记为 $x$ **轴(横轴)**、$y$ **轴(纵轴)**、$z$ **轴(竖轴)**,统称为**坐标轴**.这三条数轴都有相同的长度单位,它们的顺序满足右手法则,以右手握住 $z$ 轴,当右手的四个手指从正向 $x$ 轴以 $\dfrac{\pi}{2}$ 的角度转向 $y$ 轴时,大拇指的指向就是 $z$ 的正向(图6-1).这样的三条坐标轴就组成了空间直角坐标系,称为 $Oxyz$ **直角坐标系**,点 $O$ 称为该坐标系的**原点**.

三条坐标轴中的任意两条可以确定一个平面,这样确定的三个平面统称为**坐标面**.依次记为 $xOy$ **面**、$yOz$ **面**以及 $xOz$ **面**.这三个坐标面把空间分成了八个部分,每一部分叫作一个卦限,按 $xOy$ 面四个象限的顺序,在 $xOy$ 面上方,依次叫作第一、二、三、四卦限,在 $xOy$ 面下方,依次叫作第五、六、七、八卦限,分别用字母 Ⅰ、Ⅱ、Ⅲ、Ⅳ、Ⅴ、Ⅵ、Ⅶ、Ⅷ 表示(图6-2).

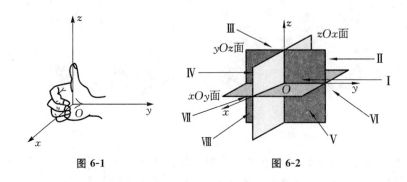

图 6-1　　　　　　　　　　　　　　图 6-2

与平面直角坐标系中每个点有其坐标一样,空间直角坐标系中的点 $P$,我们规定将该点分别作 $x$ 轴,$y$ 轴,$z$ 轴的垂线(也叫作投影),在三条轴上有三个交点,在各自轴上有对应的坐标依次记为 $x$,$y$,$z$,这样就得到了一个有序数组 $(x,y,z)$ 与 $P$ 点一一对应,我们称数组 $(x,y,z)$ 是点 $P$ 的坐标.这样,空间每个点都有自己的坐标.比如 $(1,-2,3)$ 在第 Ⅳ 卦限,它关于 $yOz$ 面对称的点的坐标为 $(-1,-2,3)$,在第 Ⅲ 卦限.

## 二、向量的线性运算

### 1. 向量基础知识简介

在中学阶段,我们已经学习了向量的概念,重点介绍了平面向量.为后续知识需要,我们引入空间向量的概念.在此,对向量的知识做一些回顾.

图 6-3

在客观世界中有这样的一类量,它们既有大小,又有方向,例如位移、速度、加速度、力、力矩等,这一类量叫作**向量**(或**矢量**).比如以 $A$ 为起点,$B$ 为终点的有向线段记为向量 $\overrightarrow{AB}$,如图 6-3 所示.也可以在一个字母的上面加箭头来表示向量,或用黑体字母表示,例如 $\boldsymbol{a}$、$\boldsymbol{r}$、$\boldsymbol{v}$、$\boldsymbol{F}$ 等.由于一切向量的共性是都有大小和方向,所以在数学上只研究与起点无关的向量,称之为**自由向量**(简称**向量**).当遇到与起点有关的向量时,可在一般原则下做特别处理.

由于我们只讨论自由向量,所以两个向量 $\boldsymbol{a}$ 和 $\boldsymbol{b}$ 的大小相等,且方向相同,就称这两个向量是相等的,记作 $\boldsymbol{a}=\boldsymbol{b}$.向量 $\boldsymbol{a}$ 的大小叫作**向量的模**,记为 $|\boldsymbol{a}|$,模等于 1 的向量叫作**单位向量**.模等于零的向量叫作**零向量**,记作 $\boldsymbol{0}$,并规定零向量的方向是任意的.

设有两个向量 $\boldsymbol{a}$ 和 $\boldsymbol{b}$,任取空间一点 $O$,作 $\boldsymbol{OA}=\boldsymbol{a}$,$\boldsymbol{OB}=\boldsymbol{b}$,规定不超过 $\pi$ 的 $\angle AOB$(设 $\varphi=\angle AOB$,$0\leqslant\varphi\leqslant\pi$)称为向量 $\boldsymbol{a}$ 和 $\boldsymbol{b}$ 的夹角.记为 $(\widehat{\boldsymbol{a},\boldsymbol{b}})$ 或 $(\widehat{\boldsymbol{b},\boldsymbol{a}})$.

如果$(\widehat{\boldsymbol{a},\boldsymbol{b}})=0$或$\pi$,就称**向量$\boldsymbol{a}$和$\boldsymbol{b}$是平行的**,记作$\boldsymbol{a}/\!/\boldsymbol{b}$,此时$\boldsymbol{a}$和$\boldsymbol{b}$也称为**共线的向量**.如果向量$\boldsymbol{a}$和$\boldsymbol{b}$的夹角为$\dfrac{\pi}{2}$,就称**向量$\boldsymbol{a}$和$\boldsymbol{b}$垂直**,记为$\boldsymbol{a}\perp\boldsymbol{b}$,由于零向量与另一向量的夹角可以在0到$\pi$之间任意取值,因此可以认为零向量与任何向量都**平行**,也可以认为零向量与任何向量都**垂直**.如果有$k(k\geqslant3)$个向量,当把它们的起点放在同一点时,如果$k$个终点和公共起点在一个平面上,就称这$k$个向量**共面**.

### 2.向量的线性运算

向量之间可以有很多的运算,比如向量的加减法,数乘向量,向量的乘法等,在此也做一些概述.

向量的加法按规定的三角形法则(或平行四边形法则)进行,把向量$\boldsymbol{b}$平行移动,使它的起点与向量$\boldsymbol{a}$的终点重合,那么从$\boldsymbol{a}$的起点到$\boldsymbol{b}$的终点得到的向量$\boldsymbol{c}$称为$\boldsymbol{a}$和$\boldsymbol{b}$的和,记为$\boldsymbol{c}=\boldsymbol{a}+\boldsymbol{b}$(图6-4).(如果将$\boldsymbol{a}$和$\boldsymbol{b}$的起点重合,并以它们的模为邻边作平行四边形,那么从它们的起点到对角线的终点也是$\boldsymbol{a}$和$\boldsymbol{b}$的和,这个方法称为平行四边形法则).

设$\boldsymbol{a}$为一向量,与$\boldsymbol{a}$的模相同,而方向相反的向量叫作$\boldsymbol{a}$的**负向量**,记作$-\boldsymbol{a}$.由此,可得两向量的差
$$\boldsymbol{b}-\boldsymbol{a}-\boldsymbol{b}+(-\boldsymbol{a}).$$
即将$-\boldsymbol{a}$加到$\boldsymbol{b}$上,就得到$\boldsymbol{b}$与$\boldsymbol{a}$的差$\boldsymbol{b}-\boldsymbol{a}$(图6-5).

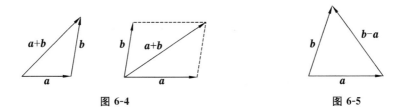

图 6-4　　　　　　　　　　　　　　　图 6-5

向量的加法符合下列运算规律:

(1) 交换律　$\boldsymbol{a}+\boldsymbol{b}=\boldsymbol{b}+\boldsymbol{a}$;

(2) 结合律　$(\boldsymbol{a}+\boldsymbol{b})+\boldsymbol{c}=\boldsymbol{a}+(\boldsymbol{b}+\boldsymbol{c})$;

(3) 三角不等式　$|\boldsymbol{a}+\boldsymbol{b}|\leqslant|\boldsymbol{a}|+|\boldsymbol{b}|,|\boldsymbol{a}-\boldsymbol{b}|\leqslant|\boldsymbol{a}|+|\boldsymbol{b}|$.

和数的运算一样,如$\boldsymbol{a}+\boldsymbol{a}=2\boldsymbol{a}$,我们可以定义向量和数的乘法,向量$\boldsymbol{a}$与实数$\lambda$的**乘积**记作$\lambda\boldsymbol{a}$,它的**模**
$$|\lambda\boldsymbol{a}|=|\lambda|\,|\boldsymbol{a}|,$$
它的方向是当$\lambda>0$时与$\boldsymbol{a}$相同,当$\lambda<0$时与$\boldsymbol{a}$相反,当$\lambda=0$时$\lambda\boldsymbol{a}$是零向量,方向是任意的.

显然，由定义不难证明数乘向量符合下列运算规律：

(1) 结合律  $\lambda(\mu a)=\mu(\lambda a)$；

(2) 分配律  $(\lambda+\mu)a=\lambda a+\mu a,\lambda(a+b)=\lambda a+\lambda b.$

向量的相加及数乘向量统称为向量的**线性运算**，是关于向量非常基础而且很重要的运算.

**定理 1**  与非零向量 $a$ 同方向的单位向量为 $a^\circ=\dfrac{1}{|a|}a.$

**定理 2**  向量 $b$ 平行于非零向量 $a$ 的充分必要条件是：存在唯一的实数 $\lambda$，使 $b=\lambda a.$

值得注意的是，定理 2 是建立数轴的理论依据，即能推导出数轴上的点与实数一一对应的关系，比如数轴上点 $P$ 的坐标为 $x$ 的充分必要条件是

$$OP=xi.$$

（一般地，为简便起见，我们记 $i,j,k$ 分别为 $x,y,z$ 轴的正向单位向量.）

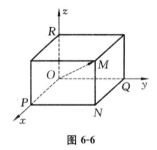

图 6-6

### 3. 利用坐标作向量的线性运算

设空间有一点 $M(x,y,z)$，且 $r=OM$，我们以三条坐标轴为棱，$OM$ 为对角线作长方体（图 6-6），由向量加法和数乘向量可知，

$$r=OM=OP+OQ+OR,$$

设 $OP=xi,OQ=yj,OR=zk$，则

$$r=OM=xi+yj+zk. \tag{6-1}$$

上式称为向量 $r$ 的坐标分解式，$xi$、$yj$、$zk$ 称为向量 $r$ 沿三条坐标轴方向的分向量.同时，向量 $r$ 也与 $M$ 点的坐标一一对应，记为

$$r=(x,y,z), \tag{6-2}$$

式(6-2)也称为向量的坐标.

利用向量的坐标，进行向量的线性运算非常方便，设 $a=(a_x,a_y,a_z)$，$b=(b_x,b_y,b_z)$，即

$$a=a_xi+a_yj+a_zk,b=b_xi+b_yj+b_zk,$$

那么

$$a\pm b=(a_x\pm b_x)i+(a_y\pm b_y)j+(a_z\pm b_z)k,$$

$$\lambda a=(\lambda a_x)i+(\lambda a_y)j+(\lambda a_z)k,$$

即

$$a\pm b=(a_x\pm b_x,a_y\pm b_y,a_z\pm b_z),\lambda a=(\lambda a_x,\lambda a_y,\lambda a_z).$$

由此可见，对向量进行线性运算，只需对向量的各个坐标分别进行相应的运算就可以了.比如定理 2 还可以表示为下面的形式.

**定理 2′**　对于非零向量 $a,b,b//a \Leftrightarrow (b_x,b_y,b_z) = \lambda(a_x,a_y,a_z)$,也可以表示为

$$b//a \Leftrightarrow \frac{b_x}{a_x} = \frac{b_y}{a_y} = \frac{b_z}{a_z}$$　（若 $a$ 有分量为 0,则 $b$ 的对应的分量也为 0）

由勾股定理以及向量的代数线性运算,我们不难得出向量模的坐标表示式和两点间的距离公式:

**定理 3**　如果向量 $r = (x,y,z)$,那么它的模

$$|r| = \sqrt{x^2 + y^2 + z^2}.$$ （6-3）

**推论**　如果空间中存在 $A(x_1,y_1,z_1),B(x_2,y_2,z_2)$,那么 $A,B$ 两点间的距离为

$$|AB| = |\boldsymbol{AB}| = \sqrt{(x_2-x_1)^2 + (y_2-y_1)^2 + (z_2-z_1)^2}.$$ （6-4）

利用向量的模的公式,还可以研究向量与坐标轴之间夹角的关系.

非零向量 $r$ 与三条坐标轴之间的夹角 $\alpha,\beta,\gamma$ 称为向量 $r$ 的**方向角**,$\cos\alpha$,$\cos\beta,\cos\gamma$ 称为向量 $r$ 的**方向余弦**,那么就有定理 4 的结论.

**定理 4**　向量 $r$ 的方向余弦是 $r$ 同方向的单位向量,即

$$r^\circ = (\cos\alpha,\cos\beta,\cos\gamma),\text{且}\cos^2\alpha + \cos^2\beta + \cos^2\gamma = 1.$$

以上定理和推论证明从略.

### 4. 两向量的数量积（内积）

物理学中,恒力 $\boldsymbol{F}$ 作用下,物体沿直线从点 $M_1$ 移动到点 $M_2$,如图 6-7 所示,那么力 $\boldsymbol{F}$ 做的功为

$$W = |\boldsymbol{F}||\boldsymbol{M_1M_2}|\cos\theta,$$

向量这种形式的运算在很多地方都能用到,我们把它抽象成向量的数量积.

如图 6-8 所示,两向量 $a$ 和 $b$ 的**数量积**等于 $|a|,|b|$ 及它们的夹角 $\theta$ 的余弦的乘积,记作 $a \cdot b$,即

$$a \cdot b = |a||b|\cos\theta,$$

两向量的**数量积**也叫作**内积**,也可叫作**点乘**.

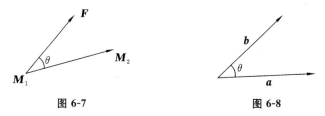

图 6-7　　　　　　　　　　图 6-8

由数量积的定义可以推得很多性质（证明从略）：

(1) $a \cdot a = (a)^2 = |a|^2$；

(2) 两非零向量 $a$ 和 $b$，$a \perp b \Leftrightarrow a \cdot b = 0$；

(3) 交换律 $a \cdot b = b \cdot a$；

(4) 分配律 $(a + b) \cdot c = a \cdot c + b \cdot c$；

(5) 结合律 $(\lambda a) \cdot b = \lambda(a \cdot b)$，$\lambda$ 为实数．

如果 $a = (a_x, a_y, a_z)$，$b = (b_x, b_y, b_z)$，按数量积的运算规律可得

$$a \cdot b = (a_x i + a_y j + a_z k) \cdot (b_x i + b_y j + b_z k)$$
$$= a_x b_x i \cdot i + a_x b_y i \cdot j + a_x b_z i \cdot k + a_y b_x j \cdot i + a_y b_y j \cdot j + a_y b_z j \cdot k + a_z b_x k \cdot i + a_z b_y k \cdot j + a_z b_z k \cdot k,$$

因为 $i, j, k$ 两两互相垂直，且都为单位向量，所以上式中，

$$i \cdot j = j \cdot k = k \cdot i = j \cdot i = k \cdot j = i \cdot k = 0,$$
$$i \cdot i = j \cdot j = k \cdot k = 1,$$

因而可得，

$$a \cdot b = a_x b_x + a_y b_y + a_z b_z, \tag{6-5}$$

这就是两向量数量积的坐标表示式．

因为 $a \cdot b = |a||b|\cos\theta$，所以当 $a$ 和 $b$ 都不是零向量时，有

$$\cos\theta = \frac{a \cdot b}{|a||b|} = \frac{a_x b_x + a_y b_y + a_z b_z}{\sqrt{a_x^2 + a_y^2 + a_z^2}\sqrt{b_x^2 + b_y^2 + b_z^2}} \tag{6-6}$$

这是两向量夹角余弦的坐标表示式．

### 5. 两向量的向量积（外积）

在研究杠杆问题或物体转动问题时，需要分析力产生的力矩，如图 6-9 所示，由力学知识可知，力 $F$ 对支点 $O$ 的力矩是一向量 $OM$，它的模

$$|OM| = |OP||F|\sin\theta,$$

它的方向垂直于 $OP$ 与 $F$ 所确定的平面，它的指向按右手法则从 $OP$ 以不超过 $\pi$ 的角度转向 $F$ 来确定．

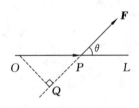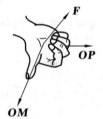

图 6-9

这种把两个向量按上面的规则来确定一个向量的情形在其他很多专业领域都要用到,于是我们从中抽象出两向量的向量积的概念.

设向量 $c$ 由两个向量 $a$ 和 $b$ 按下列方式定出:

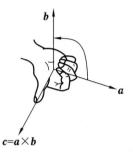

$c$ 的模 $|c|=|a||b|\sin\theta$,其中 $\theta$ 是 $a$ 和 $b$ 的夹角;$c$ 的方向既垂直于 $a$,又垂直于 $b$,并且按右手法则从 $a$ 转向 $b$ 来确定(图 6-10),向量 $c$ 叫作 $a$ 和 $b$ 的向量积(也称为向量叉乘,或向量的外积),记作 $a\times b$,即

$$c=a\times b.$$

由向量积的定义,不难得到下面的性质(证明从略):

图 6-10

(1) $a\times a=0$;

(2) 两非零向量 $a$ 和 $b$,$a//b\Leftrightarrow a\times b=0$;

(3) $b\times a=-a\times b$;

(4) $(a+b)\times c=a\times c+b\times c$,这个运算规律称为向量积的分配律;

(5) $(\lambda a)\times b=\lambda(a\times b)$,这个运算规律称为向量积的结合律.

下面简单推导一下向量积的坐标表示式,如果 $a=(a_x,a_y,a_z)$,$b=(b_x,b_y,b_z)$,按向量积的运算规律可得

$a\times b=(a_x i+a_y j+a_z k)\times(b_x i+b_y j+b_z k)$

$=a_x b_x i\times i+a_x b_y i\times j+a_x b_z i\times k+a_y b_x j\times i+a_y b_y j\times j+a_y b_z j\times k+a_z b_x k\times i+a_z b_y k\times j+a_z b_z k\times k,$

因为 $i,j,k$ 两两互相垂直,且都为单位向量,所以上式中,

$$i\times j=k,j\times k=i,k\times i=j,$$

$$j\times i=-k,k\times j=-i,i\times k=-j,$$

$$i\times i=j\times j=k\times k=0,$$

因而可得,

$$a\times b=(a_y b_z-a_z b_y)i+(a_z b_x-a_x b_z)j+(a_x b_y-a_y b_x)k \quad (6\text{-}7)$$

$$=(a_y b_z-a_z b_y,a_z b_x-a_x b_z,a_x b_y-a_y b_x). \quad (6\text{-}8)$$

为了帮助记忆,利用三阶行列式,上式可写成

$$a\times b=\begin{vmatrix} i & j & k \\ a_x & a_y & a_z \\ b_x & b_y & b_z \end{vmatrix} \quad (6\text{-}9)$$

**例 6-1**　设 $a=(1,2,3)$,$b=(1,-1,1)$,计算 $a\times b$.

**解**　$a\times b=\begin{vmatrix} i & j & k \\ 1 & 2 & 3 \\ 1 & -1 & 1 \end{vmatrix}=5i+2j-3k.$

**例 6-2**　已知 $A(1,0,3)$，$B(0,1,3)$，求 $\triangle AOB$ 的面积.

**解**　依题意 $\boldsymbol{OA} = \boldsymbol{i} + 3\boldsymbol{k} = (1,0,3)$，$\boldsymbol{OB} = \boldsymbol{j} + 3\boldsymbol{k} = (0,1,3)$，

$$\boldsymbol{OA} \times \boldsymbol{OB} = \begin{vmatrix} \boldsymbol{i} & \boldsymbol{j} & \boldsymbol{k} \\ 1 & 0 & 3 \\ 0 & 1 & 3 \end{vmatrix} = -3\boldsymbol{i} - 3\boldsymbol{j} + \boldsymbol{k},$$

$$S_{\triangle ABC} = \frac{1}{2}|\boldsymbol{OA}||\boldsymbol{OB}|\sin\angle AOB = \frac{1}{2}|\boldsymbol{OA} \times \boldsymbol{OB}|$$

$$= \frac{1}{2}|-3\boldsymbol{i} - 3\boldsymbol{j} + \boldsymbol{k}| = \frac{1}{2}\sqrt{(-3)^2 + (-3)^2 + 1^2} = \frac{\sqrt{19}}{2}.$$

# 第二节　空间曲面和平面的方程

在后面多元函数微积分的内容中，大多要用到平面、空间曲面、空间直线和空间曲线等几何模型，我们在本节和下一节用解析几何的方法以向量为工具去研究这些几何模型的特点，包括它们的代数方程和一些简单的性质.我们所要研究的几何模型在不加说明的情况下都是三维空间的几何模型，都是以平面几何和立体几何为基础，因此，我们必须具备基本的空间想象能力和初步的代数计算能力.

## 一、空间曲面的方程

### 1. 曲面的一般方程

在空间解析几何中，任何曲面或者平面、空间曲线或者直线都看作点的几何轨迹.在这样的意义下，如果曲面 $\Sigma$ 与三元方程

$$F(x,y,z) = 0 \tag{6-10}$$

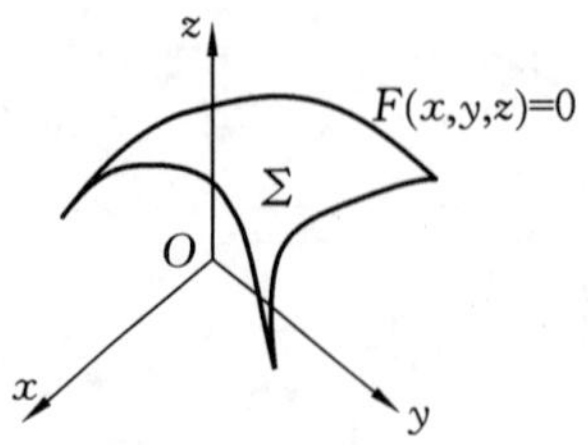

满足下述两个要求：

图 6-11

(1) 曲面 $\Sigma$ 上任一点的坐标都满足方程 (6-10)，也就是方程 (6-10) 的解；

(2) 不在曲面 $\Sigma$ 上的点的坐标不满足方程 (6-10)，那么方程 (6-10) 就叫作**曲面 $\Sigma$ 的方程**，而曲面 $\Sigma$ 也就是方程 (6-10) 的**几何图形**(图 6-11).方程 (6-10) 也叫作**曲面的一般方程**.

**例 6-3** 建立球心在点 $M_0(x_0,y_0,z_0)$ 处、半径为 $R$ 的球面的方程.

**解** 设 $M(x,y,z)$ 是球面上任一点,则
$$|MM_0|=R,$$
由两点间的距离公式可知,
$$|MM_0|=\sqrt{(x-x_0)^2+(y-y_0)^2+(z-z_0)^2},$$
所以
$$\sqrt{(x-x_0)^2+(y-y_0)^2+(z-z_0)^2}=R$$
或者
$$(x-x_0)^2+(y-y_0)^2+(z-z_0)^2=R^2 \tag{6-11}$$

容易验证,方程(6-11)就是以 $M_0(x_0,y_0,z_0)$ 为球心、半径为 $R$ 的球面的方程(图 6-12).

当 $x_0=y_0=z_0=0$,说明此时 $M_0$ 点在原点,即方程
$$x^2+y^2+z^2=R^2$$
表示球心在原点、半径为 $R$ 的球面.

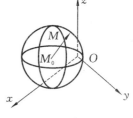

**图 6-12**

上面的例子说明了空间解析几何对曲面的研究有下列两个基本问题:

(1)已知一个空间曲面的形状时,建立曲面的方程;

(2)已知坐标 $x$、$y$ 和 $z$ 间的一个方程时,研究这个方程所表示的曲面的形状.

下面将要讨论的旋转曲面、柱面等特殊的曲面,是基本问题(1)的例子;而二次曲面则是基本问题(2)的例子.

## 2. 旋转曲面和柱面的方程

在前面我们学习过旋转几何体,它的侧面就是旋转曲面,就是将一条平面曲线绕平面内的一条直线旋转一周所成的曲面,其中旋转曲线叫作母线,定直线叫作轴.下面简单说明一下它的方程构造和特点.

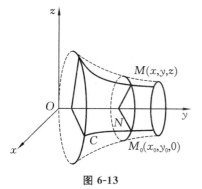

**图 6-13**

设 $xOy$ 面内有一条已知的曲线 $C$,它的方程为
$$f(x,y)=0,$$

把它绕 $y$ 轴旋转一周时,就得到一个以 $y$ 轴为轴的旋转曲面(图 6-13).取曲面上任一点 $M(x,y,z)$,绕 $y$ 轴旋转后与曲线 $C$:$f(x,y)=0$ 上点 $M_0$ 重合,$N$ 点为 $y$ 轴上的旋转中心点,设 $M_0(x_0,y_0,0)$,则 $N(0,y,0)$,显然 $y_0=y$,而且 $|MN|=|M_0N|$,即

$$|MN| = \sqrt{x^2 + z^2} = |x_0| = |M_0N|,$$

而 $x_0 = \pm\sqrt{x^2 + z^2}$，$y_0 = y$，$M_0(x_0, y_0)$ 在曲线 $f(x, y) = 0$ 上，代入即得

$$f(\pm\sqrt{x^2 + z^2}, y) = 0. \tag{6-12}$$

式(6-12)就是 $xOy$ 平面内曲线 $f(x, y) = 0$ 绕 $y$ 轴旋转一周后的旋转曲面方程.

同理 $xOy$ 平面内曲线 $f(x, y) = 0$ 绕 $x$ 轴旋转一周后的旋转曲面方程为

$$f(x, \pm\sqrt{y^2 + z^2}) = 0. \tag{6-13}$$

类似地，$xOz$ 平面内的曲线 $f(x, z) = 0$ 绕 $z$ 轴旋转一周后的旋转曲面方程为

$$f(\pm\sqrt{x^2 + y^2}, z) = 0.$$

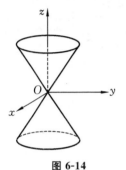

图 6-14

**例 6-4**　如图 6-14 所示，将 $xOz$ 平面内的直线 $z = x$ 绕 $z$ 轴旋转一周，所得的曲面叫圆锥面，求它的方程.

**解**　绕 $z$ 轴旋转，将直线方程中的 $x$ 改成 $\pm\sqrt{x^2 + y^2}$，即

$$z = \pm\sqrt{x^2 + y^2}.$$

或

$$z^2 = x^2 + y^2.$$

注意，上半部圆锥面 $z$ 取正，即 $z = \sqrt{x^2 + y^2}$.

**例 6-5**　将 $yOz$ 面的双曲线 $\dfrac{y^2}{b^2} - \dfrac{z^2}{c^2} = 1$ 分别绕 $y$ 轴和 $z$ 轴旋转一周，求所生成的旋转曲面的方程.

**解**　双曲线绕 $z$ 轴旋转生成的旋转曲面叫作旋转单叶双曲面，如图 6-15 所示，它的方程为

$$\frac{x^2 + y^2}{b^2} - \frac{z^2}{c^2} = 1,$$

绕 $y$ 轴旋转生成的旋转曲面叫作旋转双叶双曲面，如图 6-16 所示，它的方程为

$$\frac{y^2}{b^2} - \frac{z^2 + x^2}{c^2} = 1.$$

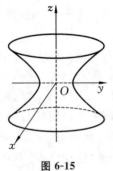

图 6-15

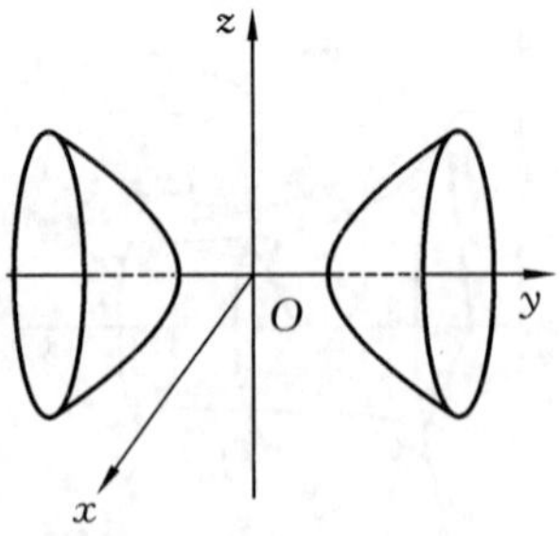

图 6-16

下面我们讨论简单的柱面.

直线 $L$ 沿定曲线平行移动形成的曲面叫作**柱面**,$L$ 是柱面的**母线**,$C$ 是柱面的**准线**,如图 6-17 所示,如果准线是坐标面的曲线,而母线是垂直于该坐标面的方向,那么我们可以简单地写出它的方程.

如图 6-18 所示,母线是一个平行于 $z$ 轴的柱面,它的准线是 $xOy$ 面上的曲线 $f(x,y)=0$,那么这个柱面的方程是什么呢?

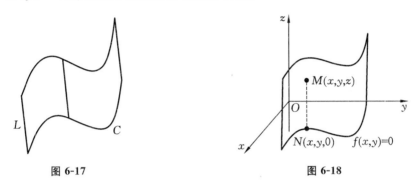

图 6-17　　　　　　　　　　　　　　图 6-18

在柱面上任意取一点 $M(x,y,z)$,沿 $z$ 轴向 $xOy$ 面作投影,得到 $N$ 点,它的坐标为 $N(x,y,0)$,且在准线 $f(x,y)=0$ 上,显然 $M$ 点的坐标 $(x,y,z)$ 满足方程 $f(x,y)=0$,即方程 $f(x,y)=0$ 就是所求这个柱面的方程.比如方程 $x^2+y^2=1$ 在平面解析几何中表示单位圆,而在空间坐标系中它表示母线平行于 $z$ 轴的单位**圆柱面**,如图 6-19 所示.这里强调一下,在没有特别说明是平面曲线时,$f(x,y)=0$ 表示母线平行于 $z$ 轴的柱面.

类似地,方程 $z=x^2$ 表示母线平行于 $y$ 轴的柱面,它的准线是 $xOz$ 面上的抛物线 $z=x^2$,如图 6-20 所示,该柱面叫作**抛物柱面**.

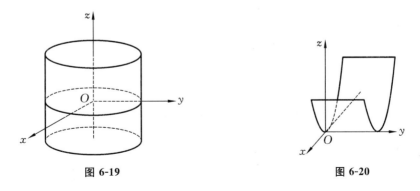

图 6-19　　　　　　　　　　　　　　图 6-20

方程 $x^2-y^2=1$ 表示母线平行于 $z$ 轴的柱面,它的准线是 $xOy$ 面上的双曲线 $x^2-y^2=1$,如图 6-21 所示,该柱面叫作**双曲柱面**.

方程 $y=2$ 表示平面(特殊的柱面),如图 6-22 所示,它与 $xOz$ 面平行.

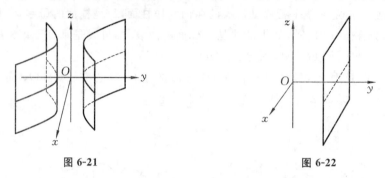

图 6-21　　　　　　　　　　　　　　图 6-22

### 3. 二次曲面

我们把三元二次方程 $F(x,y,z)=0$ 表示的曲面称为**二次曲面**,适当地选取空间直角坐标系,可以得到它们的标准方程,下面简单介绍一下.

(1) 椭圆锥面

$$z^2=\frac{x^2}{a^2}+\frac{y^2}{b^2}$$

椭圆锥面的形状与圆锥面相似,不同的是椭圆锥面的截面是椭圆.这里简单介绍一下截痕法,其他的二次曲面也适用这个方法.**截痕法**就是用垂直于坐标轴的平面截取曲面,再观察痕迹的形状来判断曲面的形状.

在这里,我们选取垂直于 $z$ 轴的平面 $z=t$ 与椭圆锥面相截,得到平面 $z=t$ 上的椭圆

$$\frac{x^2}{(at)^2}+\frac{y^2}{(bt)^2}=1,$$

当 $t$ 变化时,上式表示长短轴比例不变的一族椭圆,可以想象该曲面可以由这一族椭圆叠加而成,由此可得椭圆锥面的形状,如图 6-23 所示.

(2) 椭球面

$$\frac{x^2}{a^2}+\frac{y^2}{b^2}+\frac{z^2}{c^2}=1$$

椭球面与球面类似,为形状如鸡蛋的表面,如图 6-24 所示.

(3) 单叶双曲面

$$\frac{x^2}{a^2}+\frac{y^2}{b^2}-\frac{z^2}{c^2}=1$$

(4) 双叶双曲面

$$-\frac{x^2}{a^2}+\frac{y^2}{b^2}-\frac{z^2}{c^2}=1$$

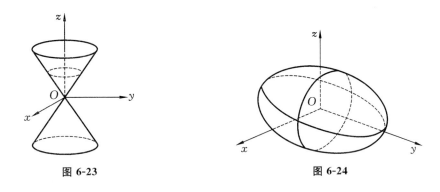

图 6-23　　　　　　　　　　　　　　　图 6-24

单叶双曲面与双叶双曲面的形状分别与旋转单（双）叶双曲面相似，如图 6-25、图 6-26 所示.

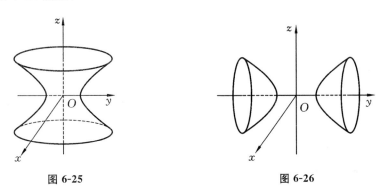

图 6-25　　　　　　　　　　　　　　　图 6-26

（5）椭圆抛物面

$$\frac{x^2}{a^2}+\frac{y^2}{b^2}=z$$

椭圆抛物面的形状与旋转抛物面类似，如图 6-27 所示.

（6）双曲抛物面

$$\frac{y^2}{p^2}-\frac{x^2}{q^2}=z$$

双曲抛物面又叫作马鞍面，其形状如图 6-28 所示，可以用截痕法分析其形状，在此从略.

小结一下，三元方程 $F(x,y,z)=0$ 是空间曲面的一般方程，我们重点介绍了三元二次方程，它们的曲面都称为二次曲面，所有二次曲面的形状共有九类，它们是椭圆柱面（含圆柱面）、椭圆锥面（含圆锥面）、双曲柱面、抛物柱面、椭球面（含球面）、单叶双曲面、双叶双曲面、椭圆抛物面（含旋转抛物面）、双曲抛物面.

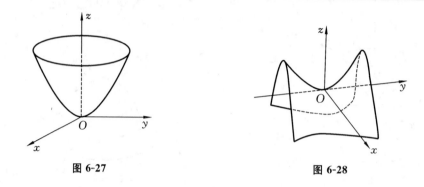

图 6-27　　　　　　　　　　　　　　　　图 6-28

## 二、平面及其方程

三元一次方程在空间直角坐标系中表示的是平面（可以认为是特殊的曲面），所以也有人称平面为一次曲面.下面我们介绍平面及其方程.

### 1. 平面的点法式方程

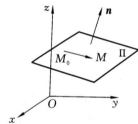

图 6-29

因为过空间一点有且仅有一个平面垂直于已知的直线，所以当平面 $\Pi$ 经过已知的点 $M_0(x_0,y_0,z_0)$ 并且垂直于已知的非零向量 $\boldsymbol{n}=(A,B,C)$ 时，这个平面就唯一确定了，我们称向量 $\boldsymbol{n}$ 为平面 $\Pi$ 的**法向量**.下面我们建立平面的方程.

设 $M(x,y,z)$ 是平面 $\Pi$ 上的任一点，如图 6-29 所示，则向量 $\boldsymbol{M_0M}$ 垂直于法向量 $\boldsymbol{n}$，即 $\boldsymbol{M_0M} \perp \boldsymbol{n}$，所以有，

$$\boldsymbol{M_0M} \cdot \boldsymbol{n}=0,$$

而 $\boldsymbol{M_0M}=(x-x_0,y-y_0,z-z_0)$，$\boldsymbol{n}=(A,B,C)$，即有

$$A(x-x_0)+B(y-y_0)+C(z-z_0)=0 \tag{6-14}$$

这就是平面 $\Pi$ 上任一点 $M(x,y,z)$ 所满足的方程，反过来，容易验证不在平面上的点是不满足方程(6-14)的，所以方程(6-14)是平面 $\Pi$ 的方程，叫作**平面 $\Pi$ 的点法式方程**.

**例 6-6**　求经过点 $(2,4,5)$ 并且与 $z$ 轴垂直的平面.

**解**　依题意，$z$ 轴上任何两点得到的向量可作为法向量，所以可取 $z$ 轴的单位向量 $\boldsymbol{k}=(0,0,1)$ 作为法向量，由平面点法式方程(6-14)，所求平面的点法式方程为

$$0 \cdot (x-2)+0 \cdot (y-4)+1 \cdot (z-5)=0,$$

即

$$z = 5.$$

**例 6-7**　求经过三点 $M_1(1,0,0)$，$M_2(0,-2,3)$，$M_3(2,-1,0)$ 的平面方程.

**解**　先找出该平面的法向量 $\boldsymbol{n}$，因为它与 $\boldsymbol{M_1M_2}$，$\boldsymbol{M_1M_3}$ 都垂直，$\boldsymbol{M_1M_2} = (-1,-2,3)$，$\boldsymbol{M_1M_3} = (1,-1,0)$，所以可取它们的向量积为法向量 $\boldsymbol{n}$，即

$$\boldsymbol{n} = \boldsymbol{M_1M_2} \times \boldsymbol{M_1M_3} = \begin{vmatrix} \boldsymbol{i} & \boldsymbol{j} & \boldsymbol{k} \\ -1 & -2 & 3 \\ 1 & -1 & 0 \end{vmatrix} = (3,3,3),$$

根据平面的点法式方程(6-14)，任取一点，我们取 $M_1$，所求平面方程为

$$3(x-1) + 3(y-0) + 3(z-0) = 0,$$

即

$$x + y + z = 1.$$

### 2. 平面的一般方程

前面我们说过任何三元一次方程表示空间的一个平面，这个结论现在可以予以证明.

由平面的点法式方程(6-14)说明任何一个平面都可以表示为关于 $x,y,z$ 的三元一次方程，反过来，任何一个三元一次方程

$$Ax + By + Cz + D = 0, \tag{6-15}$$

都有无数组解，我们只需找到该方程的一组解 $(x_0,y_0,z_0)$，就能得到

$$A(x-x_0) + B(y-y_0) + C(z-z_0) = 0 \tag{6-16}$$

即是平面经过点 $(x_0,y_0,z_0)$，法向量为 $(A,B,C)$ 的点法式方程. 即式(6-16)是表示唯一存在的平面的方程.我们称方程(6-15)为**平面的一般方程**.

对于一些特殊的三元一次方程(6-15)，我们应该熟悉这些平面的图形特点.

当 $D=0$ 时，方程(6-15)成为 $Ax + By + Cz = 0$，它表示通过原点的一个平面.

当 $A=0$ 时，方程(6-15)成为 $By + Cz + D = 0$，它的法向量为 $\boldsymbol{n} = (0,B,C)$ 垂直于 $x$ 轴，所以此时方程(6-15)表示平行于 $x$ 轴的一个平面，此时，若 $D=0$，表示这个平面经过 $x$ 轴.

同样，方程 $Ax + Cz + D = 0$ 和 $Ax + By + D = 0$ 表示平行于(或经过)$y$ 轴和 $z$ 轴的平面.

当 $A=B=0$ 时，方程(6-15)变为 $Cz + D = 0$ 或 $z = -\dfrac{D}{C}$，该方程表示平行于(或 $D=0$ 为通过)$x$ 轴、$y$ 轴的平面，即平行于(或通过)平面 $xOy$ 面.

**例 6-8**　求通过 $y$ 轴和点 $(1,-2,3)$ 的平面的方程.

**解**　因为平面通过 $y$ 轴，也一定经过原点，所以可设所求平面的方程为

$$Ax + Cz = 0,$$

而该平面经过点 $(1,-2,3)$，代入上式，即

$$A + 3C = 0,$$

或

$$A = -3C.$$

代入所设的方程，即得

$$-3Cx + Cz = 0,$$

两边同时除以 $C$（注意，$C \neq 0$），即得所求的平面方程为

$$3x - z = 0.$$

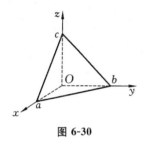

图 6-30

**例 6-9** 设一平面与 $x,y,z$ 轴的交点依次为 $E(a,0,0)$、$F(0,b,0)$、$M(0,0,c)$ 三点，如图 6-30 所示，求该平面的方程（其中 $a \neq 0, b \neq 0, c \neq 0$）.

**解** 设所求平面的一般方程为

$$Ax + By + Cz + D = 0,$$

因为 $E(a,0,0)$、$F(0,b,0)$、$M(0,0,c)$ 三点都在平面上，所以它们的坐标都满足一般方程，即有

$$\begin{cases} aA + D = 0 \\ bB + D = 0, \\ cC + D = 0 \end{cases}$$

解得

$$A = -\frac{D}{a}, B = -\frac{D}{b}, C = -\frac{D}{c},$$

代入一般方程并除以 $D(D \neq 0)$，即得到所求的平面方程为

$$\frac{x}{a} + \frac{y}{b} + \frac{z}{c} = 1. \tag{6-17}$$

上述方程叫作**平面的截距式方程**.而 $a,b,c$ 依次叫作平面在 $x,y,z$ 轴上的**截距**.

下面我们利用向量来研究平面间的关系和点到平面的距离.

我们称两平面的法向量的夹角（通常为锐角或直角）为**两平面的夹角**.

设两平面 $\Pi_1$ 和 $\Pi_2$ 的夹角为 $\theta$（图 6-31），而它们的法向量分别为 $\boldsymbol{n}_1 = (A_1, B_1, C_1)$，$\boldsymbol{n}_2 = (A_2, B_2, C_2)$.由定义可知，两平面夹角 $\theta$ 与两向量夹角 $(\widehat{\boldsymbol{n}_1, \boldsymbol{n}_2})$ 之间相等或互补，总有

$$\cos\theta = |\cos(\widehat{\boldsymbol{n}_1, \boldsymbol{n}_2})|,$$

即

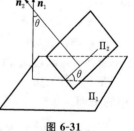

图 6-31

$$\cos\theta = \frac{|A_1A_2 + B_1B_2 + C_1C_2|}{\sqrt{A_1^2 + B_1^2 + C_1^2}\sqrt{A_2^2 + B_2^2 + C_2^2}}, \left(0 \leqslant \theta \leqslant \frac{\pi}{2}\right), \tag{6-18}$$

这就是**两平面夹角公式**（或两平面夹角的余弦公式）.

从上式可以推导出下列结论：

设有平面 $\Pi_1 : A_1 x + B_1 y + C_1 z + D_1 = 0$，平面 $\Pi_2 : A_2 x + B_2 y + C_2 z + D_2 = 0$，它们的法向量分别为 $\boldsymbol{M} = (A_1, B_1, C_1)$，$\boldsymbol{n} = (A_2, B_2, C_2)$，则有：

（1）$\Pi_1$，$\Pi_2$ 互相垂直的充要条件为：$A_1 A_2 + B_1 B_2 + C_1 C_2 = 0$；

（2）$\Pi_1$，$\Pi_2$ 互相平行不重合的充要条件为：$\dfrac{A_1}{A_2} = \dfrac{B_1}{B_2} = \dfrac{C_1}{C_2} \neq \dfrac{D_1}{D_2}$；

（3）$\Pi_1$，$\Pi_2$ 重合的充要条件为：$\dfrac{A_1}{A_2} = \dfrac{B_1}{B_2} = \dfrac{C_1}{C_2} = \dfrac{D_1}{D_2}$；

（4）点 $P(x_0, y_0, z_0)$ 到平面 $Ax + By + Cz + D = 0$ 的距离公式为

$$d = \frac{|Ax_0 + By_0 + Cz_0 + D|}{\sqrt{A^2 + B^2 + C^2}}. \tag{6-19}$$

**例 6-10**　求两平面 $x - y + z - 1 = 0$ 和 $z = 0$ 的夹角.

**解**　由公式（6-18）可知

$$\cos\theta = \frac{|1 \times 0 + (-1) \times 0 + 1 \times 1|}{\sqrt{1^2 + (-1)^2 + 0^2}\ \sqrt{0^2 + 0^2 + 1^2}} = \frac{\sqrt{2}}{2},$$

所以，两平面的夹角 $\theta = \dfrac{\pi}{4}$.

**例 6-11**　求点 $(2,1,1)$ 到平面 $x - 2y + 2z + 1 = 0$ 的距离.

**解**　由公式（6-19）知

$$d = \frac{|1 \times 2 - 2 \times 1 + 2 \times 1 + 1|}{\sqrt{1^2 + (-2)^2 + 2^2}} = 1.$$

# 第三节　空间曲线和直线及其方程

## 一、空间曲线及其方程

### 1. 空间曲线的一般方程

我们知道，两个曲面相交便得到一条空间曲线，设
$$F(x,y,z) = 0 \text{ 和 } G(x,y,z) = 0$$
是两个曲面的方程（图 6-32），则方程组

$$\begin{cases} F(x,y,z) = 0 \\ G(x,y,z) = 0 \end{cases} \tag{6-20}$$

就是两个曲面的交线 $C$ 的方程，这个方程组（6-20）就

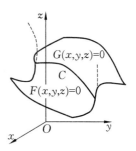

**图 6-32**

叫作空间曲线 $C$ 的一般方程.

比如方程组 $\begin{cases} x^2 + y^2 = 1 \\ x + 2z - 3 = 0 \end{cases}$ 表示一个圆柱面和一个平面相交得到的椭圆

(图 6-33);

再比如方程组 $\begin{cases} z = \sqrt{1 - x^2 - y^2} \\ x^2 - x + y^2 = 0 \end{cases}$ 表示上半球面和圆柱面的交线,如图 6-34

所示.

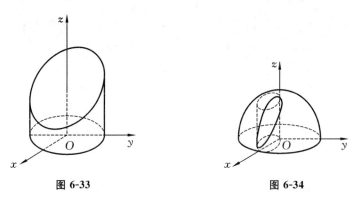

图 6-33　　　　　　　　　　　　图 6-34

### 2. 空间曲线的参数方程

空间曲线除了一般方程外,也可以用参数形式表示,只要将曲线 $C$ 上动点的坐标 $x,y$ 和 $z$ 表示为参数 $t$ 的函数:

$$\begin{cases} x = x(t), \\ y = y(t), \\ z = z(t), \end{cases} \quad (6\text{-}21)$$

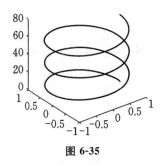

图 6-35

方程组(6-21)叫作空间曲线的参数方程.

比如,参数方程 $\begin{cases} x = a\cos\omega t, \\ y = a\sin\omega t, \\ z = b\theta, \end{cases}$ 在空间表示螺旋

线(图 6-35),是实践中常用的曲线,如螺丝钉的外缘曲线、钢丝拉成的弹簧等.

### 3. 空间曲线在坐标面上的投影

设有一条空间曲线

$$C: \begin{cases} F(x,y,z) = 0 \\ G(x,y,z) = 0 \end{cases}, \quad (6\text{-}22)$$

将方程组(6-22)消去变量 $z$ 后(如果可能的话)所得方程

$$H(x,y)=0 \tag{6-23}$$

表示以曲线 $C$ 为准线且母线平行于 $z$ 轴的**投影柱面**.

投影柱面(6-23)与 $xOy$ 面的交线就是空间曲线 $C$ 在 $xOy$ 面的**投影曲线**,所以它的方程为

$$\begin{cases} H(x,y)=0 \\ z=0 \end{cases}.$$

同理,消去方程组(6-21)中的变量 $x$ 或变量 $y$,得到二元方程 $R(y,z)=0$ 或 $P(x,z)=0$,再与 $x=0$ 或 $y=0$ 联立,就可以得到曲线 $C$ 在 $yOz$ 面或 $xOz$ 面上的投影曲线,它们的方程为

$$\begin{cases} R(y,z)=0 \\ x=0 \end{cases} \quad 或 \quad \begin{cases} P(x,z)=0 \\ y=0 \end{cases}.$$

**例 6-12**　已知两个球面的方程为

$$x^2+y^2+z^2=1 \tag{6-24}$$

和

$$(x-1)^2+(y-1)^2+(z-1)^2=2, \tag{6-25}$$

求它们的交线 $C$ 在 $xOy$ 面的投影方程.

**解**　为消除变量 $z$,将方程(6-24)代入方程(6-25)中,可得

$$z=1-x-y,$$

代入式(6-24),得

$$x^2+y^2+(1-x-y)^2=1,$$

化简可得

$$x^2+y^2+xy-x-y=0,$$

与 $xOy$ 面相交,即投影曲线方程为

$$\begin{cases} x^2+y^2+xy-x-y=0, \\ z=0. \end{cases}$$

附:两球面相交交线在空间为圆,投影到 $xOy$ 平面后为椭圆,即方程 $x^2+y^2+xy-x-y=0$ 可化为 $\left(x+\dfrac{1}{2}y-\dfrac{1}{2}\right)^2+\dfrac{3}{4}\left(y-\dfrac{1}{3}\right)^2=\dfrac{1}{3}$,进行坐标系的线性变换后即可化为平面椭圆的标准形式(可参考线性代数中二次型变换).

# 二、空间直线及其方程

### 1. 空间直线的一般方程

空间直线可以看成是两个平面的交线.故其一般方程为:

$$\begin{cases} A_1 x + B_1 y + C_1 z + D_1 = 0 \\ A_2 x + B_2 y + C_2 z + D_2 = 0 \end{cases}, \tag{6-26}$$

就是两个平面的交线 $L$ 的方程,这个方程组(6-26)就叫作空间**直线 $L$ 的一般方程**.

### 2. 空间直线的对称式方程和参数方程

平行于一条已知直线的非零向量叫作这条直线的**方向向量**.我们引入方向向量来推出直线方程的其他表示形式:

已知直线上的一点 $M_0(x_0, y_0, z_0)$ 和它的一方向向量 $\boldsymbol{s} = (m, n, p)$,设直线上任一点为 $M(x, y, z)$,那么 $\boldsymbol{M_0 M}$ 与 $\boldsymbol{s}$ 平行,由平行向量的坐标表示式可得:

$$\frac{x - x_0}{m} = \frac{y - y_0}{n} = \frac{z - z_0}{p}, \tag{6-27}$$

式(6-27)即为空间直线的**对称式方程**(或称为**点向式方程**).

如设

$$\frac{x - x_0}{m} = \frac{y - y_0}{n} = \frac{z - z_0}{p} = t$$

就可将对称式方程变为参数方程($t$ 为参数):

$$\begin{cases} x = x_0 + mt \\ y = y_0 + nt \\ z = z_0 + pt \end{cases} \tag{6-28}$$

式(6-28)即为空间直线的**参数方程**.

空间直线的这三种形式可以互相转换,按具体要求写相应的方程.

**例 6-13**　用对称式方程及参数方程表示直线 $\begin{cases} x + y + z + 1 = 0 \\ 2x - y + 3z + 4 = 0 \end{cases}$.

**解**　在直线上任取一点 $(x_0, y_0, z_0)$,取 $x_0 = 1$,代入原方程组,可得 $\begin{cases} y_0 + z_0 + 2 = 0 \\ y_0 - 3z_0 - 6 = 0 \end{cases}$,解得

$$y_0 = 0, z_0 = -2,$$

即直线上点坐标为 $(1, 0, -2)$.因所求直线与两平面的法向量都垂直,取

$$\boldsymbol{s} = \boldsymbol{n}_1 \times \boldsymbol{n}_2 = (4, -1, -3),$$

对称式方程为:

$$\frac{x - 1}{4} = \frac{y - 0}{-1} = \frac{z + 2}{-3},$$

参数方程为:

$$\begin{cases} x = 1 + 4t \\ y = -t \\ z = -2 - 3t \end{cases}.$$

**例 6-14**　求过点$(-3,2,5)$且与直线$\dfrac{x}{4} = \dfrac{y}{3} = z$平行的直线方程.

**解**　由直线的对称式方程(6-27)可知,所求直线的方程为

$$\frac{x+3}{4} = \frac{y-2}{3} = \frac{z-5}{1}.$$

## 三、两直线的夹角

两直线的方向向量的夹角(通常为锐角)叫作**两直线的夹角**.

设两直线$L_1$和$L_2$的方向向量依次为$s_1 = (m_1,n_1,p_1)$和$s_2 = (m_2,n_2,p_2)$,两直线的夹角$\varphi$可以按两向量夹角公式来计算

$$\cos\varphi = \frac{|m_1 m_2 + n_1 n_2 + p_1 p_2|}{\sqrt{m_1^2 + n_1^2 + p_1^2} \cdot \sqrt{m_2^2 + n_2^2 + p_2^2}}.$$

**两直线$L_1$和$L_2$垂直**:$m_1 m_2 + n_1 n_2 + p_1 p_2 = 0$.

**两直线$L_1$和$L_2$平行**:$\dfrac{m_1}{m_2} = \dfrac{n_1}{n_2} = \dfrac{p_1}{p_2}$.

## 四、直线与平面的夹角

当直线与平面不垂直时,直线与它在平面上的投影直线的夹角$\varphi\left(0 \leqslant \varphi \leqslant \dfrac{\pi}{2}\right)$称为直线与平面的夹角,当直线与平面垂直时,规定直线与平面的夹角为$\dfrac{\pi}{2}$.

设直线$L$的方向向量为$s = (m,n,p)$,平面的法线向量为$n = (A,B,C)$,直线与平面的夹角为$\varphi$,那么

$$\sin\varphi = \frac{|Am + Bn + Cp|}{\sqrt{A^2 + B^2 + C^2} \cdot \sqrt{m^2 + n^2 + p^2}}.$$

直线与平面垂直:$s \parallel n$,相当于$\dfrac{A}{m} = \dfrac{B}{n} = \dfrac{C}{p}$(充分必要条件).

直线与平面平行:$s \perp n$,相当于$Am + Bn + Cp = 0$(充分必要条件).

## 五、杂例

**例 6-15** 求与两平面 $x-4z=3,2x-y-5z=1$ 的交线平行且过点 $(-3,2,5)$ 的直线方程.

**解** 由于直线的方向向量与两平面的交线的方向向量平行,故直线的方向向量 $s$ 一定与两平面的法线向量垂直,所以

$$s = \begin{vmatrix} i & j & k \\ 1 & 0 & -4 \\ 2 & -1 & -5 \end{vmatrix} = -(4i+3j+k),$$

因此,所求直线的方程为

$$\frac{x+3}{4} = \frac{y-2}{3} = \frac{z-5}{1}.$$

**例 6-16** 求过点 $(2,1,3)$ 且与直线 $\frac{x+1}{3} = \frac{y-1}{2} = \frac{z}{-1}$ 垂直相交的直线方程.

**解** 先作一平面过点 $(2,1,3)$ 且垂直于已知直线(即以已知直线的方向向量为平面的法线向量),这个平面的方程为

$$3(x-2)+2(y-1)-(z-3)=0,$$

再求已知直线与这个平面的交点.将已知直线改成参数方程形式,即

$$x=-1+3t, y=1+2t, z=-t,$$

并代入上面的平面方程,求得 $t=\frac{3}{7}$,从而求得交点为 $\left(\frac{2}{7}, \frac{13}{7}, -\frac{3}{7}\right)$.

以此交点为起点、已知点为终点构成的向量 $s$ 即为所求直线的方向向量:

$$s = \left(2-\frac{2}{7}, 1-\frac{13}{7}, 3+\frac{3}{7}\right) = \frac{6}{7}(2,-1,4),$$

故所求直线方程为

$$\frac{x-2}{2} = \frac{y-1}{-1} = \frac{z-3}{4}.$$

**例 6-17** 求直线 $\begin{cases} x+y-z-1=0 \\ x-y+z+1=0 \end{cases}$ 在平面 $x+y+z=0$ 上的投影直线的方程.

**解** 应用平面束的方法,设过直线 $\begin{cases} x+y-z-1=0 \\ x-y+z+1=0 \end{cases}$ 的平面束方程为

$$(x+y-z-1)+\lambda(x-y+z+1)=0,$$

即

$$(1+\lambda)x+(1-\lambda)y+(-1+\lambda)z+\lambda-1=0,$$

这个平面与已知平面 $x+y+z=0$ 垂直的条件是

$$(1+\lambda)\cdot 1+(1-\lambda)\cdot 1+(-1+\lambda)\cdot 1=0,$$

解之得 $\lambda=-1$,代入平面束方程中得投影平面方程为

$$y-z-1=0,$$

所以投影直线为

$$\begin{cases} y-z-1=0 \\ x+y+z=0 \end{cases}.$$

# 第四节　　多元函数的基本概念

## 一、平面点集与 $n$ 维空间

### 1. 平面点集

由平面解析几何相关知识可知,当在平面上引入了一个直角坐标系后,平面上的点 $P$ 与有序二元实数组 $(x,y)$ 之间就建立了一一对应的关系.于是,我们常把有序实数组 $(x,y)$ 与平面上的点 $P$ 视作是等同的.这种建立了坐标系的平面称为坐标平面.

二元的有序实数组 $(x,y)$ 的全体,即 $R^2=R\times R=\{(x,y)\,|\,x,y\in R\}$ 就表示坐标平面.

坐标平面上具有某种性质 $P$ 的点的集合,称为平面点集,记作

$$E=\{(x,y)\,|\,(x,y) \text{ 具有性质 } P\}.$$

例如,平面上以原点为中心、$r$ 为半径的圆内所有点的集合是

$$C=\{(x,y)\,|\,x^2+y^2<r^2\}.$$

如果我们以点 $P$ 表示 $(x,y)$,以 $|OP|$ 表示点 $P$ 到原点 $O$ 的距离,那么集合 $C$ 可表示为

$$C=\{P\,|\,|OP|<r\}.$$

下面引入 $R^2$ 中邻域的概念.

设 $P_0(x_0,y_0)$ 是 $xOy$ 平面上的一个点,$\delta$ 是某一正数.与点 $P_0(x_0,y_0)$ 距离小于 $\delta$ 的点 $P(x,y)$ 的全体,称为**点 $P_0$ 的 $\delta$ 邻域**,记为 $U(P_0,\delta)$,即

$$U(P_0,\delta) = \{P \mid |PP_0| < \delta\}$$

或

$$U(P_0,\delta) = \{(x,y) \mid \sqrt{(x-x_0)^2 + (y-y_0)^2} < \delta\}.$$

$U(P_0,\delta)$ 在几何上表示 $xOy$ 平面上以点 $P_0(x_0,y_0)$ 为中心、$\delta > 0$ 为半径的圆的内部的点 $P(x,y)$ 的全体.

点 $P_0$ 的去心 $\delta$ 邻域,记作 $\mathring{U}(P_0,\delta)$,即

$$\mathring{U}(P_0,\delta) = \{P \mid 0 < |P_0 P| < \delta\}.$$

**注**:如果不需要强调邻域的半径 $\delta$,则用 $U(P_0)$ 表示点 $P_0$ 的某个邻域,点 $P_0$ 的去心邻域记作 $\mathring{U}(P_0)$.

点与点集之间的关系:

任意一点 $P \in R^2$ 与任意一个点集 $E \subset R^2$ 之间必有以下三种关系中的一种:

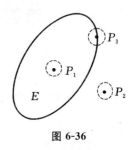

图 6-36

(1) **内点**:如果存在点 $P$ 的某一邻域 $U(P)$,使得 $U(P) \subset E$,则称 $P$ 为 $E$ 的内点(如图 6-36 中 $P_1$);

(2) **外点**:如果存在点 $P$ 的某个邻域 $U(P)$,使得 $U(P) \cap E = \varnothing$,则称 $P$ 为 $E$ 的外点(如图 6-36 中 $P_2$);

(3) **边界点**:如果点 $P$ 的任一邻域内既有属于 $E$ 的点,也有不属于 $E$ 的点,则称 $P$ 点为 $E$ 的边界点(如图 6-36 中 $P_3$).

$E$ 的边界点的全体,称为 $E$ 的**边界**,记作 $\partial E$.

$E$ 的内点必属于 $E$;$E$ 的外点必定不属于 $E$;而 $E$ 的边界点可能属于 $E$,也可能不属于 $E$.

任意一点 $P$ 与一个点集 $E$ 之间除了上述三种关系外,还有另一种关系,那就是下面定义的聚点.

**聚点**:如果对于任意给定的 $\delta > 0$,点 $P$ 的去心邻域 $\mathring{U}(P,\delta)$ 内总有 $E$ 中的点,则称 $P$ 是 $E$ 的聚点.

由聚点的定义可知,点集 $E$ 的聚点 $P$ 可能属于 $E$,也可能不属于 $E$.

例如,设平面点集

$$E = \{(x,y) \mid 1 < x^2 + y^2 \leqslant 2\}.$$

满足 $1 < x^2 + y^2 < 2$ 的一切点 $(x,y)$ 都是 $E$ 的内点;满足 $x^2 + y^2 = 1$ 的一切点 $(x,y)$ 都是 $E$ 的边界点,它们都不属于 $E$;满足 $x^2 + y^2 = 2$ 的一切点 $(x,y)$ 也是 $E$ 的边界点,它们都属于 $E$;点集 $E$ 以及它的边界 $\partial E$ 上的一切点都是 $E$ 的聚点.

**开集**:如果点集 $E$ 的点都是内点,则称 $E$ 为开集.例如,$E = \{(x,y) \mid 1 < x^2 + y^2 < 2\}$ 是 $R^2$ 中的开集.

**闭集**：如果点集的余集 $E^c$ 为开集，则称 $E$ 为闭集.例如，$E = \{(x,y)\,|\,1 \leqslant x^2 + y^2 \leqslant 2\}$ 是 $R^2$ 中的闭集.

而集合 $E = \{(x,y)\,|\,1 < x^2 + y^2 \leqslant 2\}$ 既非开集，也非闭集.

**连通集**：如果点集 $E$ 内任何两点都可用折线连接起来，且该折线上的点都属于 $E$，则称 $E$ 为连通集.

**区域**（或**开区域**）：连通的开集称为区域或开区域.例如 $E = \{(x,y)\,|\,1 < x^2 + y^2 < 2\}$.

**闭区域**：开区域连同它的边界一起所构成的点集称为闭区域.例如 $E = \{(x,y)\,|\,1 \leqslant x^2 + y^2 \leqslant 2\}$.

**有界集**：对于平面点集 $E$，如果存在某一正数 $r$，使得 $E \subset U(O,r)$，其中 $O$ 是坐标原点，则称 $E$ 为有界点集.

**无界集**：一个集合如果不是有界集，就称这集合为无界集.

例如，集合 $E = \{(x,y)\,|\,1 \leqslant x^2 + y^2 \leqslant 2\}$ 是有界闭区域；集合 $\{(x,y)\,|\,x + y > 1\}$ 是无界开区域；集合 $\{(x,y)\,|\,x + y \geqslant 1\}$ 是无界闭区域.

### 2. $n$ 维空间

设 $n$ 为取定的一个自然数，我们用 $R^n$ 表示 $n$ 元有序数组 $(x_1, x_2, \cdots, x_n)$ 的全体所构成的集合，即

$$R^n = \{(x_1, x_2, \cdots, x_n)\,|\,x_i \in R, i = 1, 2, \cdots, n\}.$$

$R^n$ 中的元素 $(x_1, x_2, \cdots, x_n)$ 有时也用单个字母 $x$ 来表示，即 $x = (x_1, x_2, \cdots, x_n)$.当所有的 $x_i (i = 1, 2, \cdots, n)$ 都为零时，称这样的元素为 $R^n$ 中的零元，记为 $\mathbf{0}$ 或 $O$.在解析几何中，通过直角坐标，$R^2$（或 $R^3$）中的元素分别与平面（或空间）中的点或向量建立一一对应的关系，因而 $R^n$ 中的元素 $x = (x_1, x_2, \cdots, x_n)$ 也称为 $R^n$ 中的一个点或一个 $n$ 维向量，$x_i$ 称为点 $x$ 的第 $i$ 个坐标或 $n$ 维向量 $x$ 的第 $i$ 个分量.特别地，$R^n$ 中的零元 $\mathbf{0}$ 称为 $R^n$ 中的坐标原点或 $n$ 维零向量.

为了在集合 $R^n$ 中的元素之间建立联系，在 $R^n$ 中定义线性运算如下：

设 $x = (x_1, x_2, \cdots, x_n), y = (y_1, y_2, \cdots, y_n)$ 为 $R^n$ 中任意两个元素，$\lambda \in R$，规定

$$x + y = (x_1 + y_1, x_2 + y_2, \cdots, x_n + y_n), \lambda x = (\lambda x_1, \lambda x_2, \cdots, \lambda x_n).$$

这样定义了线性运算的集合 $R^n$ 称为 $n$ 维空间.

$R^n$ 中点 $x = (x_1, x_2, \cdots, x_n)$ 和点 $y = (y_1, y_2, \cdots, y_n)$ 间的距离，记作 $\rho(x, y)$，规定

$$\rho(x, y) = \sqrt{(x_1 - y_1)^2 + (x_2 - y_2)^2 + \cdots + (x_n - y_n)^2}.$$

显然，$n = 1, 2, 3$ 时，上述规定与数轴上、直角坐标系下平面及空间中两点间

的距离一致.

$R^n$ 中元素 $x=(x_1,x_2,\cdots,x_n)$ 与零元 $\mathbf{0}$ 之间的距离 $\rho(x,0)$ 记作 $\parallel x \parallel$（在 $R$、$R^2$、$R^3$ 中，通常将 $\parallel x \parallel$ 记作 $|x|$），即

$$\parallel x \parallel = \sqrt{x_1^2 + x_2^2 + \cdots + x_n^2}.$$

采用这一记号，结合向量的线性运算，便得

$$\parallel x-y \parallel = \sqrt{(x_1-y_1)^2 + (x_2-y_2)^2 + \cdots + (x_n-y_n)^2} = \rho(x,y).$$

在 $n$ 维空间 $R^n$ 中定义了距离以后，就可以定义 $R^n$ 中变元的极限：

设 $x=(x_1,x_2,\cdots,x_n)$，$a=(a_1,a_2,\cdots,a_n) \in R^n$.如果

$$\parallel x-a \parallel \to 0,$$

则称变元 $x$ 在 $R^n$ 中趋于固定元 $a$，记作 $x \to a$.

显然，

$$x \to a \Leftrightarrow x_1 \to a_1, x_2 \to a_2, \cdots, x_n \to a_n.$$

在 $R^n$ 中引入线性运算和距离，使得前面讨论过的有关平面点集的一系列概念，可以方便地引入 $n(n \geqslant 3)$ 维空间中来，例如，

设 $a=(a_1,a_2,\cdots,a_n) \in R^n$，$\delta$ 是某一正数，则 $n$ 维空间内的点集

$$U(a,\delta) = \{x \mid x \in R^n, \rho(x,a) < \delta\}$$

就定义为 $R^n$ 中点 $a$ 的 $\delta$ 邻域.以邻域为基础，可以定义点集的内点、外点、边界点和聚点，以及开集、闭集、区域等一系列概念.

## 二、多元函数

在许多实际问题和自然现象中，经常会遇到多个变量之间的依赖关系，举例如下.

**例 6-18**　圆柱体的体积 $V$ 和它的底半径 $r$、高 $h$ 之间具有关系

$$V = \pi r^2 h.$$

这里，当 $r$、$h$ 在集合 $\{(r,h) \mid r>0, h>0\}$ 内取定一对值 $(r,h)$ 时，$V$ 对应的值也随之确定了.

**例 6-19**　一定量的理想气体的压强 $p$、体积 $V$ 和绝对温度 $T$ 之间具有关系

$$p = \frac{RT}{V},$$

其中 $R$ 为常数.这里，当 $V$、$T$ 在集合 $\{(V,T) \mid V>0, T>0\}$ 内取定一对值 $(V,T)$ 时，$p$ 的对应值也随之确定了.

**例 6-20**　设 $R$ 是电阻 $R_1$、$R_2$ 并联后的总电阻，由电学相关知识可知，它们之间具有关系

$$R = \frac{R_1 R_2}{R_1 + R_2}.$$

这里,当 $R_1$、$R_2$ 在集合 $\{(R_1, R_2) \mid R_1 > 0, R_2 > 0\}$ 内取定一对值 $(R_1, R_2)$ 时, $R$ 的对应值也随之确定了.

以上都是二元函数的实例,抽去它们的物理、几何等特性,仅保留数量关系的共性,可得到二元函数的定义.

**定义 1**　设 $D$ 是 $R^2$ 的一个非空子集,如果对于每一个点 $P(x, y) \in D$,变量 $z$ 按照某一对应法则 $f$ 总有唯一确定的值与之对应,则称 $z$ 是变量 $x, y$ 的二元函数(或点 $P$ 的函数),记为

$$z = f(x, y), (x, y) \in D$$

或

$$z = f(P), \quad P \in D$$

其中点集 $D$ 称为该函数的**定义域**,$x, y$ 称为**自变量**,$z$ 称为**因变量**.

上述定义中,与自变量 $x, y$ 的一对值 $(x, y)$ 相对应的因变量 $z$ 的值,也称为 $f$ 在点 $(x, y)$ 处的函数值,记作 $f(x, y)$,即 $z = f(x, y)$. 数集

$$f(D) = \{z \mid z = f(x, y), (x, y) \in D\}$$

称为该函数的**值域**.

$z$ 是变量 $x, y$ 的二元函数,也可以记为 $z = z(x, y), z = g(x, y)$ 等.

类似地,可定义三元函数 $u = f(x, y, z), (x, y, z) \in D$ 以及三元以上的函数.

一般地,把定义 1 中的平面点集 $D$ 换成 $n$ 维空间 $R^n$ 内的点集 $D$,如果对于每一个点 $P(x_1, x_2, \cdots, x_n) \in D$,变量 $u$ 按照某一对应法则 $f$ 总有唯一确定的值与之对应,则称 $u$ 是变量 $x_1, x_2, \cdots, x_n$ 的 $n$ 元函数(或点 $P$ 的函数),记为

$$u = f(x_1, x_2, \cdots, x_n), (x_1, x_2, \cdots, x_n) \in D,$$

或简记为

$$u = f(x), \quad x = (x_1, x_2, \cdots, x_n) \in D,$$

也可记为

$$u = f(P), \quad P(x_1, x_2, \cdots, x_n) \in D.$$

多元函数的定义域与一元函数类似,我们约定:一般情况下,在讨论用算式表达的多元函数 $u = f(x)$ 时,就以使这个算式有意义的变元 $x$ 的值所组成的点集为这个多元函数的自然定义域.因而,对这类函数,它的定义域不再特别标出.例如:函数 $z = \ln(x + y)$ 的定义域为 $\{(x, y) \mid x + y > 0\}$(即此函数的定义域是直线 $x + y = 0$ 上方的无界开区域);函数 $z = \arcsin(x^2 + y^2)$ 的定义域为 $\{(x, y) \mid x^2 + y^2 \leqslant 1\}$(即此函数的定义域是以原点为圆心、1 为半径的圆的内部和边界,这是一个有界闭区域).

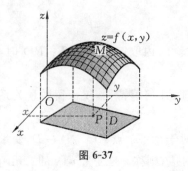

图 6-37

设函数 $z=f(x,y)$ 的定义域为 $D$,对于任意取定的点 $P(x,y)\in D$,对应的函数值为 $z=f(x,y)$.这样,就确定空间一点 $M(x,y,z)$.当 $(x,y)$ 取遍 $D$ 上的一切点时,得到空间点集 $\{(x,y,z)\mid z=f(x,y),(x,y)\in D\}$,这个点集在几何上称为二元函数 $z=f(x,y)$ 的图形(图 6-37),该几何图形通常是一张曲面.而定义域 $D$ 正是这曲面在 $xOy$ 平面上的投影.

例如 $z=ax+by+c$ 是一张平面,而函数 $z=x^2+y^2$ 的图形是旋转抛物面.

## 三、多元函数的极限

考察函数 $z=x^2+y^2$,在空间中表示旋转抛物面,原点是它的顶点,当旋转抛物面上点 $(x,y,z)$ 中横纵坐标 $(x,y)\to(0,0)$ 时,对应曲面上的点就向顶点无限靠近,也就是 $z$ 无限地向常数 0 靠近,即 $z\to 0$.

与一元函数的极限概念类似,我们有下面二元函数的极限概念.

**定义 2**　给定函数 $z=f(x,y)$ 的定义域为 $D$,假设点 $(x_0,y_0)$ 的某一去心邻域 $\mathring{U}(x_0,y_0)\subset D$,如果存在常数 $A$,使得当点 $(x,y)$ 无论以何种方式趋近于点 $(x_0,y_0)$ 时,函数值 $f(x,y)$ 无限接近于 $A$,则称 $A$ 为函数 $f(x,y)$ 当 $(x,y)\to(x_0,y_0)$ 时的极限,记作

$$\lim_{(x,y)\to(x_0,y_0)}f(x,y)=A\quad(\text{或 }f(x,y)\to A\text{ 当}(x,y)\to(x_0,y_0)).$$

上述定义的极限也称为**二重极限**.

必须注意:

(1) 二重极限存在,是指点 $P$ 以任何方式趋近于点 $P_0$ 时,函数都无限接近于 $A$.

(2) 如果当 $P$ 以两种不同方式趋近于 $P_0$ 时,函数趋近于不同的值,则函数的极限不存在.

例如函数 $f(x,y)=\begin{cases}\dfrac{xy}{x^2+y^2},&x^2+y^2\neq 0\\0,&x^2+y^2=0\end{cases}$ 在点 $(0,0)$ 没有极限.

因为当点 $P(x,y)$ 沿 $x$ 轴趋近于点 $(0,0)$ 时,

$$\lim_{(x,y)\to(0,0)}f(x,y)=\lim_{x\to 0}f(x,0)=\lim_{x\to 0}0=0;$$

当点 $P(x,y)$ 沿 $y$ 轴趋近于点 $(0,0)$ 时,

$$\lim_{(x,y)\to(0,0)}f(x,y)=\lim_{y\to0}f(0,y)=\lim_{y\to0}0=0;$$

当点 $P(x,y)$ 沿直线 $y=kx(k\neq0)$ 趋近于点$(0,0)$时,有

$$\lim_{\substack{(x,y)\to(0,0)\\y=kx}}\frac{xy}{x^2+y^2}=\lim_{x\to0}\frac{kx^2}{x^2+k^2x^2}=\frac{k}{1+k^2}\neq0,$$

因此,函数 $f(x,y)$ 在$(0,0)$ 处无极限.

由上述二重极限的概念,我们还可以推广到多元函数的极限(在此从略).它们的运算法则很多时候与一元函数的情况类似.

**例 6-21**　设 $f(x,y)=(x^2+y^2)\sin\dfrac{1}{x^2+y^2}$,求 $\lim\limits_{(x,y)\to(0,0)}f(x,y)$.

**解**　设 $t=x^2+y^2$,当$(x,y)\to(0,0)$时,$t\to0$,由一元极限中无穷小与有界函数的积是无穷小,可知

$$\lim_{(x,y)\to(0,0)}f(x,y)=\lim_{t\to0}t\sin\frac{1}{t}=0.$$

**例 6-22**　求 $\lim\limits_{(x,y)\to(0,2)}\dfrac{\sin(xy)}{x}$.

**解**　$\lim\limits_{(x,y)\to(0,2)}\dfrac{\sin(xy)}{x}=\lim\limits_{(x,y)\to(0,2)}\dfrac{\sin(xy)}{xy}\cdot y=\lim\limits_{(x,y)\to(0,2)}\dfrac{\sin(xy)}{xy}\cdot$

$\lim\limits_{(x,y)\to(0,2)}y=1\times2=2.$

该例题中用到了一元极限中的重要极限公式和一元函数连续的性质.

## 四、多元函数的连续性

**定义 3**　设二元函数 $f(P)=f(x,y)$ 的定义域为 $D$,$P_0(x_0,y_0)$ 为 $D$ 的聚点,且 $P_0\in D$.如果

$$\lim_{(x,y)\to(x_0,y_0)}f(x,y)=f(x_0,y_0),$$

则称函数 $f(x,y)$ 在点 $P_0(x_0,y_0)$ **连续**.

如果函数 $f(x,y)$ 在 $D$ 的每一点都连续,那么就称函数 $f(x,y)$ 在 $D$ 上**连续**,或者称 $f(x,y)$ 是 $D$ 上的**连续函数**.

二元函数的连续性概念可相应地推广到 $n$ 元函数 $f(P)$ 上去.

类似地,一元基本初等函数看成二元函数或二元以上的多元函数时,它们在各自的定义域内都是连续的.

**定义 4**　设函数 $f(x,y)$ 的定义域为 $D$,$P_0(x_0,y_0)$ 是 $D$ 的聚点.如果函数 $f(x,y)$ 在点 $P_0(x_0,y_0)$ 不连续,则称 $P_0(x_0,y_0)$ 为函数 $f(x,y)$ 的间断点.

例如函数

$$f(x,y)=\begin{cases}\dfrac{xy}{x^2+y^2} & x^2+y^2\neq0 \\ 0 & x^2+y^2=0\end{cases},$$

其定义域 $D=R^2$，$O(0,0)$ 是 $D$ 的聚点.当 $(x,y)\to(0,0)$ 时 $f(x,y)$ 的极限不存在，所以点 $O(0,0)$ 是该函数的一个间断点.

又如，函数 $z=\sin\dfrac{1}{x^2+y^2-1}$，其定义域为 $D=\{(x,y)\,|\,x^2+y^2\neq1\}$，圆周 $C=\{(x,y)\,|\,x^2+y^2=1\}$ 上的点都是 $D$ 的聚点，而 $f(x,y)$ 在 $C$ 上没有定义，当然 $f(x,y)$ 在 $C$ 各点都不连续，所以圆周 $C$ 上各点都是该函数的间断点.

**注**：间断点可能是孤立点也可能是曲线上的点.

可以证明，多元连续函数的和、差、积仍为连续函数；连续函数的商在分母不为零处仍连续；多元连续函数的复合函数也是连续函数.

与一元初等函数类似，**多元初等函数**是指可用一个式子表示的多元函数，这个式子是由常数及具有不同自变量的一元基本初等函数经过有限次的四则运算和复合运算而得到的.例如 $\dfrac{x+x^2-y^2}{1+y^2}$，$\sin(x+y)$，$\mathrm{e}^{x^2+y^2+z^2}$ 都是多元初等函数.

根据以上分析，即得下述结论：**一切多元初等函数在其定义区域内是连续的.**所谓定义区域是指包含在定义域内的区域或闭区域.

由多元连续函数的连续性可知，如果要求多元连续函数 $f(P)$ 在点 $P_0$ 处的极限，而该点 $P_0$ 又在此函数的定义区域内，则

$$\lim_{p\to p_0}f(P)=f(P_0).$$

**例 6-23**　求 $\lim\limits_{(x,y)\to(1,2)}\dfrac{x+y}{xy}$.

**解**　函数 $f(x,y)=\dfrac{x+y}{xy}$ 是初等函数，它的定义域为

$$D=\{(x,y)\,|\,x\neq0,y\neq0\},$$

$P_0(1,2)$ 为 $D$ 的内点，故存在 $P_0$ 的某一邻域 $U(P_0)\subset D$，而任何邻域都是区域，所以 $U(P_0)$ 是 $f(x,y)$ 的一个定义区域，因此

$$\lim_{(x,y)\to(1,2)}f(x,y)=f(1,2)=\frac{3}{2}.$$

**例 6-24**　求 $\lim\limits_{(x,y)\to(0,0)}\dfrac{\sqrt{xy+1}-1}{xy}$.

**解**　$\lim\limits_{(x,y)\to(0,0)}\dfrac{\sqrt{xy+1}-1}{xy}=\lim\limits_{(x,y)\to(0,0)}\dfrac{(\sqrt{xy+1}-1)(\sqrt{xy+1}+1)}{xy(\sqrt{xy+1}+1)}$

$$=\lim\limits_{(x,y)\to(0,0)}\dfrac{1}{\sqrt{xy+1}+1}=\dfrac{1}{2}.$$

多元连续函数的性质如下：

**性质 1（有界性与最大值最小值定理）**　在有界闭区域 $D$ 上的多元连续函数，必定在 $D$ 上有界，且能取得它的最大值和最小值.

性质 1 就是说，若 $f(P)$ 在有界闭区域 $D$ 上连续，则必定存在常数 $M>0$，使得对一切 $P\in D$，有 $|f(P)|\leqslant M$；且存在 $P_1,P_2\in D$，使得

$$f(P_1)=\min\{f(P)\mid P\in D\},f(P_2)=\min\{f(P)\mid P\in D\}.$$

**性质 2（介值定理）**　在有界闭区域 $D$ 上的多元连续函数必取得介于最大值和最小值之间的任何值.

# 第五节　偏导数和全微分

## 一、偏导数的定义及其计算法

对于二元函数 $z=f(x,y)$，如果只有自变量 $x$ 变化，而自变量 $y$ 固定，这时它就是 $x$ 的一元函数，这个函数对 $x$ 的导数，就为二元函数 $z=f(x,y)$ 对于 $x$ 的偏导数，对此，我们有如下定义.

**定义 1**　设函数 $z=f(x,y)$ 在点 $(x_0,y_0)$ 的某一邻域内有定义，当 $y$ 固定在 $y_0$ 而 $x$ 在 $x_0$ 处有增量 $\Delta x$ 时，相应地，函数有增量

$$f(x_0+\Delta x,y_0)-f(x_0,y_0),$$

如果极限

$$\lim\limits_{\Delta x\to 0}\dfrac{f(x_0+\Delta x,y_0)-f(x_0,y_0)}{\Delta x}\tag{6-29}$$

存在，则称此极限为函数 $z=f(x,y)$ 在点 $(x_0,y_0)$ 处**对 $x$ 的偏导数**，记作

$$\left.\dfrac{\partial z}{\partial x}\right|_{\substack{x=x_0\\y=y_0}},\left.\dfrac{\partial f}{\partial x}\right|_{\substack{x=x_0\\y=y_0}},\left.z_x\right|_{\substack{x=x_0\\y=y_0}},\text{或}\ f_x(x_0,y_0),$$

即

$$f_x(x_0,y_0)=\lim\limits_{\Delta x\to 0}\dfrac{f(x_0+\Delta x,y_0)-f(x_0,y_0)}{\Delta x}.\tag{6-30}$$

类似地，函数 $z=f(x,y)$ 在点 $(x_0,y_0)$ 处**对 $y$ 的偏导数**定义为

$$\lim_{\Delta y \to 0} \frac{f(x_0, y_0 + \Delta y) - f(x_0, y_0)}{\Delta y}, \tag{6-31}$$

记作

$$\frac{\partial z}{\partial y}\bigg|_{\substack{x=x_0 \\ y=y_0}}, \frac{\partial f}{\partial y}\bigg|_{\substack{x=x_0 \\ y=y_0}}, z_y\bigg|_{\substack{x=x_0 \\ y=y_0}}, \text{或} f_y(x_0, y_0).$$

如果函数 $z = f(x, y)$ 在区域 $D$ 内每一点 $(x, y)$ 处对 $x$ 的偏导数都存在,那么这个偏导数就是 $x$、$y$ 的函数,它就称为函数 $z = f(x, y)$ 对**自变量 $x$ 的偏导函数**,记作

$$\frac{\partial z}{\partial x}, \frac{\partial f}{\partial x}, z_x, \text{或} f_x(x, y).$$

可知对 $x$ 偏导函数的定义式为

$$f_x(x, y) = \lim_{\Delta x \to 0} \frac{f(x + \Delta x, y) - f(x, y)}{\Delta x}. \tag{6-32}$$

类似地,可定义函数 $z = f(x, y)$ 对**自变量 $y$ 的偏导函数**,记为

$$\frac{\partial z}{\partial y}, \frac{\partial f}{\partial y}, z_y, \text{或} f_y(x, y).$$

对 $y$ 的偏导函数的定义式为

$$f_y(x, y) = \lim_{\Delta y \to 0} \frac{f(x, y + \Delta y) - f(x, y)}{\Delta y}. \tag{6-33}$$

所以我们在求 $\frac{\partial f}{\partial x}$ 时,只要把 $y$ 暂时看作常量而对 $x$ 求导数;求 $\frac{\partial f}{\partial y}$ 时,只要把 $x$ 暂时看作常量而对 $y$ 求导数即可.

偏导数的概念还可推广到二元以上的函数.例如三元函数 $u = f(x, y, z)$ 在点 $(x, y, z)$ 处对 $x$ 的偏导数定义为

$$f_x(x, y, z) = \lim_{\Delta x \to 0} \frac{f(x + \Delta x, y, z) - f(x, y, z)}{\Delta x}, \tag{6-34}$$

其中 $(x, y, z)$ 是函数 $u = f(x, y, z)$ 的定义域的内点.它们的求法也仍旧是一元函数的微分法问题.

**例 6-25** 求 $z = x^2 + 3xy + y^2$ 在点 $(1, 2)$ 处的偏导数.

**解** 为求 $\frac{\partial z}{\partial x}$,把 $y$ 看作常量,对 $x$ 求导数,得

$$\frac{\partial z}{\partial x} = 2x + 3y.$$

把 $x$ 看作常量,对 $y$ 求导数,得

$$\frac{\partial z}{\partial y} = 3x + 2y.$$

所以

$$\frac{\partial z}{\partial x}\bigg|_{\substack{x=1\\y=2}}=2\times1+3\times2=8,\frac{\partial z}{\partial y}\bigg|_{\substack{x=1\\y=2}}=3\times1+2\times2=7.$$

**例 6-26**　求 $z=x^2\sin2y$ 的偏导数.

**解**　　$\dfrac{\partial z}{\partial x}=2x\sin2y,\dfrac{\partial z}{\partial y}=2x^2\cos2y.$

**例 6-27**　设 $z=x^y(x>0,x\neq1)$,求证:$\dfrac{x}{y}\dfrac{\partial z}{\partial x}+\dfrac{1}{\ln x}\dfrac{\partial z}{\partial y}=2z.$

**证**　　$\dfrac{\partial z}{\partial x}=yx^{y-1},\dfrac{\partial z}{\partial y}=x^y\ln x.$

$$\frac{x}{y}\frac{\partial z}{\partial x}+\frac{1}{\ln x}\frac{\partial z}{\partial y}=\frac{x}{y}yx^{y-1}+\frac{1}{\ln x}x^y\ln x=x^y+x^y=2z.$$

**例 6-28**　求 $r=\sqrt{x^2+y^2+z^2}$ 的偏导数.

**解**　　$\dfrac{\partial r}{\partial x}=\dfrac{x}{\sqrt{x^2+y^2+z^2}}=\dfrac{x}{r};\dfrac{\partial r}{\partial y}=\dfrac{y}{\sqrt{x^2+y^2+z^2}}=\dfrac{y}{r}.$

**例 6-29**　已知理想气体的状态方程为 $PV=RT(R$ 为常数$)$,求证:

$$\frac{\partial P}{\partial V}\cdot\frac{\partial V}{\partial T}\cdot\frac{\partial T}{\partial P}=-1.$$

**证**　因为

$$P=\frac{RT}{V},\frac{\partial P}{\partial V}=-\frac{RT}{V^2};\quad V=\frac{RT}{P},\frac{\partial V}{\partial T}=\frac{R}{P};\quad T=\frac{PV}{R},\frac{\partial T}{\partial P}=\frac{V}{R},$$

所以

$$\frac{\partial P}{\partial V}\cdot\frac{\partial V}{\partial T}\cdot\frac{\partial T}{\partial P}=-\frac{RT}{V^2}\cdot\frac{R}{P}\cdot\frac{V}{R}=-\frac{RT}{PV}=-1.$$

**注意**:偏导数的记号是一个整体记号,不能看作分子分母之商.

二元函数 $z=f(x,y)$ 在点 $(x_0,y_0)$ 的偏导数有下述几何意义.

平面 $y=y_0$ 与曲面 $z=f(x,y)$ 相交得到一条交线 $z=f(x,y_0)$,而在空间$(x_0,y_0,z_0)$ 处,$f_x(x_0,y_0)=[f(x,y_0)]'_x$ 是截线 $z=f(x,y_0)$ 在点 $M_0$ 处切线 $T_x$ 对 $x$ 轴的斜率,$k_x=\tan\alpha$,如图 6-38 所示.同理,$f_y(x_0,y_0)=[f(x_0,y)]'_y$ 是截线 $z=f(x_0,y)$ 在点 $M_0$ 处切线 $T_y$ 对 $y$ 轴的斜率.

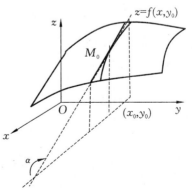

**图 6-38**

对于一元函数,在某点一元函数连续是其可导的必要条件.而对于多元函数来说,即使各偏导数在某点都存在,也不能保证函数在该点连续.多元函数的连续性与该函数的各个偏导数的存在性之间没有必然的关系，也就是说各偏导数在某点都存在，也不能保证函数在该点连续.

**例 6-30**　讨论函数

$$f(x,y) = \begin{cases} \dfrac{xy}{x^2+y^2}, & x^2+y^2 \neq 0 \\ 0, & x^2+y^2 = 0 \end{cases}$$

在点 $(0,0)$ 的连续性以及对 $x$ 以及对 $y$ 的偏导数的存在性.

**解**　$f(x,0)=0, f(0,y)=0$；

$$f_x(0,0) = \lim_{h \to 0} \frac{f(0+h,0)-f(0,0)}{h} = 0,$$

$$f_y(0,0) = \lim_{h \to 0} \frac{f(0,0+h)-f(0,0)}{h} = 0.$$

即

$$f_x(0,0) = \frac{\mathrm{d}}{\mathrm{d}x}[f(x,0)] = 0, \quad f_y(0,0) = \frac{\mathrm{d}}{\mathrm{d}y}[f(0,y)] = 0.$$

说明函数 $f(x,y)$ 在原点对 $x$ 和对 $y$ 的偏导数都存在.

当点 $P(x,y)$ 沿 $x$ 轴趋近于点 $(0,0)$ 时，有

$$\lim_{(x,y) \to (0,0)} f(x,y) = \lim_{x \to 0} f(x,0) = \lim_{x \to 0} 0 = 0;$$

当点 $P(x,y)$ 沿直线 $y=kx$ 趋近于点 $(0,0)$ 时，有

$$\lim_{\substack{(x,y) \to (0,0) \\ y=kx}} \frac{xy}{x^2+y^2} = \lim_{x \to 0} \frac{kx^2}{x^2+k^2x^2} = \frac{k}{1+k^2}.$$

极限值随 $k$ 的不同而具有不同的值，因此，$\lim\limits_{(x,y) \to (0,0)} f(x,y)$ 不存在，故函数 $f(x,y)$ 在 $(0,0)$ 处不连续.

此例说明，多元函数在某点处偏导数都存在，但函数在该点处不一定连续.

**例 6-31**　说明二元函数 $f(x,y)=\sqrt{x^2+y^2}$ 在点 $(0,0)$ 处是连续的，但点 $(0,0)$ 处偏导数不存在.

**解**　因为

$$\lim_{(x,y) \to (0,0)} f(x,y) = \lim_{(x,y) \to (0,0)} \sqrt{x^2+y^2} = 0 = f(0,0),$$

所以，函数 $f(x,y)=\sqrt{x^2+y^2}$ 在点 $(0,0)$ 处连续.

又因为

$$\lim_{\Delta x \to 0} \frac{f(0+\Delta x,0)-f(0,0)}{\Delta x} = \lim_{\Delta x \to 0} \frac{\sqrt{(\Delta x)^2}-0}{\Delta x} = \lim_{\Delta x \to 0} \frac{|\Delta x|}{\Delta x},$$

极限不存在，所以偏导数不存在.

此例说明，多元函数在某点处连续，但函数在该点处偏导数不一定存在.

## 二、高阶偏导数

设函数 $z = f(x, y)$ 在区域 $D$ 内具有偏导数

$$\frac{\partial z}{\partial x} = f_x(x, y), \quad \frac{\partial z}{\partial y} = f_y(x, y),$$

那么在 $D$ 内 $f_x(x, y)$、$f_y(x, y)$ 都是 $x, y$ 的函数.如果这两个函数的偏导数也存在,则称它们是函数 $z = f(x, y)$ 的**二阶偏导数**.按照对变量求导次序的不同有下列四个二阶偏导数.

$$\frac{\partial}{\partial x}\left(\frac{\partial z}{\partial x}\right) = \frac{\partial^2 z}{\partial x^2} = f_{xx}(x, y), \frac{\partial}{\partial y}\left(\frac{\partial z}{\partial x}\right) = \frac{\partial^2 z}{\partial x \partial y} = f_{xy}(x, y),$$

$$\frac{\partial}{\partial x}\left(\frac{\partial z}{\partial y}\right) = \frac{\partial^2 z}{\partial y \partial x} = f_{yx}(x, y), \frac{\partial}{\partial y}\left(\frac{\partial z}{\partial y}\right) = \frac{\partial^2 z}{\partial y^2} = f_{yy}(x, y).$$

其中 $\dfrac{\partial}{\partial y}\left(\dfrac{\partial z}{\partial x}\right) = \dfrac{\partial^2 z}{\partial x \partial y} = f_{xy}(x, y)$, $\dfrac{\partial}{\partial x}\left(\dfrac{\partial z}{\partial y}\right) = \dfrac{\partial^2 z}{\partial y \partial x} = f_{yx}(x, y)$ 称为**二阶混合偏导数**.同样可得三阶、四阶以及 $n$ 阶偏导数.二阶及二阶以上的偏导数统称为**高阶偏导数**.

**例 6-32**　设 $z = x^3 y^2 - 3x y^3 - xy + 1$,求 $\dfrac{\partial^2 z}{\partial x^2}$、$\dfrac{\partial^3 z}{\partial x^3}$、$\dfrac{\partial^2 z}{\partial y \partial x}$ 和 $\dfrac{\partial^2 z}{\partial x \partial y}$.

**解**　$\dfrac{\partial z}{\partial x} = 3x^2 y^2 - 3y^3 - y, \dfrac{\partial z}{\partial y} = 2x^3 y - 9x y^2 - x$;

$$\frac{\partial^2 z}{\partial x^2} = 6x y^2, \quad \frac{\partial^3 z}{\partial x^3} = 6y^2;$$

$$\frac{\partial^2 z}{\partial x \partial y} = 6x^2 y - 9y^2 - 1, \quad \frac{\partial^2 z}{\partial y \partial x} = 6x^2 y - 9y^2 - 1.$$

由例 6-32 观察得到: $\dfrac{\partial^2 z}{\partial y \partial x} = \dfrac{\partial^2 z}{\partial x \partial y}$,即两个混合偏导数相等.这不是偶然的,相关定理如下.

**定理 1**　如果函数 $z = f(x, y)$ 的两个二阶混合偏导数 $\dfrac{\partial^2 z}{\partial y \partial x}$ 及 $\dfrac{\partial^2 z}{\partial x \partial y}$ 在区域 $D$ 内连续,那么在该区域内这两个二阶混合偏导数必相等.

证明从略.

**例 6-33**　验证函数 $z = \ln \sqrt{x^2 + y^2}$ 满足方程 $\dfrac{\partial^2 z}{\partial x^2} + \dfrac{\partial^2 z}{\partial y^2} = 0$.

**证**　因为 $z = \ln \sqrt{x^2 + y^2} = \dfrac{1}{2} \ln(x^2 + y^2)$,所以

$$\frac{\partial z}{\partial x} = \frac{x}{x^2 + y^2}, \quad \frac{\partial z}{\partial y} = \frac{y}{x^2 + y^2},$$

$$\frac{\partial^2 z}{\partial x^2} = \frac{(x^2 + y^2) - x \cdot 2x}{(x^2 + y^2)^2} = \frac{y^2 - x^2}{(x^2 + y^2)^2},$$

$$\frac{\partial^2 z}{\partial y^2} = \frac{(x^2 + y^2) - y \cdot 2y}{(x^2 + y^2)^2} = \frac{x^2 - y^2}{(x^2 + y^2)^2}.$$

因此

$$\frac{\partial^2 z}{\partial x^2} + \frac{\partial^2 z}{\partial y^2} = \frac{x^2 - y^2}{(x^2 + y^2)^2} + \frac{y^2 - x^2}{(x^2 + y^2)^2} = 0.$$

**例 6-34**　证明函数 $u = \dfrac{1}{r}$ 满足方程 $\dfrac{\partial^2 u}{\partial x^2} + \dfrac{\partial^2 u}{\partial y^2} + \dfrac{\partial^2 u}{\partial z^2} = 0$，其中 $r$ $=\sqrt{x^2 + y^2 + z^2}$.

**证**　$\dfrac{\partial u}{\partial x} = -\dfrac{1}{r^2} \cdot \dfrac{\partial r}{\partial x} = -\dfrac{1}{r^2} \cdot \dfrac{x}{r} = -\dfrac{x}{r^3}, \dfrac{\partial^2 u}{\partial x^2} = -\dfrac{1}{r^3} + \dfrac{3x}{r^4} \cdot \dfrac{\partial r}{\partial x} = -\dfrac{1}{r^3} + \dfrac{3x^2}{r^5}.$

同理

$$\frac{\partial^2 u}{\partial y^2} = -\frac{1}{r^3} + \frac{3y^2}{r^5}, \quad \frac{\partial^2 u}{\partial z^2} = -\frac{1}{r^3} + \frac{3z^2}{r^5}.$$

因此

$$\frac{\partial^2 u}{\partial x^2} + \frac{\partial^2 u}{\partial y^2} + \frac{\partial^2 u}{\partial z^2} = \left( -\frac{1}{r^3} + \frac{3x^2}{r^5} \right) + \left( -\frac{1}{r^3} + \frac{3y^2}{r^5} \right) + \left( -\frac{1}{r^3} + \frac{3z^2}{r^5} \right)$$

$$= -\frac{3}{r^3} + \frac{3(x^2 + y^2 + z^2)}{r^5} = -\frac{3}{r^3} + \frac{3r^2}{r^5} = 0.$$

提示：$\dfrac{\partial^2 u}{\partial x^2} = \dfrac{\partial}{\partial x}\left( -\dfrac{x}{r^3} \right) = -\dfrac{r^3 - x \cdot \dfrac{\partial}{\partial x}(r^3)}{r^6} = -\dfrac{r^3 - x \cdot 3r^2 \dfrac{\partial r}{\partial x}}{r^6}.$

## 三、全微分的定义

设函数 $z = f(x, y)$ 在点 $(x, y)$ 的某一邻域内有定义，在该领域内，当自变量 $x, y$ 在点 $(x, y)$ 分别有增量 $\Delta x, \Delta y$ 时，相应地，函数有增量

$$\Delta z = f(x + \Delta x, y + \Delta y) - f(x, y),$$

$\Delta z$ 称为二元函数 $z = f(x, y)$ 在点 $(x, y)$ 处的**全增量**.

全增量的计算比较复杂，我们希望用 $\Delta x$、$\Delta y$ 的线性函数来近似代替.

**定义 2**　如果函数 $z = f(x, y)$ 在点 $(x, y)$ 的全增量

$$\Delta z = f(x + \Delta x, y + \Delta y) - f(x, y) \tag{6-35}$$

可表示为

$$\Delta z = A\Delta x + B\Delta y + o(\rho), \quad (\rho = \sqrt{(\Delta x)^2 + (\Delta y)^2}), \tag{6-36}$$

其中 $A, B$ 不依赖于 $\Delta x$、$\Delta y$ 而仅与 $x, y$ 有关，则称函数 $z = f(x, y)$ 在点 $(x, y)$

处可微分,而称 $A\Delta x + B\Delta y$ 为函数 $z = f(x,y)$ 在点 $(x,y)$ 处的**全微分**,记作 $\mathrm{d}z$,即

$$\mathrm{d}z = A\Delta x + B\Delta y.$$

如果函数在区域 $D$ 内各点处都可微分,那么称这个函数**在 $D$ 内可微分**.

由上述定义可知,可微的多元函数一定连续.

这是因为,如果 $z = f(x,y)$ 在点 $(x,y)$ 处可微,则

$$\Delta z = f(x+\Delta x, y+\Delta y) - f(x,y) = A\Delta x + B\Delta y + o(\rho),$$

于是

$$\lim_{\rho \to 0}\Delta z = 0,$$

从而

$$\lim_{(\Delta x,\Delta y)\to(0,0)} f(x+\Delta x, y+\Delta y) = \lim_{\rho \to 0}\left[f(x,y)+\Delta z\right] = f(x,y).$$

因此,函数 $z = f(x,y)$ 在点 $(x,y)$ 处连续.

下面讨论 $z = f(x,y)$ 在点 $(x,y)$ 处可微的条件:

**定理 2(必要条件)**　　如果函数 $z = f(x,y)$ 在点 $(x,y)$ 处可微分,则函数在该点的偏导数 $\dfrac{\partial z}{\partial x}$、$\dfrac{\partial z}{\partial y}$ 必定存在,且函数 $z = f(x,y)$ 在点 $(x,y)$ 处的全微分为

$$\mathrm{d}z = \frac{\partial z}{\partial x}\Delta x + \frac{\partial z}{\partial y}\Delta y. \tag{6-37}$$

**证明**　　设函数 $z = f(x,y)$ 在点 $P(x,y)$ 处可微分.于是,对于点 $P$ 的某个邻域内的任意一点 $P'(x+\Delta x, y+\Delta y)$,有

$$\Delta z = f(x+\Delta x, y+\Delta y) - f(x,y) = A\Delta x + B\Delta y + o(\rho).$$

特别当 $\Delta y = 0$ 时有

$$\Delta z = f(x+\Delta x, y) - f(x,y) = A\Delta x + o(|\Delta x|).$$

上式两边各除以 $\Delta x$,再令 $\Delta x \to 0$ 而取极限,就得

$$\lim_{\Delta x \to 0}\frac{f(x+\Delta x, y) - f(x,y)}{\Delta x} = \lim_{\Delta x \to 0}\frac{A\Delta x + o(|\Delta x|)}{\Delta x} = A,$$

从而偏导数 $\dfrac{\partial z}{\partial x}$ 存在,且

$$\frac{\partial z}{\partial x} = A.$$

同理可证明偏导数 $\dfrac{\partial z}{\partial y}$ 存在,且

$$\frac{\partial z}{\partial y} = B.$$

所以

$$\mathrm{d}z = \frac{\partial z}{\partial x}\Delta x + \frac{\partial z}{\partial y}\Delta y.$$

**注意**：偏导数 $\dfrac{\partial z}{\partial x}$、$\dfrac{\partial z}{\partial y}$ 存在是函数 $z$ 在点 $(x,y)$ 处可微分的必要条件，但不是充分条件.

例如，由例 6-30 可知，函数

$$f(x,y)=\begin{cases}\dfrac{xy}{x^2+y^2}, & x^2+y^2\neq 0, \\ 0, & x^2+y^2=0\end{cases}$$

在点 $(0,0)$ 处虽然有 $f_x(0,0)=0$ 及 $f_y(0,0)=0$，但函数在 $(0,0)$ 处不连续，故函数 $f(x,y)$ 在点 $(0,0)$ 处是不可微的.

**定理 3（充分条件）**　　如果函数 $z=f(x,y)$ 的偏导数 $\dfrac{\partial z}{\partial x}$、$\dfrac{\partial z}{\partial y}$ 在点 $(x,y)$ 处连续，则函数在该点可微分.

证明从略.

上面两个定理说明，若函数可微分，则其偏导数一定存在；若偏导数连续，则函数一定可微.由此可知，二元函数的这些概念之间的关系与一元函数的相关概念之间的关系是有区别的.

定理 1 和定理 2 的结论可推广到三元及三元以上函数.

按照习惯，$\Delta x$，$\Delta y$ 分别记作 $\mathrm{d}x$，$\mathrm{d}y$，并分别称为自变量的微分，则函数 $z=f(x,y)$ 的全微分可写作

$$\mathrm{d}z=\frac{\partial z}{\partial x}\mathrm{d}x+\frac{\partial z}{\partial y}\mathrm{d}y.$$

二元函数的全微分等于它的两个偏微分之和，从而称二元函数的微分符合叠加原理.叠加原理也适用于二元以上的函数，例如函数 $u=f(x,y,z)$ 的全微分为

$$\mathrm{d}u=\frac{\partial u}{\partial x}\mathrm{d}x+\frac{\partial u}{\partial y}\mathrm{d}y+\frac{\partial u}{\partial z}\mathrm{d}z.$$

**例 6-35**　　计算函数 $z=x^2y+y^2$ 的全微分.

**解**　　因为 $\dfrac{\partial z}{\partial x}=2xy$，$\dfrac{\partial z}{\partial y}=x^2+2y$，所以 $\mathrm{d}z=2xy\mathrm{d}x+(x^2+2y)\mathrm{d}y$.

**例 6-36**　　计算函数 $z=\mathrm{e}^{xy}$ 在点 $(2,1)$ 处的全微分.

**解**　　因为 $\dfrac{\partial z}{\partial x}=y\mathrm{e}^{xy}$，$\dfrac{\partial z}{\partial y}=x\mathrm{e}^{xy}$，

$$\frac{\partial z}{\partial x}\Big|_{\substack{x=2\\y=1}}=\mathrm{e}^2,\quad \frac{\partial z}{\partial y}\Big|_{\substack{x=2\\y=1}}=2\mathrm{e}^2,$$

所以　　　　　　　　　　　　　$\mathrm{d}z\Big|_{\substack{x=2\\y=1}}=\mathrm{e}^2\mathrm{d}x+2\mathrm{e}^2\mathrm{d}y.$

**例 6-37**　计算函数 $u = x + \sin\dfrac{y}{2} + e^{yz}$ 的全微分.

**解**　因为 $\dfrac{\partial u}{\partial x} = 1, \dfrac{\partial u}{\partial y} = \dfrac{1}{2}\cos\dfrac{y}{2} + z e^{yz}, \dfrac{\partial u}{\partial z} = y e^{yz}$,

所以
$$du = dx + \left(\dfrac{1}{2}\cos\dfrac{y}{2} + z e^{yz}\right)dy + y e^{yz}dz.$$

# 四、偏导数在经济学中的应用

与一元经济函数边际分析和弹性分析相似,我们也可进行多元函数的边际分析和弹性分析,称其为偏边际和偏弹性分析,它们在经济学中有广泛的应用.

## 1. 偏边际

二元函数 $z = f(x,y)$ 的偏导数 $f_x(x,y)$ 与 $f_y(x,y)$,分别称为函数 $z = f(x,y)$ 对变量 $x$ 与 $y$ 的**边际函数**,边际函数的概念也可以推广到多元函数上.

（1）边际产量

设某企业只生产一种产品,这种产品的生产数量 $Q$ 取决于投资的资本数量 $K$ 及可获得的劳动力数量 $L$.通常假定满足库柏-道格拉斯生产函数
$$Q = cK^{\alpha}L^{\beta},$$
其中 $c,\alpha,\beta$ 为常数,且 $0 < \alpha < 1, 0 < \beta < 1$,**资本的边际产量与劳力的边际产量**函数分别为
$$\dfrac{\partial Q}{\partial K} = c\alpha K^{\alpha-1}L^{\beta} = \alpha\dfrac{Q}{K}, \quad \dfrac{\partial Q}{\partial L} = c\beta K^{\alpha}L^{\beta-1} = \beta\dfrac{Q}{L}.$$

**例 6-38**　某工厂的生产函数是 $Q = 200K^{\frac{1}{2}}L^{\frac{2}{3}}$,其中 $Q$ 是产量（单位:件）,$K$ 是资本投入（单位:千元）,$L$ 是劳力投入（单位:千工时）.求当 $L=8, K=9$ 时的边际产量.

**解**　资本的边际产量
$$\dfrac{\partial Q}{\partial K} = 100\dfrac{L^{\frac{2}{3}}}{K^{\frac{1}{2}}} = \dfrac{1}{2}\dfrac{Q}{K},$$
劳力的边际产量为
$$\dfrac{\partial Q}{\partial L} = \dfrac{400}{3}\dfrac{K^{\frac{1}{2}}}{L^{\frac{1}{3}}} = \dfrac{2}{3}\dfrac{Q}{L}.$$

当 $L=8, K=9$ 时,产量为 $Q\big|_{\substack{L=8\\K=9}} = 200\times3\times4 = 2400$,边际产量为
$$\dfrac{\partial Q}{\partial K}\Big|_{\substack{L=8\\K=9}} = \dfrac{1}{2}\times\dfrac{2400}{9} = \dfrac{400}{3}, \quad \dfrac{\partial Q}{\partial L}\Big|_{\substack{L=8\\K=9}} = \dfrac{2}{3}\times\dfrac{2400}{8} = 200.$$

（2）边际成本与边际利润

当厂商生产 $A,B$ 两种不同的产品时，总成本、总收入和总利润均为两种产品产量 $Q_A,Q_B$ 的二元函数.即总成本函数为 $C(Q_A,Q_B)$，总收入函数为 $R(Q_A,Q_B)$，总利润函数为 $L(Q_A,Q_B)$，这些函数分别对 $Q_A,Q_B$ 的偏导数就是两种不同产品的**边际成本**、**边际收益**和**边际利润**.

**例 6-39**　某工厂生产 $A,B$ 两种不同的产品，其数量分别为 $Q_A,Q_B$，总成本为

$$C(Q_A,Q_B)=3Q_A^2+7Q_A+1.5Q_AQ_B+6Q_B+2Q_B^2.$$

① 求 $A,B$ 两种不同产品的边际成本；

② 确定当 $Q_A=5,Q_B=3$ 时，对 $Q_A$ 的边际成本；

③ 当出售 $A,B$ 两种产品的单价分别为 30 元和 20 元时，求每种产品的边际利润.

**解**　① 对产量 $Q_A$ 的边际成本为

$$\frac{\partial C}{\partial Q_A}=6Q_A+7+1.5Q_B,$$

对产量 $Q_B$ 的边际成本为

$$\frac{\partial C}{\partial Q_B}=1.5Q_A+6+4Q_B.$$

② $\left.\dfrac{\partial C}{\partial Q_A}\right|_{\substack{Q_A=5\\Q_B=3}}=(6Q_A+7+1.5Q_B)\left.\right|_{\substack{Q_A=5\\Q_B=3}}=41.5.$

③ 利润函数为

$$\begin{aligned}L(Q_A,Q_B)&=30Q_A+20Q_B-C(Q_A,Q_B)\\&=23Q_A+14Q_B-3Q_A^2-1.5Q_AQ_B-2Q_B^2,\end{aligned}$$

边际利润分别为

$$\frac{\partial L}{\partial Q_A}=23-6Q_A-1.5Q_B,\quad\frac{\partial L}{\partial Q_B}=14-1.5Q_A-4Q_B.$$

（3）边际需求

设有 $A,B$ 两种相关的商品，$A$ 与 $B$ 的需求量 $Q_A$ 和 $Q_B$ 分别是两种商品的价格 $P_A$ 和 $P_B$ 的二元函数，即 $Q_A=f(P_A,P_B)$，$Q_B=g(P_A,P_B)$.则需求量 $Q_A$ 和 $Q_B$ 关于价格 $P_A$ 和 $P_B$ 的偏导数，表示 $A,B$ 两种商品的**边际需求**：

$\dfrac{\partial Q_A}{\partial P_A}$ 是 $A$ 商品的需求量 $Q_A$ **关于自身价格 $P_A$ 的偏边际需求**，它表示当 $B$ 商品的价格 $P_B$ 固定时，$A$ 商品的价格 $P_A$ 变化一个单位时 $A$ 商品的需求量的近似改变量.

$\dfrac{\partial Q_A}{\partial P_B}$ 是 $A$ 商品的需求量 $Q_A$ **关于 $B$ 商品的价格 $P_B$ 的偏边际需求**，它表示当

$A$ 商品的价格 $P_A$ 固定时，$B$ 商品的价格 $P_B$ 变化一个单位时 $A$ 商品的需求量的近似改变量.

类似地，$\dfrac{\partial Q_B}{\partial P_A}$ 是 $B$ 商品的需求量 $Q_B$ **关于 $A$ 商品的价格 $P_A$ 的偏边际需求**，它表示当 $B$ 商品的价格 $P_B$ 固定时，$A$ 商品的价格 $P_A$ 变化一个单位时 $B$ 商品的需求量的近似改变量.

对于一般的需求函数，如果 $P_B$ 固定而 $P_A$ 上升，则 $A$ 商品的需求量 $Q_A$ 将减少，将有 $\dfrac{\partial Q_A}{\partial P_A} < 0$，其他情形可类似讨论.

如果 $\dfrac{\partial Q_A}{\partial P_B} > 0$ 和 $\dfrac{\partial Q_B}{\partial P_A} > 0$，说明两种商品中任意一个价格减少，都将使其中一个需求量增加，另一个需求量减少，这时称 $A$，$B$ 两种商品为**替代品**.例如，苹果和香蕉就是替代品.如果 $\dfrac{\partial Q_A}{\partial P_B} < 0$ 和 $\dfrac{\partial Q_B}{\partial P_A} < 0$，说明两种商品中任意一个价格减少，都将使需求量 $Q_A$ 和 $Q_B$ 同时增加，这时称 $A$，$B$ 两种商品为**互补品**.例如，汽车和汽油就是互补品.

**例 6-40**　设 $A$，$B$ 两种商品是彼此相关的，它们的需求函数分别为

$$Q_A = \frac{50\sqrt[3]{P_B}}{\sqrt{P_A}}, \quad Q_B = \frac{75P_A}{\sqrt[3]{P_B^2}},$$

求边际需求函数，并确定 $A$，$B$ 两种商品的关系.

**解**　$\dfrac{\partial Q_A}{\partial P_A} = -25P_A^{-\frac{3}{2}}P_B^{\frac{1}{3}}$，$\dfrac{\partial Q_A}{\partial P_B} = \dfrac{50}{3}P_A^{-\frac{1}{2}}P_B^{-\frac{2}{3}}$，$\dfrac{\partial Q_B}{\partial P_B} = -50P_AP_B^{-\frac{5}{3}}$，$\dfrac{\partial Q_B}{\partial P_A} = 75P_B^{-\frac{2}{3}}$，因为 $P_A > 0$，$P_B > 0$，从而有

$$\frac{\partial Q_A}{\partial P_B} > 0, \frac{\partial Q_B}{\partial P_A} > 0,$$

所以 $A$，$B$ 两种商品互为替代品.

### 2. 需求函数的偏弹性

设 $A$，$B$ 两种商品的需求函数分别为 $Q_A = f(P_A, P_B)$，$Q_B = g(P_A, P_B)$.当 $B$ 商品的价格 $P_B$ 保持不变，而 $A$ 商品的价格 $P_A$ 发生变化时，需求量 $Q_A$ 和 $Q_B$ 对价格 $P_A$ 的偏弹性分别定义为

$$E_{AA} = \lim_{\Delta P_A \to 0} \frac{\dfrac{\Delta_A Q_A}{Q_A}}{\dfrac{\Delta P_A}{P_A}} = \frac{P_A}{Q_A} \cdot \frac{\partial Q_A}{\partial P_A},$$

$$E_{BA} = \lim_{\Delta P_A \to 0} \frac{\dfrac{\Delta_A Q_B}{Q_B}}{\dfrac{\Delta P_A}{P_A}} = \frac{P_A}{Q_B} \cdot \frac{\partial Q_B}{\partial P_A},$$

其中 $\Delta_A Q_A = f(P_A + \Delta P_A, P_B) - f(P_A, P_B)$，$\Delta_A Q_B = g(P_A + \Delta P_A, P_B) - g(P_A, P_B)$.

类似地,可定义 $E_{AB}, E_{BB}$.

$E_{AA}, E_{BB}$ 依次是 $A, B$ 商品的需求量对自身价格的偏弹性,称为**直接价格偏弹性(或自价格弹性)**;而 $E_{AB}$ 是 $A$ 商品的需求量 $Q_A$ 对 $B$ 商品的价格 $P_B$ 的偏弹性,$E_{BA}$ 则是 $B$ 商品的需求量 $Q_B$ 对 $A$ 商品的价格 $P_A$ 的偏弹性,称为**交叉价格偏弹性(或互价格弹性)**.

$E_{AA}$ 表示 $A, B$ 两种商品的价格分别为 $P_A$ 和 $P_B$ 时,当 $B$ 商品的价格 $P_B$ 保持不变,而 $A$ 商品的价格 $P_A$ 改变 $1\%$ 时其销售量 $Q_A$ 改变的百分数;$E_{AB}$ 表示 $A, B$ 两种商品的价格分别为 $P_A$ 和 $P_B$ 时,当 $A$ 商品的价格 $P_A$ 保持不变,而 $B$ 商品的价格 $P_B$ 改变 $1\%$ 时 $A$ 商品的销售量 $Q_A$ 改变的百分数.对 $E_{BA}, E_{BB}$ 可作类似的解释.

这里需要注意的是,与在一元函数中所述的价格弹性不同,偏弹性 $E_{AB}$, $E_{BA}, E_{AA}, E_{BB}$ 可能有正有负,一般有 $E_{AA} < 0, E_{BB} < 0$,即一种商品提价时其需求量会下降.若 $|E_{AA}| > 1$,则表明该商品提价的百分数小于其需求量下降的百分数,通常认为它是"奢侈品";若 $|E_{AA}| < 1$,则这种商品为"必需品".又若 $E_{AB} > 0$,则表明 $B$ 商品提价时 $A$ 商品的需求量也随之增加,所以 $A$ 商品可作为 $B$ 商品的替代品;若 $E_{AB} < 0$,则 $A$ 商品为 $B$ 商品的互补品.

**例 6-41**　已知两种相关商品 $A, B$ 的需求量分别为 $Q_A, Q_B$,价格分别为 $P_A, P_B$,且有

$$Q_A = 120 + \frac{250}{P_A} - 10P_B - P_B^2,$$

求当 $P_A = 50, P_B = 5$ 时,(1)$Q_A$ 对 $P_A$ 的弹性;(2)$Q_A$ 对 $P_B$ 的交叉弹性.

**解**　(1)$Q_A$ 对 $P_A$ 的弹性为

$$E_{AA} = \frac{P_A}{Q_A} \cdot \frac{\partial Q_A}{\partial P_A} = \frac{P_A}{120 + \dfrac{250}{P_A} - 10P_B - P_B^2} \cdot \left(-\frac{250}{P_A^2}\right)$$

$$= -\frac{250}{120P_A + 250 - P_A(10P_B + P_B^2)}.$$

当 $P_A = 50, P_B = 5$ 时,$E_{AA} = -0.1$.

(2) $Q_A$ 对 $P_B$ 的交叉弹性为

$$E_{AB} = \frac{P_B}{Q_A} \cdot \frac{\partial Q_A}{\partial P_B} = \frac{P_B}{120 + \dfrac{250}{P_A} - 10P_B - P_B^2} \cdot (-10 - 2P_B).$$

当 $P_A = 50, P_B = 5$ 时，$E_{AB} = -2$.

# 第六节　多元复合函数的求导法则与隐函数求导公式

本节将介绍两个问题，一个是将一元函数微分学中复合函数的求导法则推广到多元复合函数的求导数或求偏导数的问题，另一个是求解多元函数方程确定的函数关系的导数或偏导数的问题.

## 一、多元复合函数的求导法则

### 1. 复合函数的中间变量均为一元函数的情形

**定理 1**　如果函数 $u = \varphi(t)$ 及 $v = \psi(t)$ 都在点 $t$ 可导，函数 $z = f(u, v)$ 在对应点 $(u, v)$ 具有连续偏导数，则复合函数 $z = f[\varphi(t), \psi(t)]$ 在点 $t$ 可导，且有

$$\frac{\mathrm{d}z}{\mathrm{d}t} = \frac{\partial z}{\partial u} \cdot \frac{\mathrm{d}u}{\mathrm{d}t} + \frac{\partial z}{\partial v} \cdot \frac{\mathrm{d}v}{\mathrm{d}t}. \tag{6-38}$$

**证明**　因为 $z = f(u, v)$ 具有连续的偏导数，所以它是可微的，即有

$$\mathrm{d}z = \frac{\partial z}{\partial u}\mathrm{d}u + \frac{\partial z}{\partial v}\mathrm{d}v.$$

又因为 $u = \varphi(t)$ 及 $v = \psi(t)$ 都可导，因而可微，即有

$$\mathrm{d}u = \frac{\mathrm{d}u}{\mathrm{d}t}\mathrm{d}t, \mathrm{d}v = \frac{\mathrm{d}v}{\mathrm{d}t}\mathrm{d}t,$$

代入式(6-38) 得

$$\mathrm{d}z = \frac{\partial z}{\partial u} \cdot \frac{\mathrm{d}u}{\mathrm{d}t}\mathrm{d}t + \frac{\partial z}{\partial v} \cdot \frac{\mathrm{d}v}{\mathrm{d}t}\mathrm{d}t = \left(\frac{\partial z}{\partial u} \cdot \frac{\mathrm{d}u}{\mathrm{d}t} + \frac{\partial z}{\partial v} \cdot \frac{\mathrm{d}v}{\mathrm{d}t}\right)\mathrm{d}t,$$

从而

$$\frac{\mathrm{d}z}{\mathrm{d}t} = \frac{\partial z}{\partial u} \cdot \frac{\mathrm{d}u}{\mathrm{d}t} + \frac{\partial z}{\partial v} \cdot \frac{\mathrm{d}v}{\mathrm{d}t}.$$

**推广**：设 $z = f(u, v, w)$，$u = \varphi(t)$，$v = \psi(t)$，$w = \omega(t)$，则 $z = f[\varphi(t), \psi(t), \omega(t)]$ 对 $t$ 的导数为：

$$\frac{\mathrm{d}z}{\mathrm{d}t} = \frac{\partial z}{\partial u}\frac{\mathrm{d}u}{\mathrm{d}t} + \frac{\partial z}{\partial v}\frac{\mathrm{d}v}{\mathrm{d}t} + \frac{\partial z}{\partial w}\frac{\mathrm{d}w}{\mathrm{d}t}. \tag{6-39}$$

上式中的 $\dfrac{\mathrm{d}z}{\mathrm{d}t}$ 称为**全导数**.

**例 6-42** 设求 $z = u^2 v$，$u = \cos x$，$v = \sin x$，求全导数 $\dfrac{\mathrm{d}z}{\mathrm{d}x}$.

**解** $\dfrac{\mathrm{d}z}{\mathrm{d}x} = \dfrac{\partial z}{\partial u}\dfrac{\mathrm{d}u}{\mathrm{d}x} + \dfrac{\partial z}{\partial v}\dfrac{\mathrm{d}v}{\mathrm{d}x} = 2uv(-\sin x) + u^2 \cos x = \cos^3 x - 2\sin^2 x \cos x.$

**例 6-43** 设 $z = uv + \sin t$，而 $u = \mathrm{e}^t$，$v = \cos t$. 求全导数 $\dfrac{\mathrm{d}z}{\mathrm{d}t}$.

**解** 令 $w = \sin t$，则 $z = uv + w$，于是

$$\dfrac{\mathrm{d}z}{\mathrm{d}t} = \dfrac{\partial z}{\partial u} \cdot \dfrac{\mathrm{d}u}{\mathrm{d}t} + \dfrac{\partial z}{\partial v} \cdot \dfrac{\mathrm{d}v}{\mathrm{d}t} + \dfrac{\partial z}{\partial w} \cdot \dfrac{\mathrm{d}w}{\mathrm{d}t} = v\mathrm{e}^t + u(-\sin t) + \cos t$$

$$= \mathrm{e}^t \cos t - \mathrm{e}^t \sin t + \cos t = \mathrm{e}^t(\cos t - \sin t) + \cos t.$$

**2. 复合函数的中间变量均为多元函数的情形**

**定理 2** 如果函数 $u = \varphi(x,y)$，$v = \psi(x,y)$ 都在点 $(x,y)$ 具有对 $x$ 及 $y$ 的偏导数，函数 $z = f(u,v)$ 在对应点 $(u,v)$ 具有连续偏导数，则复合函数 $z = f[\varphi(x,y),\psi(x,y)]$ 在点 $(x,y)$ 的两个偏导数存在，且有

$$\dfrac{\partial z}{\partial x} = \dfrac{\partial z}{\partial u} \cdot \dfrac{\partial u}{\partial x} + \dfrac{\partial z}{\partial v} \cdot \dfrac{\partial v}{\partial x}, \dfrac{\partial z}{\partial y} = \dfrac{\partial z}{\partial u} \cdot \dfrac{\partial u}{\partial y} + \dfrac{\partial z}{\partial v} \cdot \dfrac{\partial v}{\partial y}. \tag{6-40}$$

证明从略.

推广：设 $z = f(u,v,w)$，$u = \varphi(x,y)$，$v = \psi(x,y)$，$w = \omega(x,y)$，则

$$\dfrac{\partial z}{\partial x} = \dfrac{\partial z}{\partial u} \cdot \dfrac{\partial u}{\partial x} + \dfrac{\partial z}{\partial v} \cdot \dfrac{\partial v}{\partial x} + \dfrac{\partial z}{\partial w} \cdot \dfrac{\partial w}{\partial x}, \dfrac{\partial z}{\partial y} = \dfrac{\partial z}{\partial u} \cdot \dfrac{\partial u}{\partial y} + \dfrac{\partial z}{\partial v} \cdot \dfrac{\partial v}{\partial y} + \dfrac{\partial z}{\partial w} \cdot \dfrac{\partial w}{\partial y}.$$

$$\tag{6-41}$$

**例 6-44** 设 $z = \mathrm{e}^u \sin v$，$u = xy$，$v = x + y$，求 $\dfrac{\partial z}{\partial x}$ 和 $\dfrac{\partial z}{\partial y}$.

**解** $\dfrac{\partial z}{\partial x} = \dfrac{\partial z}{\partial u} \cdot \dfrac{\partial u}{\partial x} + \dfrac{\partial z}{\partial v} \cdot \dfrac{\partial v}{\partial x} = \mathrm{e}^u \sin v \cdot y + \mathrm{e}^u \cos v \cdot 1$

$= \mathrm{e}^{xy}[y\sin(x+y) + \cos(x+y)],$

$\dfrac{\partial z}{\partial y} = \dfrac{\partial z}{\partial u} \cdot \dfrac{\partial u}{\partial y} + \dfrac{\partial z}{\partial v} \cdot \dfrac{\partial v}{\partial y} = \mathrm{e}^u \sin v \cdot x + \mathrm{e}^u \cos v \cdot 1$

$= \mathrm{e}^{xy}[x\sin(x+y) + \cos(x+y)].$

**3. 复合函数的中间变量既有一元函数，又有多元函数的情形**

**定理 3** 如果函数 $u = \varphi(x,y)$ 在点 $(x,y)$ 具有对 $x$ 及对 $y$ 的偏导数，函数 $v = \psi(y)$ 在点 $y$ 可导，函数 $z = f(u,v)$ 在对应点 $(u,v)$ 具有连续偏导数，则复合函数 $z = f[\varphi(x,y),\psi(y)]$ 在点 $(x,y)$ 的两个偏导数存在，且有

$$\frac{\partial z}{\partial x}=\frac{\partial z}{\partial u}\cdot\frac{\partial u}{\partial x},\frac{\partial z}{\partial y}=\frac{\partial z}{\partial u}\cdot\frac{\partial u}{\partial y}+\frac{\partial z}{\partial v}\cdot\frac{\mathrm{d}v}{\mathrm{d}y}.\qquad(6\text{-}42)$$

证明从略.

**例 6-45**　设 $z=f\left(2x,\dfrac{x}{y}\right)$，而 $f$ 具有一阶连续偏导数，求 $\dfrac{\partial z}{\partial x}$ 和 $\dfrac{\partial z}{\partial y}$.

**解**　令 $u=2x,v=\dfrac{x}{y}$，则 $z=f(u,v)$，

$$\frac{\partial z}{\partial x}=\frac{\partial z}{\partial u}\cdot\frac{\mathrm{d}u}{\mathrm{d}x}+\frac{\partial z}{\partial v}\cdot\frac{\partial v}{\partial x}=\frac{\partial f}{\partial u}\cdot(2x)'+\frac{\partial f}{\partial v}\cdot\left(\frac{x}{y}\right)'_x=2\frac{\partial f}{\partial u}+\frac{1}{y}\cdot\frac{\partial f}{\partial v}.$$

$$\frac{\partial z}{\partial y}=\frac{\partial z}{\partial v}\cdot\frac{\mathrm{d}v}{\mathrm{d}y}=\frac{\partial f}{\partial v}\cdot\left(\frac{x}{y}\right)'_y=-\frac{x}{y^2}\cdot\frac{\partial f}{\partial v}.$$

**例 6-46**　求 $z=\cos\left(\dfrac{y}{x^2}+\dfrac{x^2}{y}\right)$ 的偏导数.

**解**　令 $\dfrac{y}{x^2}+\dfrac{x^2}{y}=u$，则 $z=\cos u$，

$$\frac{\partial z}{\partial x}=\frac{\mathrm{d}z}{\mathrm{d}u}\cdot\frac{\partial u}{\partial x}=(\cos u)'_u\cdot\left(\frac{y}{x^2}+\frac{x^2}{y}\right)'_x$$

$$=-\sin u\cdot\left(-\frac{2y}{x^3}+\frac{2x}{y}\right)=\left(\frac{2y}{x^3}-\frac{2x}{y}\right)\sin\left(\frac{y}{x^2}+\frac{x^2}{y}\right),$$

$$\frac{\partial z}{\partial y}=\frac{\mathrm{d}z}{\mathrm{d}u}\cdot\frac{\partial u}{\partial y}=(\cos u)'_u\cdot\left(\frac{y}{x^2}+\frac{x^2}{y}\right)'_y$$

$$=-\sin u\cdot\left(\frac{1}{x^2}-\frac{x^2}{y^2}\right)=\left(\frac{x^2}{y^2}-\frac{1}{x^2}\right)\sin\left(\frac{y}{x^2}+\frac{x^2}{y}\right).$$

在情形 3 中，还会遇到这样的情形：复合函数的某些中间变量本身又是复合函数的自变量.例如，设函数 $z=f(u,x,y)$ 具有连续偏导数，而 $u=\varphi(x,y)$ 具有偏导数，则复合函数 $z=f[\varphi(x,y),x,y]$ 可看成情形 2 中当 $v=x,w=y$ 时的特殊情形.因此

$$\frac{\partial v}{\partial x}=1,\frac{\partial w}{\partial x}=0,\frac{\partial v}{\partial y}=0,\frac{\partial w}{\partial y}=1,$$

从而复合函数 $z=f[\varphi(x,y),x,y]$ 的偏导数为

$$\frac{\partial z}{\partial x}=\frac{\partial f}{\partial u}\cdot\frac{\partial u}{\partial x}+\frac{\partial f}{\partial x},\quad\frac{\partial z}{\partial y}=\frac{\partial f}{\partial u}\cdot\frac{\partial u}{\partial y}+\frac{\partial f}{\partial y}.$$

**注意**：这里 $\dfrac{\partial z}{\partial x}$ 与 $\dfrac{\partial f}{\partial x}$ 有不同的含义，$\dfrac{\partial z}{\partial x}$ 是把复合函数 $z=f[\varphi(x,y),x,y]$ 中的 $y$ 看作常量而对 $x$ 的偏导数，$\dfrac{\partial f}{\partial x}$ 是把函数 $z=f(u,x,y)$ 作为三元函数，把 $z=f(u,x,y)$ 中的 $y$ 及 $u$ 看作常量而对 $x$ 的偏导数. $\dfrac{\partial z}{\partial y}$ 与 $\dfrac{\partial f}{\partial y}$ 也有类似的区别.

**例 6-47**  设 $u=f(x,y,z)=\mathrm{e}^{x^2+y^2+z^2}$,而 $z=x^2\sin y$.求 $\dfrac{\partial u}{\partial x}$ 和 $\dfrac{\partial u}{\partial y}$.

**解**  $\dfrac{\partial u}{\partial x}=\dfrac{\partial f}{\partial x}+\dfrac{\partial f}{\partial z}\cdot\dfrac{\partial z}{\partial x}=2x\,\mathrm{e}^{x^2+y^2+z^2}+2z\mathrm{e}^{x^2+y^2+z^2}\cdot 2x\sin y$

$\qquad\qquad =2x(1+2x^2\,\sin^2 y)\mathrm{e}^{x^2+y^2+x^4\sin^2 y}.$

$\qquad\dfrac{\partial u}{\partial y}=\dfrac{\partial f}{\partial y}+\dfrac{\partial f}{\partial z}\cdot\dfrac{\partial z}{\partial y}=2y\mathrm{e}^{x^2+y^2+z^2}+2z\mathrm{e}^{x^2+y^2+z^2}\cdot x^2\cos y$

$\qquad\qquad =2(y+x^4\sin y\cos y)\mathrm{e}^{x^2+y^2+x^4\sin^2 y}.$

**例 6-48**  设 $w=f(x+y+z,xyz)$,$f$ 具有二阶连续偏导数,求 $\dfrac{\partial w}{\partial x}$ 及 $\dfrac{\partial^2 w}{\partial x\partial z}$.

**解**  令 $u=x+y+z,v=xyz$,则 $w=f(u,v)$.

为了表达简洁起见,在不引起混淆的情况下,引入记号:

$$f'_1=\frac{\partial f(u,v)}{\partial u},f''_{12}=\frac{\partial^2 f(u,v)}{\partial u\partial v}.$$

这里的下标"1"表示对第一个变量 $u=x+y+z$ 求偏导数,下标"2"表示对第二个变量 $v=xyz$ 求偏导数.同理有 $f'_2,f''_{11},f''_{22}$ 等.于是有

$$\frac{\partial w}{\partial x}=\frac{\partial f}{\partial u}\cdot\frac{\partial u}{\partial x}+\frac{\partial f}{\partial v}\cdot\frac{\partial v}{\partial x}=f'_1+yzf'_2,$$

$$\frac{\partial^2 w}{\partial x\partial z}=\frac{\partial}{\partial z}(f'_1+yzf'_2)=\frac{\partial f'_1}{\partial z}+yf'_2+yz\frac{\partial f'_2}{\partial z}.$$

要注意的是,这里 $f'_1$ 及 $f'_2$ 仍然是以 $u,v$ 为中间变量的复合函数,根据复合函数求导法则,有

$$\frac{\partial f'_1}{\partial z}=\frac{\partial f'_1}{\partial u}\cdot\frac{\partial u}{\partial z}+\frac{\partial f'_1}{\partial v}\cdot\frac{\partial v}{\partial z}=f''_{11}+xyf''_{12},$$

$$\frac{\partial f'_2}{\partial z}=\frac{\partial f'_2}{\partial u}\cdot\frac{\partial u}{\partial z}+\frac{\partial f'_2}{\partial v}\cdot\frac{\partial v}{\partial z}=f''_{21}+xyf''_{22},$$

所以

$$\frac{\partial^2 w}{\partial x\partial z}=f''_{11}+xyf''_{12}+yf'_2+yzf''_{21}+xy^2zf''_{22}$$

$$\qquad\qquad =f''_{11}+y(x+z)f''_{12}+yf'_2+xy^2zf''_{22}.$$

**例 6-49**  设 $u=f(x,y)$ 的所有二阶偏导数连续,把下列表达式转换成极坐标系中的形式:

(1) $\left(\dfrac{\partial u}{\partial x}\right)^2+\left(\dfrac{\partial u}{\partial y}\right)^2$;  (2) $\dfrac{\partial^2 u}{\partial x^2}+\dfrac{\partial^2 u}{\partial y^2}$.

**解**  由直角坐标与极坐标间的关系式得

$$u=f(x,y)=f(\rho\cos\theta,\rho\sin\theta)=F(\rho,\theta),$$

其中 $x = \rho\cos\theta, y = \rho\sin\theta, \rho = \sqrt{x^2 + y^2}, \theta = \arctan\dfrac{y}{x}$.

现在要将式子 $\left(\dfrac{\partial u}{\partial x}\right)^2 + \left(\dfrac{\partial u}{\partial y}\right)^2$ 及 $\dfrac{\partial^2 u}{\partial x^2} + \dfrac{\partial^2 u}{\partial y^2}$ 用 $\rho,\theta$ 及函数 $u = F(\rho,\theta)$ 的偏

导数来表达, 应先求出函数 $u = f(x,y)$ 的偏导数 $\dfrac{\partial u}{\partial x}, \dfrac{\partial u}{\partial y}, \dfrac{\partial^2 u}{\partial x^2}$ 及 $\dfrac{\partial^2 u}{\partial y^2}$. 而函数 $u =$

$f(x,y)$ 可看作 $\rho = \sqrt{x^2 + y^2}, \theta = \arctan\dfrac{y}{x}$ 及 $u = F(\rho,\theta)$ 复合而成, 应用复合函

数求导法则, 于是有

$$\frac{\partial u}{\partial x} = \frac{\partial u}{\partial \rho}\frac{\partial \rho}{\partial x} + \frac{\partial u}{\partial \theta}\frac{\partial \theta}{\partial x} = \frac{\partial u}{\partial \rho}\frac{x}{\rho} - \frac{\partial u}{\partial \theta}\frac{y}{\rho^2} = \frac{\partial u}{\partial \rho}\cos\theta - \frac{\partial u}{\partial \theta}\frac{\sin\theta}{\rho},$$

$$\frac{\partial u}{\partial y} = \frac{\partial u}{\partial \rho}\frac{\partial \rho}{\partial y} + \frac{\partial u}{\partial \theta}\frac{\partial \theta}{\partial y} = \frac{\partial u}{\partial \rho}\frac{y}{\rho} + \frac{\partial u}{\partial \theta}\frac{x}{\rho^2} = \frac{\partial u}{\partial \rho}\sin\theta + \frac{\partial u}{\partial \theta}\frac{\cos\theta}{\rho}.$$

两式平方后相加, 得

$$\left(\frac{\partial u}{\partial x}\right)^2 + \left(\frac{\partial u}{\partial y}\right)^2 = \left(\frac{\partial u}{\partial \rho}\right)^2 + \frac{1}{\rho^2}\left(\frac{\partial u}{\partial \theta}\right)^2.$$

再求二阶偏导数, 得

$$\frac{\partial^2 u}{\partial x^2} = \frac{\partial}{\partial \rho}\left(\frac{\partial u}{\partial x}\right) \cdot \frac{\partial \rho}{\partial x} + \frac{\partial}{\partial \theta}\left(\frac{\partial u}{\partial x}\right) \cdot \frac{\partial \theta}{\partial x}$$

$$= \frac{\partial}{\partial \rho}\left(\frac{\partial u}{\partial \rho}\cos\theta - \frac{\partial u}{\partial \theta}\frac{\sin\theta}{\rho}\right) \cdot \cos\theta - \frac{\partial}{\partial \theta}\left(\frac{\partial u}{\partial \rho}\cos\theta - \frac{\partial u}{\partial \theta}\frac{\sin\theta}{\rho}\right) \cdot \frac{\sin\theta}{\rho}$$

$$= \frac{\partial^2 u}{\partial \rho^2}\cos^2\theta - 2\frac{\partial^2 u}{\partial \rho \partial \theta}\frac{\sin\theta\cos\theta}{\rho} + \frac{\partial^2 u}{\partial \theta^2}\frac{\sin^2\theta}{\rho^2}$$

$$+ \frac{\partial u}{\partial \theta}\frac{2\sin\theta\cos\theta}{\rho^2} + \frac{\partial u}{\partial \rho}\frac{\sin^2\theta}{\rho}.$$

同理可得

$$\frac{\partial^2 u}{\partial y^2} = \frac{\partial^2 u}{\partial \rho^2}\sin^2\theta + 2\frac{\partial^2 u}{\partial \rho \partial \theta}\frac{\sin\theta\cos\theta}{\rho} + \frac{\partial^2 u}{\partial \theta^2}\frac{\cos^2\theta}{\rho^2}$$

$$- \frac{\partial u}{\partial \theta}\frac{2\sin\theta\cos\theta}{\rho^2} + \frac{\partial u}{\partial \rho}\frac{\cos^2\theta}{\rho}.$$

两式相加, 得

$$\frac{\partial^2 u}{\partial x^2} + \frac{\partial^2 u}{\partial y^2} = \frac{\partial^2 u}{\partial \rho^2} + \frac{1}{\rho}\rho + \frac{1}{\rho^2}\frac{\partial^2 u}{\partial \theta^2}$$

$$= \frac{1}{\rho^2}\left[\rho\frac{\partial}{\partial \rho}\left(\rho\frac{\partial u}{\partial \rho}\right) + \frac{\partial^2 u}{\partial \theta^2}\right].$$

### 4. 全微分形式不变性

设 $z = f(u,v)$ 具有连续偏导数, 则有全微分

$$dz = \frac{\partial z}{\partial u}du + \frac{\partial z}{\partial v}dv. \qquad (6\text{-}43)$$

如果 $z = f(u,v)$ 具有连续偏导数,而 $u = \varphi(x,y),v = \psi(x,y)$ 也具有连续偏导数,则复合函数

$$z = f[\varphi(x,y),\psi(x,y)]$$

的全微分为

$$
\begin{aligned}
dz &= \frac{\partial z}{\partial x}dx + \frac{\partial z}{\partial y}dy \\
&= \left(\frac{\partial z}{\partial u}\frac{\partial u}{\partial x} + \frac{\partial z}{\partial v}\frac{\partial v}{\partial x}\right)dx + \left(\frac{\partial z}{\partial u}\frac{\partial u}{\partial y} + \frac{\partial z}{\partial v}\frac{\partial v}{\partial y}\right)dy \\
&= \frac{\partial z}{\partial u}\left(\frac{\partial u}{\partial x}dx + \frac{\partial u}{\partial y}dy\right) + \frac{\partial z}{\partial v}\left(\frac{\partial v}{\partial x}dx + \frac{\partial v}{\partial y}dy\right) \\
&= \frac{\partial z}{\partial u}du + \frac{\partial z}{\partial v}dv.
\end{aligned}
$$

由此可见,无论 $z$ 是自变量 $u,v$ 的函数或中间变量 $u,v$ 的函数,它的全微分形式是一样的,都可以写成式(6-43)的形式.这个性质叫作**全微分形式不变性**.

**例 6-50**　设 $z = e^u \sin v,u = xy,v = x + y$,利用全微分形式不变性求偏导数和全微分.

**解**　$dz = \dfrac{\partial z}{\partial u}du + \dfrac{\partial z}{\partial v}dv = e^u \sin v du + e^u \cos v dv$

$\qquad = e^u \sin v d(xy) + e^u \cos v d(x+y)$

$\qquad = e^u \sin v(y dx + x dy) + e^u \cos v(dx + dy)$

$\qquad = (y e^u \sin v + e^u \cos v)dx + (x e^u \sin v + e^u \cos v)dy$

$\qquad = e^{xy}[y \sin(x+y) + \cos(x+y)]dx + e^{xy}[x \sin(x+y)$

$\qquad\quad + \cos(x+y)]dy.$

所以

$$\frac{\partial z}{\partial x} = e^{xy}[y \sin(x+y) + \cos(x+y)],$$

$$\frac{\partial z}{\partial y} = e^{xy}[x \sin(x+y) + \cos(x+y)].$$

## 二、隐函数求导公式

**隐函数存在定理 1**　设函数 $F(x,y)$ 在点 $P(x_0,y_0)$ 的某一邻域内具有连续偏导数,且 $F(x_0,y_0) = 0,F_y(x_0,y_0) \neq 0$,则方程 $F(x,y) = 0$ 在点 $(x_0,y_0)$ 的某一邻域内恒能唯一确定一个连续且具有连续导数的函数 $y = f(x)$,它满足

条件 $y_0 = f(x_0)$，并有

$$\frac{\mathrm{d}y}{\mathrm{d}x} = -\frac{F_x}{F_y}. \tag{6-44}$$

此定理的证明比较复杂，这里从略，现仅就求导公式(6-44)给出如下推导.

将方程 $F(x,y) = 0$ 确定的函数 $y = f(x)$ 代入 $F(x,y) = 0$，得恒等式

$$F(x, f(x)) \equiv 0,$$

上式左端可以看成是 $x$ 的一个复合函数，等式两边对 $x$ 求导得

$$\frac{\partial F}{\partial x} + \frac{\partial F}{\partial y} \cdot \frac{\mathrm{d}y}{\mathrm{d}x} = 0,$$

由于 $F_y$ 连续，且 $F_y(x_0, y_0) \neq 0$，所以存在 $(x_0, y_0)$ 的一个邻域，在这个邻域内 $F_y \neq 0$，于是得

$$\frac{\mathrm{d}y}{\mathrm{d}x} = -\frac{F_x}{F_y}.$$

**例 6-51**　设 $\sin y + \mathrm{e}^x - xy - 1 = 0$ 确定 $y = f(x)$，求 $\dfrac{\mathrm{d}y}{\mathrm{d}x}$.

**解**　**方法 1**　将等式 $\sin y + \mathrm{e}^x - xy - 1 = 0$ 两边同时对 $x$ 求导得

$$\cos y \cdot y' + \mathrm{e}^x - (y + xy') = 0,$$

即

$$(\cos y - x)y' = y - \mathrm{e}^x,$$

所以

$$\frac{\mathrm{d}y}{\mathrm{d}x} = \frac{y - \mathrm{e}^x}{\cos y - x}.$$

**方法 2**　设 $F(x,y) = \sin y + \mathrm{e}^x - xy - 1$，则有

$$F_x = \mathrm{e}^x - y, \quad F_y = \cos y - x,$$

因此由隐函数存在定理 1 可得，

$$\frac{\mathrm{d}y}{\mathrm{d}x} = -\frac{F_x}{F_y} = -\frac{\mathrm{e}^x - y}{\cos y - x}.$$

隐函数存在定理还可以推广到多元函数. 既然一个二元方程 $F(x,y) = 0$ 可以确定一个一元隐函数，那么一个三元方程 $F(x,y,z) = 0$ 可以确定一个二元隐函数.

**隐函数存在定理 2**　设函数 $F(x,y,z)$ 在点 $P(x_0, y_0, z_0)$ 的某一邻域内具有连续的偏导数，且 $F(x_0, y_0, z_0) = 0$，$F_z(x_0, y_0, z_0) \neq 0$，则方程 $F(x,y,z) = 0$ 在点 $(x_0, y_0, z_0)$ 的某一邻域内恒能唯一确定一个连续且具有连续偏导数的函数 $z = f(x,y)$，它满足条件 $z_0 = f(x_0, y_0)$，并有

$$\frac{\partial z}{\partial x} = -\frac{F_x}{F_z}, \frac{\partial z}{\partial y} = -\frac{F_y}{F_z}. \tag{6-45}$$

此定理的证明从略,现仅就求导公式(6-45)给出如下推导.

将 $z=f(x,y)$ 代入 $F(x,y,z)=0$,得

$$F(x,y,f(x,y))\equiv 0,$$

将上式两端分别对 $x$ 和 $y$ 求导,应用复合函数求导法则得

$$F_x+F_z\cdot\frac{\partial z}{\partial x}=0,F_y+F_z\cdot\frac{\partial z}{\partial y}=0.$$

因为 $F_z$ 连续且 $F_z(x_0,y_0,z_0)\neq 0$,所以存在点 $(x_0,y_0,z_0)$ 的一个邻域,使 $F_z\neq 0$,于是得

$$\frac{\partial z}{\partial x}=-\frac{F_x}{F_z},\frac{\partial z}{\partial y}=-\frac{F_y}{F_z}.$$

**例 6-52**　设函数 $z=f(x,y)$ 由方程 $\sin z=x^2yz$ 确定,求 $\dfrac{\partial z}{\partial x}$,$\dfrac{\partial z}{\partial y}$.

**解**　**方法 1**　设 $F(x,y,z)=\sin z-x^2yz$,则有

$$F_x=-2xyz,F_y=-x^2z,F_z=\cos z-x^2y,$$

由求导公式得

$$\frac{\partial z}{\partial x}=-\frac{F_x}{F_z}=\frac{2xyz}{\cos z-x^2y},\frac{\partial z}{\partial y}=-\frac{F_y}{F_z}=\frac{x^2z}{\cos z-x^2y}.$$

**方法 2**　在 $\sin z=x^2yz$ 中,将 $z$ 看成 $x,y$ 的函数,两边分别对 $x$ 和 $y$ 求偏导得

$$\cos z\frac{\partial z}{\partial x}=2xyz+x^2y\frac{\partial z}{\partial x},\cos z\frac{\partial z}{\partial y}=x^2z+x^2y\frac{\partial z}{\partial y},$$

解得

$$\frac{\partial z}{\partial x}=\frac{2xyz}{\cos z-x^2y},\frac{\partial z}{\partial y}=\frac{x^2z}{\cos z-x^2y}.$$

**方法 3**　在方程 $\sin z=x^2yz$ 两边求全微分,得

$$\cos z\,\mathrm{d}z=2xyz\,\mathrm{d}x+x^2z\,\mathrm{d}y+x^2y\,\mathrm{d}z,$$

于是有

$$\mathrm{d}z=\frac{2xyz}{\cos z-x^2y}\mathrm{d}x+\frac{x^2z}{\cos z-x^2y}\mathrm{d}y,$$

从而有

$$\frac{\partial z}{\partial x}=\frac{2xyz}{\cos z-x^2y},\frac{\partial z}{\partial y}=\frac{x^2z}{\cos z-x^2y}.$$

**例 6-53**　设 $x^2+y^2+z^2=4z$,求 $\dfrac{\partial^2z}{\partial x^2}$,$\dfrac{\partial^2z}{\partial x\partial y}$.

**解**　设 $F(x,y,z)=x^2+y^2+z^2-4z$,则

$$F_x=2x,F_y=2y,F_z=2z-4,$$

所以

$$\frac{\partial z}{\partial x}=-\frac{F_x}{F_z}=-\frac{2x}{2z-4}=\frac{x}{2-z},\frac{\partial z}{\partial y}=-\frac{F_y}{F_z}=-\frac{y}{z-2}.$$

将上式分别再对 $x$ 和 $y$ 求偏导得

$$\frac{\partial^2 z}{\partial x^2}=\frac{\partial}{\partial x}\left(\frac{x}{2-z}\right)=\frac{(2-z)-x\cdot\dfrac{\partial(2-z)}{\partial x}}{(2-z)^2}$$

$$=\frac{(2-z)+x\cdot\dfrac{\partial z}{\partial x}}{(2-z)^2}=\frac{(2-z)^2+x^2}{(2-z)^3},$$

$$\frac{\partial^2 z}{\partial x\partial y}=\frac{\partial}{\partial y}\left(\frac{x}{2-z}\right)=x\cdot\frac{\partial}{\partial y}\left(\frac{1}{2-z}\right)=-\frac{x}{(2-z)^2}\cdot\frac{\partial(2-z)}{\partial y}$$

$$=\frac{x}{(2-z)^2}\cdot\frac{\partial z}{\partial y}=\frac{xy}{(2-z)^3}.$$

# 第七节　　多元函数微分学的应用

## 一、空间曲线的切线与法平面

设空间曲线 $\Gamma$ 的参数方程为

$$\begin{cases} x=\varphi(t),\\ y=\psi(t),\quad t\in[\alpha,\beta]\\ z=\omega(t), \end{cases} \tag{6-46}$$

这里假定 $\varphi(t),\psi(t),\omega(t)$ 都在 $[\alpha,\beta]$ 上可导,且三个导数不同时为零.

在曲线 $\Gamma$ 上取对应于 $t=t_0$ 的一点 $M_0(x_0,y_0,z_0)$ 及对应于 $t=t_0+\Delta t$ 的邻近一点 $M(x_0+\Delta x,y_0+\Delta y,z_0+\Delta z)$.作曲线的割线 $MM_0$,其方程为

$$\frac{x-x_0}{\Delta x}=\frac{y-y_0}{\Delta y}=\frac{z-z_0}{\Delta z}.$$

当点 $M$ 沿着 $\Gamma$ 趋近于点 $M_0$ 时割线 $MM_0$ 的极限位置就是曲线在点 $M_0$ 处的切线.考虑

$$\frac{x-x_0}{\dfrac{\Delta x}{\Delta t}}=\frac{y-y_0}{\dfrac{\Delta y}{\Delta t}}=\frac{z-z_0}{\dfrac{\Delta z}{\Delta t}},$$

当 $M\to M_0$,即 $\Delta t\to 0$ 时,曲线在点 $M_0$ 处的**切线方程**为

$$\frac{x-x_0}{\varphi'(t_0)}=\frac{y-y_0}{\psi'(t_0)}=\frac{z-z_0}{\omega'(t_0)}. \tag{6-47}$$

**曲线的切向量**:切线的方向向量称为曲线的切向量.向量

$$T = (\varphi'(t_0), \psi'(t_0), \omega'(t_0))$$

就是曲线 $\Gamma$ 在点 $M_0$ 处的一个切向量.

**法平面**：通过点 $M_0$ 而与切线垂直的平面称为曲线 $\Gamma$ 在点 $M_0$ 处的法平面，其法平面方程为

$$\varphi'(t_0)(x - x_0) + \psi'(t_0)(y - y_0) + \omega'(t_0)(z - z_0) = 0. \quad (6\text{-}48)$$

**例 6-54**　求螺旋线 $x = a\cos t$，$y = a\sin t$，$z = amt$ 在点 $t = \dfrac{\pi}{4}$ 处的切线方程及法平面方程.

**解**　　　　　　　　$x'_t = -a\sin t$，$y'_t = a\cos t$，$z'_t = am$，

当 $t = \dfrac{\pi}{4}$ 时，$x = \dfrac{\sqrt{2}}{2}a$，$y = \dfrac{\sqrt{2}}{2}a$，$z = \dfrac{am\pi}{4}$，即对应的点为 $\left(\dfrac{\sqrt{2}}{2}a, \dfrac{\sqrt{2}}{2}a, \dfrac{am\pi}{4}\right)$，曲线在该点处的一个切向量为

$$T = \left(-\frac{\sqrt{2}}{2}a, \frac{\sqrt{2}}{2}a, am\right).$$

于是，切线方程为

$$\frac{x - \dfrac{\sqrt{2}}{2}a}{-\dfrac{\sqrt{2}}{2}a} = \frac{y - \dfrac{\sqrt{2}}{2}a}{\dfrac{\sqrt{2}}{2}a} = \frac{z - \dfrac{am\pi}{4}}{am},$$

即

$$\frac{x - \dfrac{\sqrt{2}}{2}a}{-1} = \frac{y - \dfrac{\sqrt{2}}{2}a}{1} = \frac{z - \dfrac{am\pi}{4}}{\sqrt{2}\,m};$$

法平面方程为

$$-\frac{\sqrt{2}}{2}a\left(x - \frac{\sqrt{2}}{2}a\right) + \frac{\sqrt{2}}{2}a\left(y - \frac{\sqrt{2}}{2}a\right) + am\left(z - \frac{am\pi}{4}\right) = 0,$$

即

$$-x + y + \sqrt{2}\,mz = \frac{\sqrt{2}\,am^2\pi}{4}.$$

下面我们讨论空间曲线方程另外两种形式给出的情形：

（1）若曲线 $\Gamma$ 的方程为

$$y = \varphi(x), z = \psi(x).$$

那么曲线方程可看作参数方程：

$$\begin{cases} x = x \\ y = \varphi(x) \\ z = \psi(x) \end{cases} \quad (6\text{-}49)$$

切向量为 $\boldsymbol{T}=(1,\varphi'(x),\psi'(x))$.

（2）若曲线 $\Gamma$ 的方程为

$$\begin{cases} F(x,y,z)=0 \\ G(x,y,z)=0 \end{cases}, \tag{6-50}$$

那么两个方程确定了两个隐函数：

$$y=\varphi(x),z=\psi(x),$$

则此时曲线的参数方程为

$$\begin{cases} x=x \\ y=\varphi(x), \\ z=\psi(x) \end{cases}$$

将式(6-50)中每个方程两边对 $x$ 求导，由方程组

$$\begin{cases} F_x+F_y\dfrac{\mathrm{d}y}{\mathrm{d}x}+F_z\dfrac{\mathrm{d}z}{\mathrm{d}x}=0 \\ \\ G_x+G_y\dfrac{\mathrm{d}y}{\mathrm{d}x}+G_z\dfrac{\mathrm{d}z}{\mathrm{d}x}=0 \end{cases}$$

可解得 $\dfrac{\mathrm{d}y}{\mathrm{d}x}$ 和 $\dfrac{\mathrm{d}z}{\mathrm{d}x}$. 故切向量为 $\boldsymbol{T}=\left(1,\dfrac{\mathrm{d}y}{\mathrm{d}x},\dfrac{\mathrm{d}z}{\mathrm{d}x}\right)$.

**例 6-55** 求曲线 $x^2+y^2+z^2=6$，$x+y+z=0$ 在点 $(1,-2,1)$ 处的切线方程及法平面方程.

**解** 为求切向量，将所给方程的两边对 $x$ 求导数，得

$$\begin{cases} 2x+2y\dfrac{\mathrm{d}y}{\mathrm{d}x}+2z\dfrac{\mathrm{d}z}{\mathrm{d}x}=0 \\ \\ 1+\dfrac{\mathrm{d}y}{\mathrm{d}x}+\dfrac{\mathrm{d}z}{\mathrm{d}x}=0 \end{cases},$$

解方程组得 $\dfrac{\mathrm{d}y}{\mathrm{d}x}=\dfrac{z-x}{y-z}$，$\dfrac{\mathrm{d}z}{\mathrm{d}x}=\dfrac{x-y}{y-z}$. 在点 $(1,-2,1)$ 处，$\dfrac{\mathrm{d}y}{\mathrm{d}x}=0$，$\dfrac{\mathrm{d}z}{\mathrm{d}x}=-1$.

从而 $\boldsymbol{T}=(1,0,-1)$，则所求切线方程为

$$\frac{x-1}{1}=\frac{y+2}{0}=\frac{z-1}{-1},$$

法平面方程为

$$(x-1)+0\cdot(y+2)-(z-1)=0,$$

即

$$x-z=0.$$

## 二、曲面的切平面与法线

先讨论曲面由隐函数给出的情形，即设曲面 $\Sigma$ 的一般方程为

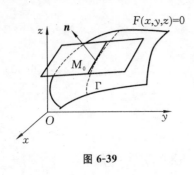

图 6-39

$$F(x,y,z)=0. \qquad (6\text{-}51)$$

$M_0(x_0,y_0,z_0)$ 是曲面 $\Sigma$ 上的一点，并设函数 $F(x,y,z)$ 的偏导数在该点连续且不同时为零.在曲面 $\Sigma$ 上,通过点 $M_0$ 任意引一条曲线 $\Gamma$(图 6-39),假定曲线 $\Gamma$ 的参数方程式为

$$x=\varphi(t), y=\psi(t), z=\omega(t),$$

$t=t_0$ 对应于点 $M_0(x_0,y_0,z_0)$ 且 $\varphi'(t_0)$, $\psi'(t_0),\omega'(t_0)$ 不全为零.曲线在该点的切向量为

$$\boldsymbol{T}=(\varphi'(t_0),\psi'(t_0),\omega'(t_0)),$$

考虑曲面方程 $F(x,y,z)=0$ 两端在 $t=t_0$ 的全导数：

$$F_x(x_0,y_0,z_0)\varphi'(t_0)+F_y(x_0,y_0,z_0)\psi'(t_0)+F_z(x_0,y_0,z_0)\omega'(t_0)=0,$$

引入向量

$$\boldsymbol{n}=(F_x(x_0,y_0,z_0),F_y(x_0,y_0,z_0),F_z(x_0,y_0,z_0)) \qquad (6\text{-}52)$$

从而可看出，$\boldsymbol{T}$ 与 $\boldsymbol{n}$ 是垂直的.因为曲线 $\Gamma$ 是曲面 $\Sigma$ 上通过点 $M_0$ 的任意一条曲线,它们在点 $M_0$ 的切线都与同一向量 $\boldsymbol{n}$ 垂直,所以曲面上通过点 $M_0$ 的一切曲线在点 $M_0$ 的切线都在同一个平面上.这个平面称为曲面 $\Sigma$ 在点 $M_0$ 的**切平面**.这切平面的方程式是

$$F_x(x_0,y_0,z_0)(x-x_0)+F_y(x_0,y_0,z_0)(y-y_0)$$
$$+F_z(x_0,y_0,z_0)(z-z_0)=0. \qquad (6\text{-}53)$$

**曲面的法线**：通过点 $M_0$ 而垂直于切平面的直线称为曲面 $\Sigma$ 在该点的法线,其方程为

$$\frac{x-x_0}{F_x(x_0,y_0,z_0)}=\frac{y-y_0}{F_y(x_0,y_0,z_0)}=\frac{z-z_0}{F_z(x_0,y_0,z_0)}. \qquad (6\text{-}54)$$

**曲面的法向量**：垂直于曲面上切平面的向量称为曲面的法向量.向量

$$\boldsymbol{n}=(F_x(x_0,y_0,z_0),F_y(x_0,y_0,z_0),F_z(x_0,y_0,z_0)) \qquad (6\text{-}55)$$

就是曲面 $\Sigma$ 在点 $M_0$ 处的一个法向量.

**例 6-56**　求球面 $x^2+y^2+z^2=14$ 在点 $(1,2,3)$ 处的切平面方程及法线方程.

**解**
$$F(x,y,z)=x^2+y^2+z^2-14$$
$$F_x=2x, F_y=2y, F_z=2z,$$
$$F_x(1,2,3)=2, F_y(1,2,3)=4, F_z(1,2,3)=6.$$

法向量为 $\boldsymbol{n}=(2,4,6)$ 或 $\boldsymbol{n}=(1,2,3)$.所求切平面方程为

$$2(x-1)+4(y-2)+6(z-3)=0,$$

即

$$x+2y+3z=14,$$

法线方程为

$$\frac{x-1}{1}=\frac{y-2}{2}=\frac{z-3}{3}.$$

若曲面 $\Sigma$ 以显函数

$$z=f(x,y) \tag{6-56}$$

的形式给出,则可记

$$F(x,y,z)=f(x,y)-z$$

由公式(6-52)可知,曲面[式(6-56)]在点 $M_0(x_0,y_0,z_0)$ 处的法向量为

$$\boldsymbol{n}=(f_x(x_0,y_0),f_y(x_0,y_0),-1),$$

于是切平面的方程为

$$f_x(x_0,y_0)(x-x_0)+f_y(x_0,y_0)(y-y_0)-(z-z_0)=0 \tag{6-57}$$

或

$$z-z_0=f_x(x_0,y_0)(x-x_0)+f_y(x_0,y_0)(y-y_0) \tag{6-58}$$

而法线方程为

$$\frac{x-x_0}{f_x(x_0,y_0)}=\frac{y-y_0}{f_y(x_0,y_0)}=\frac{z-z_0}{-1}. \tag{6-59}$$

**例 6-57**　求旋转抛物面 $z=x^2+y^2-1$ 在点 $(2,1,4)$ 处的切平面方程及法线方程.

**解**　设 $f(x,y)=x^2+y^2-1,$

$$\boldsymbol{n}=(f_x,f_y,-1)=(2x,2y,-1),$$

$$\boldsymbol{n}\mid_{(2,1,4)}=(4,2,-1),$$

所以在点 $(2,1,4)$ 处的切平面方程为

$$4(x-2)+2(y-1)-(z-4)=0,$$

即

$$4x+2y-z=6.$$

法线方程为

$$\frac{x-2}{4}=\frac{y-1}{2}=\frac{z-4}{-1}.$$

# 三、方向导数

偏导数反映了函数沿坐标轴方向的变化率,但很多时候只考虑沿坐标轴的

变化率是不够的,比如热传递问题中要考虑大气温度、气压等沿某方向的变化率.现在我们来讨论函数 $z=f(x,y)$ 在一点 $P$ 沿某一方向的变化率问题.

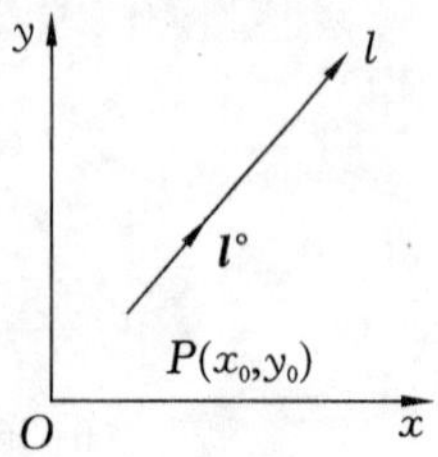


图 6-40

设 $l$ 是 $xOy$ 平面上以 $P_0(x_0,y_0)$ 为起点的一条射线,$l^{\circ}=(\cos\alpha,\cos\beta)$ 是与 $l$ 同方向的单位向量(图 6-40).射线 $l$ 的参数方程为

$$x=x_0+t\cos\alpha,y=y_0+t\cos\beta \quad (t\geqslant 0).$$

设函数 $z=f(x,y)$ 在点 $P_0(x_0,y_0)$ 的某一邻域 $U(P_0)$ 内有定义,$P(x_0+t\cos\alpha,y_0+t\cos\beta)$ 为 $l$ 上另一点,且 $P\in U(P_0)$.如果函数增量 $f(x_0+t\cos\alpha,y_0+t\cos\beta)-f(x_0,y_0)$ 与 $P$ 到 $P_0$ 的距离 $|PP_0|=t$ 的比值

$$\frac{f(x_0+t\cos\alpha,y_0+t\cos\beta)-f(x_0,y_0)}{t}$$

当 $P$ 沿着 $l$ 趋近于 $P_0$(即 $t\to 0^+$)时的极限存在,则称此极限为函数 $f(x,y)$ 在点 $P_0$ 沿方向 $l$ 的**方向导数**,记作 $\left.\frac{\partial f}{\partial l}\right|_{(x_0,y_0)}$,即

$$\left.\frac{\partial f}{\partial l}\right|_{(x_0,y_0)}=\lim_{t\to 0+}\frac{f(x_0+t\cos\alpha,y_0+t\cos\beta)-f(x_0,y_0)}{t}. \qquad (6\text{-}60)$$

从方向导数的定义可知,方向导数 $\left.\frac{\partial f}{\partial l}\right|_{(x_0,y_0)}$ 就是函数 $f(x,y)$ 在点 $P_0(x_0,y_0)$ 处沿方向 $l$ 的变化率.

一般地,我们可以推得以下方向导数的计算公式.

**定理** 如果函数 $z=f(x,y)$ 在点 $P_0(x_0,y_0)$ 处可微分,那么函数在该点沿任一方向 $l$ 的方向导数都存在,且有

$$\left.\frac{\partial f}{\partial l}\right|_{(x_0,y_0)}=f_x(x_0,y_0)\cos\alpha+f_y(x_0,y_0)\cos\beta, \qquad (6\text{-}61)$$

其中 $\cos\alpha,\cos\beta$ 是方向 $l$ 的方向余弦.

**证明** 设 $\Delta x=t\cos\alpha,\Delta y=t\cos\beta$,因函数 $z=f(x,y)$ 在点 $P_0(x_0,y_0)$ 处可微分,则

$$\begin{aligned}&f(x_0+t\cos\alpha,y_0+t\cos\beta)-f(x_0,y_0)\\=&f_x(x_0,y_0)t\cos\alpha+f_y(x_0,y_0)t\cos\beta+o(t).\end{aligned}$$

所以

$$\begin{aligned}&\lim_{t\to 0+}\frac{f(x_0+t\cos\alpha,y_0+t\cos\beta)-f(x_0,y_0)}{t}\\=&f_x(x_0,y_0)\cos\alpha+f_y(x_0,y_0)\cos\beta.\end{aligned}$$

这就证明了方向导数的存在,且其值为

$$\left.\frac{\partial f}{\partial l}\right|_{(x_0,y_0)}=f_x(x_0,y_0)\cos\alpha+f_y(x_0,y_0)\cos\beta.$$

特别地,函数 $z=f(x,y)$ 在点 $P$ 沿 $x$ 轴正向和负向,沿 $y$ 轴正向和负向的方向导数与它的两个偏导数有关.

沿 $x$ 轴正向时,$\cos\alpha=1$,$\cos\beta=0$,$\dfrac{\partial f}{\partial l}=\dfrac{\partial f}{\partial x}$;

沿 $x$ 轴负向时,$\cos\alpha=-1$,$\cos\beta=0$,$\dfrac{\partial f}{\partial l}=-\dfrac{\partial f}{\partial x}$.

沿 $y$ 轴两方向变化类似.

**例 6-58**　求函数 $z=x\,\mathrm{e}^{2y}$ 在点 $P(1,0)$ 沿从点 $P(1,0)$ 到点 $Q(2,-1)$ 的方向导数.

**解**　这里方向 $l$ 即向量 $\boldsymbol{PQ}=(1,-1)$ 的方向,与 $l$ 同向的单位向量为

$$\boldsymbol{l}^{\circ}=\left(\frac{1}{\sqrt{2}},-\frac{1}{\sqrt{2}}\right).$$

因为函数可微分,且 $\dfrac{\partial z}{\partial x}\bigg|_{(1,0)}=\mathrm{e}^{2y}\big|_{(1,0)}=1$,$\dfrac{\partial z}{\partial y}\bigg|_{(1,0)}=2x\,\mathrm{e}^{2y}\big|_{(1,0)}=2$,所以所求方向导数为

$$\frac{\partial z}{\partial l}\bigg|_{(1,0)}=1\cdot\frac{1}{\sqrt{2}}+2\cdot\left(-\frac{1}{\sqrt{2}}\right)=-\frac{\sqrt{2}}{2}.$$

对于三元函数 $f(x,y,z)$ 来说,它在空间一点 $P_0(x_0,y_0,z_0)$ 沿 $\boldsymbol{l}^{\circ}=(\cos\alpha,\cos\beta,\cos\gamma)$ 的方向导数为

$$\frac{\partial f}{\partial l}\bigg|_{(x_0,y_0,z_0)}=\lim_{t\to0^+}\frac{f(x_0+t\cos\alpha,y_0+t\cos\beta,z_0+t\cos\gamma)-f(x_0,y_0,z_0)}{t}.$$

同样可以证明:

如果函数 $f(x,y,z)$ 在点 $(x_0,y_0,z_0)$ 处可微分,则函数在该点沿着方向 $\boldsymbol{l}^{\circ}=(\cos\alpha,\cos\beta,\cos\gamma)$ 的方向导数为

$$\frac{\partial f}{\partial l}\bigg|_{(x_0,y_0,z_0)}=f_x(x_0,y_0,z_0)\cos\alpha+f_y(x_0,y_0,z_0)\cos\beta+f_z(x_0,y_0,z_0)\cos\gamma.$$

$$(6\text{-}62)$$

**例 6-59**　设 $u=x^2+y^2-z$,$l=2\boldsymbol{i}+\boldsymbol{j}+3\boldsymbol{k}$,试求方向导数 $\dfrac{\partial u}{\partial l}\bigg|_{(1,1,1)}$.

**解**　先求出 $l$ 的方向余弦

$$\cos\alpha=\frac{2}{\sqrt{2^2+1^2+3^2}}=\frac{2}{\sqrt{14}},$$

$$\cos\beta=\frac{1}{\sqrt{2^2+1^2+3^2}}=\frac{1}{\sqrt{14}},$$

$$\cos\gamma=\frac{3}{\sqrt{2^2+1^2+3^2}}=\frac{3}{\sqrt{14}},$$

则与 $l$ 同向的单位向量为

$$l^\circ = \left( \frac{2}{\sqrt{14}}, \frac{1}{\sqrt{14}}, \frac{3}{\sqrt{14}} \right).$$

因为函数可微分,且

$$u_x(1,1,1) = 2x \big|_{(1,1,1)} = 2,$$
$$u_y(1,1,1) = 2y \big|_{(1,1,1)} = 2,$$
$$u_z(1,1,1) = (-1) \big|_{(1,1,1)} = -1,$$

所以

$$\frac{\partial u}{\partial l} \big|_{(1,1,1)} = 2 \times \frac{2}{\sqrt{14}} + 2 \times \frac{1}{\sqrt{14}} + (-1) \times \frac{3}{\sqrt{14}} = \frac{3\sqrt{14}}{14}.$$

## *四、梯度

设函数 $z = f(x,y)$ 在平面区域 $D$ 内具有一阶连续偏导数,则对于每一点 $P_0(x_0, y_0) \in D$ 都可确定一个向量

$$f_x(x_0, y_0)\boldsymbol{i} + f_y(x_0, y_0)\boldsymbol{j},$$

这个向量称为函数 $f(x,y)$ 在点 $P_0(x_0, y_0)$ 的梯度,记作 $\mathbf{grad} f(x_0, y_0)$,即

$$\mathbf{grad} f(x_0, y_0) = f_x(x_0, y_0)\boldsymbol{i} + f_y(x_0, y_0)\boldsymbol{j}. \qquad (6\text{-}63)$$

在此介绍一下梯度与方向导数之间的关系.

如果函数 $f(x,y)$ 在点 $P_0(x_0, y_0)$ 处可微分,$l^\circ = (\cos\alpha, \cos\beta)$ 是与方向 $l$ 同方向的单位向量,则

$$\frac{\partial f}{\partial l} \bigg|_{(x_0, y_0)} = f_x(x_0, y_0)\cos\alpha + f_y(x_0, y_0)\cos\beta,$$

$$= \mathbf{grad} f(x_0, y_0) \cdot l^\circ = | \mathbf{grad} f(x_0, y_0) | \cdot \cos\theta. \qquad (6\text{-}64)$$

其中 $\theta = (\overbrace{\mathbf{grad} f(x,y), l^\circ})$.

这一关系式表明了函数在一点的梯度与函数在这点的方向导数间的关系.特别地,当向量 $l^\circ$ 与 $\mathbf{grad} f(x_0, y_0)$ 的夹角 $\theta = 0$,即沿梯度方向时,方向导数 $\dfrac{\partial f}{\partial l}\bigg|_{(x_0, y_0)}$ 取得最大值,这个最大值就是梯度的模 $| \mathbf{grad} f(x_0, y_0) |$.这就是说:函数在一点的梯度是个向量,它的方向是函数在这点的方向导数取得最大值的方向,它的模就等于方向导数的最大值.

一般来说,二元函数 $z = f(x,y)$ 在几何上表示一个曲面,这曲面被平面 $z = c$($c$ 是常数)所截得的曲线 $L$ 的方程为

$$\begin{cases} z = f(x, y) \\ z = c \end{cases}.$$

这条曲线 $L$ 在 $xOy$ 面上的投影是一条平面曲线 $L^*$，它在 $xOy$ 平面上的方程为

$$f(x, y) = c.$$

对于曲线 $L^*$ 上的一切点，已给函数的函数值都是 $c$，所以我们称平面曲线 $L^*$ 为函数 $z = f(x, y)$ 的等值线.

若 $f_x, f_y$ 不同时为零，则等值线 $f(x, y) = c$ 上任一点 $P_0(x_0, y_0)$ 处的一个单位法向量为

$$\boldsymbol{n} = \frac{1}{\sqrt{f_x^2(x_0, y_0) + f_y^2(x_0, y_0)}}(f_x(x_0, y_0), f_y(x_0, y_0)). \quad (6\text{-}65)$$

这表明梯度 $\mathbf{grad} f(x_0, y_0)$ 的方向与等值线上这点的一个法线方向相同，而沿这个方向的方向导数 $\dfrac{\partial f}{\partial n}$ 就等于 $|\mathbf{grad} f(x_0, y_0)|$，于是

$$\mathbf{grad} f(x_0, y_0) = \frac{\partial f}{\partial n}\boldsymbol{n}. \quad (6\text{-}66)$$

这一关系式表明了函数在一点的梯度与过这点的等值线、方向导数间的关系.

这就是说：函数在一点的梯度方向与等值线在这点的一个法线方向相同，它的指向为从数值较低的等值线指向数值较高的等值线，梯度的模就等于函数在这个法线方向的方向导数.

梯度概念可以推广到三元函数的情形. 设函数 $f(x, y, z)$ 在空间区域 $G$ 内具有一阶连续偏导数，则对于每一点 $P_0(x_0, y_0, z_0) \in G$，都可定出一个向量

$$f_x(x_0, y_0, z_0)\boldsymbol{i} + f_y(x_0, y_0, z_0)\boldsymbol{j} + f_z(x_0, y_0, z_0)\boldsymbol{k},$$

这个向量称为函数 $f(x, y, z)$ 在点 $P_0(x_0, y_0, z_0)$ 的梯度，记为 $\mathbf{grad} f(x_0, y_0, z_0)$，即

$$\mathbf{grad} f(x_0, y_0, z_0) = f_x(x_0, y_0, z_0)\boldsymbol{i} + f_y(x_0, y_0, z_0)\boldsymbol{j} + f_z(x_0, y_0, z_0)\boldsymbol{k}. \quad (6\text{-}67)$$

如果引进曲面

$$f(x, y, z) = C \quad (6\text{-}68)$$

为函数 $f(x, y, z)$ 的等量面的概念，则可得函数 $f(x, y, z)$ 在点 $P_0(x_0, y_0, z_0)$ 的梯度的方向与过点 $P_0$ 的等量面 $f(x, y, z) = C$ 在这点的法线的一个方向相同，且从数值较低的等量面指向数值较高的等量面，而梯度的模等于函数在这个法线方向的方向导数.

**例 6-60**　求 $\mathbf{grad} \dfrac{1}{x^2 + y^2}$.

**解**　这里 $f(x, y) = \dfrac{1}{x^2 + y^2}$. 因为

$$\frac{\partial f}{\partial x} = -\frac{2x}{(x^2+y^2)^2}, \frac{\partial f}{\partial y} = -\frac{2y}{(x^2+y^2)^2},$$

所以

$$\mathbf{grad}\frac{1}{x^2+y^2} = -\frac{2x}{(x^2+y^2)^2}\boldsymbol{i} - \frac{2y}{(x^2+y^2)^2}\boldsymbol{j}$$

**例 6-61**　设 $f(x,y,z) = x^2+y^2+z^2$,求 $\mathbf{grad}f(1,-1,2)$.

**解**　$\mathbf{grad}f(f_x,f_y,f_z) = (2x,2y,2z)$,

于是　　　　　　　　　　　　$\mathbf{grad}f(1,-1,2) = (2,-2,4)$.

**数量场与向量场**:如果对于空间区域 $G$ 内的任一点 $M$,都有一个确定的数量 $f(M)$,则称在这空间区域 $G$ 内确定了一个数量场(例如温度场、密度场等).一个数量场可用一个数量函数 $f(M)$ 来确定,如果与点 $M$ 相对应的是一个向量 $\boldsymbol{F}(M)$,则称在这空间区域 $G$ 内确定了一个向量场(例如力场、速度场等).一个向量场可用一个向量函数 $\boldsymbol{F}(M)$ 来确定,而

$$\boldsymbol{F}(M) = P(M)\boldsymbol{i} + Q(M)\boldsymbol{j} + R(M)\boldsymbol{k},$$

其中 $P(M),Q(M),R(M)$ 是点 $M$ 的数量函数.

利用场的概念,我们可以说向量函数 $\mathbf{grad}f(M)$ 确定了一个向量场 —— 梯度场,它是由数量场 $f(M)$ 产生的.通常称函数 $f(M)$ 为这个向量场的势,而这个向量场又称为势场.必须注意,任意一个向量场不一定是势场,因为它不一定是某个数量函数的梯度场.

**例 6-62**　试求数量场 $\dfrac{m}{r}$ 所产生的梯度场,其中常数 $m > 0,r = \sqrt{x^2+y^2+z^2}$ 为原点 $O$ 与点 $M(x,y,z)$ 间的距离.

**解**　$\dfrac{\partial}{\partial x}\left(\dfrac{m}{r}\right) = -\dfrac{m}{r^2}\dfrac{\partial r}{\partial x} = -\dfrac{mx}{r^3},$

同理

$$\frac{\partial}{\partial y}\left(\frac{m}{r}\right) = -\frac{my}{r^3}, \frac{\partial}{\partial z}\left(\frac{m}{r}\right) = -\frac{mz}{r^3}.$$

从而

$$\mathbf{grad}\frac{m}{r} = -\frac{m}{r^2}\left(\frac{x}{r}\boldsymbol{i} + \frac{y}{r}\boldsymbol{j} + \frac{z}{r}\boldsymbol{k}\right).$$

记

$$\boldsymbol{l}^\circ = \frac{x}{r}\boldsymbol{i} + \frac{y}{r}\boldsymbol{j} + \frac{z}{r}\boldsymbol{k},$$

它是与 $\boldsymbol{OM}$ 同方向的单位向量,则

$$\mathbf{grad}\frac{m}{r} = -\frac{m}{r^2}\boldsymbol{l}^\circ.$$

上式右端在力学上可解释为,位于原点 $O$ 而质量为 $m$ 的质点对位于单位质量的点 $M$ 的质点的引力.这个引力的大小与两质点的质量的乘积成正比,而与它们的距离的平方成反比.这个引力的方向由点 $M$ 指向原点.因此,数量场 $\dfrac{m}{r}$ 的势场(即梯度场 $\mathbf{grad}\,\dfrac{m}{r}$)称为引力场,而函数 $\dfrac{m}{r}$ 称为引力势.

# 第八节　多元函数的极值及其求法

## 一、多元函数的极值及最大值、最小值

在很多实际问题中,往往会遇到多元函数最值的问题,或一定条件下的最值的问题.与一元函数微分学一样,我们也可以用多元函数微分的知识来讨论多元函数极值和最值的问题.

**定义**　设函数 $z=f(x,y)$ 在点 $(x_0,y_0)$ 的某个邻域内有定义,如果对于该邻域内任何异于 $(x_0,y_0)$ 的点 $(x,y)$,都有
$$f(x,y)<f(x_0,y_0)\,(\text{或}\ f(x,y)>f(x_0,y_0)),$$
则称函数在点 $(x_0,y_0)$ 有**极大值**(或**极小值**)$f(x_0,y_0)$.

极大值、极小值统称为**极值**.使函数取得极值的点称为**极值点**.

**例 6-63**　函数 $z=3x^2+4y^2$ 在点 $(0,0)$ 处有极小值.因为当 $(x,y)=(0,0)$ 时,$z=0$,而当 $(x,y)\neq(0,0)$ 时,$z>0$.因此,$z=0$ 是函数的极小值.从几何上看,点 $(0,0,0)$ 是开口朝上的椭圆抛物面 $z=3x^2+4y^2$ 的顶点.

**例 6-64**　函数 $z=\sqrt{4-x^2-y^2}$ 在点 $(0,0)$ 处有极大值.因为当 $(x,y)=(0,0)$ 时,$z=2$,而当 $(x,y)\neq(0,0)$ 时,$z<2$.因此,$z=2$ 是函数的极大值.从几何上看,点 $(0,0,2)$ 是上半球面 $z=\sqrt{4-x^2-y^2}$ 的顶点.

**例 6-65**　函数 $z=xy$ 在点 $(0,0)$ 处既不取得极大值也不取得极小值.因为在点 $(0,0)$ 处的函数值为零,而在点 $(0,0)$ 的任一邻域内,总有使函数值为正的点,也有使函数值为负的点.

以上关于二元函数的极值概念,可推广到 $n$ 元函数.设 $n$ 元函数 $u=f(P)$ 在点 $P_0$ 的某一邻域内有定义,如果对于该邻域内任何异于 $P_0$ 的点 $P$,都有
$$f(P)<f(P_0)\,(\text{或}\ f(P)>f(P_0)),$$
则称函数 $f(P)$ 在点 $P_0$ 有**极大值**(或**极小值**)$f(P_0)$.

对于一元可导函数的极值,可以用一阶导数、二阶导数来确定.对于偏导数存

在的二元函数的极值,也可以用偏导数来确定.下面两个定理是关于二元函数极值问题的结论.

**定理 1(必要条件)**　设函数 $z=f(x,y)$ 在点 $(x_0,y_0)$ 具有偏导数,且在点 $(x_0,y_0)$ 处有极值,则

$$f_x(x_0,y_0)=0, f_y(x_0,y_0)=0.$$

**证明**　不妨设 $z=f(x,y)$ 在点 $(x_0,y_0)$ 处有极大值.根据极大值的定义,对于点 $(x_0,y_0)$ 的某邻域内异于 $(x_0,y_0)$ 的点 $(x,y)$,都有不等式

$$f(x,y)<f(x_0,y_0).$$

特殊地,在该邻域内取 $y=y_0$ 而 $x \neq x_0$ 的点,也应有不等式

$$f(x,y_0)<f(x_0,y_0).$$

这表明一元函数 $f(x,y_0)$ 在 $x=x_0$ 处取得极大值,因而必有

$$f_x(x_0,y_0)=0.$$

类似地可证明

$$f_y(x_0,y_0)=0.$$

从几何上看,这时如果曲面 $z=f(x,y)$ 在点 $(x_0,y_0,z_0)$ 处有切平面,则切平面

$$z-z_0=f_x(x_0,y_0)(x-x_0)+f_y(x_0,y_0)(y-y_0)$$

成为平行于 $xOy$ 坐标面的平面 $z=z_0$.

类似地可推得,如果三元函数 $u=f(x,y,z)$ 在点 $(x_0,y_0,z_0)$ 具有偏导数,则它在点 $(x_0,y_0,z_0)$ 具有极值的必要条件为

$$f_x(x_0,y_0,z_0)=0, f_y(x_0,y_0,z_0)=0, f_z(x_0,y_0,z_0)=0.$$

仿照一元函数,凡是能使 $f_x(x,y)=0, f_y(x,y)=0$ 同时成立的点 $(x_0,y_0)$ 称为函数 $z=f(x,y)$ 的**驻点**(或稳定点).

从定理 1 可知,具有偏导数的函数的极值点必定是驻点.但函数的驻点不一定是极值点.例如,函数 $z=xy$ 在点 $(0,0)$ 处的两个偏导数都是零,但函数 $z=xy$ 在 $(0,0)$ 处既不取得极大值也不取得极小值.那么,在什么条件下,驻点是极值点呢?

**定理 2(充分条件)**　设函数 $z=f(x,y)$ 在点 $(x_0,y_0)$ 的某邻域内连续且有一阶及二阶连续偏导数,又 $f_x(x_0,y_0)=0, f_y(x_0,y_0)=0$,令

$$f_{xx}(x_0,y_0)=A, f_{xy}(x_0,y_0)=B, f_{yy}(x_0,y_0)=C,$$

则 $f(x,y)$ 在 $(x_0,y_0)$ 处是否取得极值的条件如下:

(1) 当 $AC-B^2>0$ 时,函数在 $(x_0,y_0)$ 处取得极值 $f(x_0,y_0)$,且当 $A<0$ 时 $f(x_0,y_0)$ 是极大值,当 $A>0$ 时 $f(x_0,y_0)$ 是极小值;

(2) 当 $AC-B^2<0$ 时,函数在 $(x_0,y_0)$ 处没有极值;

(3) 当 $AC-B^2=0$ 时,函数在 $(x_0,y_0)$ 处可能有极值,也可能没有极值.

证明从略.

利用定理 1 和定理 2，我们把具有二阶连续偏导数的函数极值的求法归纳如下：

第一步　　解方程组

$$\begin{cases} f_x(x,y)=0 \\ f_y(x,y)=0 \end{cases},$$

求得一切实数解，即可得一切驻点.

第二步　　对于每一个驻点 $(x_0,y_0)$，求出二阶偏导数的值 $A$、$B$ 和 $C$.

第三步　　定出 $AC-B^2$ 的符号，按定理 2 的结论判定 $f(x_0,y_0)$ 是否是极值，是极大值还是极小值.

第四步　　求出极值点处的函数值.

**例 6-66**　　求函数 $f(x,y)=x^3-y^3+3x^2+3y^2-9x$ 的极值.

**解**　　解方程组 $\begin{cases} f_x(x,y)=3x^2+6x-9=0 \\ f_y(x,y)=-3y^2+6y=0 \end{cases}$,

求得 $x=1,-3$；$y=0,2$.于是得驻点为 $(1,0)$、$(1,2)$、$(-3,0)$、$(-3,2)$.

再求出二阶偏导数

$$f_{xx}(x,y)=6x+6, f_{xy}(x,y)=0, f_{yy}(x,y)=-6y+6.$$

在点 $(1,0)$ 处，$AC-B^2=12\times 6>0$，又 $A>0$，所以函数在 $(1,0)$ 处有极小值 $f(1,0)=-5$；

在点 $(1,2)$ 处，$AC-B^2=12\times(-6)<0$，所以 $f(1,2)$ 不是极值；

在点 $(-3,0)$ 处，$AC-B^2=-12\times 6<0$，所以 $f(-3,0)$ 不是极值；

在点 $(-3,2)$ 处，$AC-B^2=-12\times(-6)>0$，又 $A<0$，所以函数在 $(-3,2)$ 处有极大值 $f(-3,2)=31$.

**注意**：二元函数不在驻点也可能是极值点.

例如，函数 $z=-\sqrt{x^2+y^2}$ 在点 $(0,0)$ 处有极大值，但 $(0,0)$ 不是函数的驻点.因此，在考虑函数的极值问题时，除了考虑函数的驻点外，如果有偏导数不存在的点，那么也应考虑这些点是否能取得极值.

与一元函数在闭区间求最大值和最小值的问题类似，二元函数 $f(x,y)$ 在有界闭区域 $D$ 上连续，则 $f(x,y)$ 在 $D$ 上必定能取得最大值和最小值.这种使函数取得最大值或最小值的点既可能在 $D$ 的内部，也可能在 $D$ 的边界上.我们假定，函数在 $D$ 上连续、在 $D$ 内可微分且只有有限个驻点，这时如果函数在 $D$ 的内部取得最大值（最小值），那么这个最大值（最小值）也是函数的极大值（极小值）.因此，求最大值和最小值的一般方法是：先求出函数 $f(x,y)$ 在 $D$ 内的所有驻点处的函数值及在 $D$ 的边界上的最大值和最小值，然后比较这些函数值的大小，其中最大的就是最大值，最小的就是最小值.

在通常遇到的实际问题中,如果根据问题的性质,知道函数 $f(x,y)$ 的最大值(最小值)一定在 $D$ 的内部取得,此时,如果函数 $f(x,y)$ 在 $D$ 内只有唯一的驻点,那么可以肯定该驻点处的函数值就是函数 $f(x,y)$ 在 $D$ 上的最大值(最小值).

**例 6-67**　某厂要用铁板做成一个体积为 8 m³ 的有盖长方体水箱.问当长、宽和高各取多少时,才能使用料最省.

**解**　设水箱的长为 $x$ m,宽为 $y$ m,则其高应为 $\dfrac{8}{xy}$ m.此水箱所用材料的面积为

$$A=2\left(xy+y\cdot\frac{8}{xy}+x\cdot\frac{8}{xy}\right)=2\left(xy+\frac{8}{x}+\frac{8}{y}\right)\qquad(x>0,y>0).$$

令

$$A_x=2\left(y-\frac{8}{x^2}\right)=0\ ,A_y=2\left(x-\frac{8}{y^2}\right)=0,得\ x=2,y=2.$$

根据题意可知,水箱所用材料面积的最小值一定存在,并在开区域 $D=\{(x,y)\,|\,x>0,y>0\}$ 内取得.因为函数 $A$ 在 $D$ 内只有一个驻点,所以此驻点一定是 $A$ 的最小值点,即当水箱的长为 2 m、宽为 2 m、高为 $\dfrac{8}{2\times2}=2$ m 时,水箱所用的材料最省.

从这个例子还可看出,在体积一定的长方体中,以立方体的表面积为最小.

**例 6-68**　有一宽为 24 cm 的长方形铁板,把它两边折起来做成一断面为等腰梯形的水槽.问怎样折才能使断面的面积最大?

**解**　如图 6-41 所示,设折起来的边长为 $x$ cm,倾角为 $\alpha$,则梯形断面的下底长为 $24-2x$,上底长为 $24-2x+2x\cos\alpha$,高为 $x\sin\alpha$,所以断面面积为

$$A=\frac{1}{2}(24-2x+2x\cos\alpha+24-2x)\cdot x\sin\alpha,$$

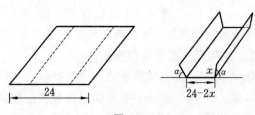

图 6-41

即

$$A=24x\sin\alpha-2x^2\sin\alpha+x^2\sin\alpha\cos\alpha\qquad\left(0<x<12,0<\alpha\leqslant\frac{\pi}{2}\right).$$

可见断面面积 $A$ 是 $x$ 和 $\alpha$ 的二元函数,这就是目标函数,下面求使这函数取

得最大值的点$(x,\alpha)$.令
$$\begin{cases} A_x = 24\sin\alpha - 4x\sin\alpha + 2x\sin\alpha\cos\alpha = 0, \\ A_\alpha = 24x\cos\alpha - 2x^2\cos\alpha + x^2(\cos^2\alpha - \sin^2\alpha) = 0. \end{cases}$$

由于$x \neq 0$，$\sin\alpha \neq 0$，上述方程组可化为
$$\begin{cases} 12 - 2x + x\cos\alpha = 0 \\ 24\cos\alpha - 2x\cos\alpha + x(\cos^2\alpha - \sin^2\alpha) = 0. \end{cases}$$

解这方程组,得$x = 8$，$\alpha = \dfrac{\pi}{3}$.

根据题意可知断面面积的最大值一定存在,并且在$D = \left\{(x,y) \middle| 0 < x < 12, 0 < \alpha \leqslant \dfrac{\pi}{2}\right\}$内取得,通过计算得知$\alpha = \dfrac{\pi}{2}$时的函数值比$x = 8$，$\alpha = \dfrac{\pi}{3}$时的函数值小.又函数在$D$内只有一个驻点,因此可以断定,当$x = 8$，$\alpha = \dfrac{\pi}{3}$时,就能使断面的面积最大.

**例 6-69** 设两种产品的需求量分别为
$$Q_1 = 8 - P_1 + 2P_2, \quad Q_2 = 10 + 2P_1 - 5P_2$$
其中$P_1$，$P_2$(万元/件)为其价格,总成本为$C = 3Q_1 + 2Q_2$,如何定价才能获取最大利润?

**解** 总利润为
$$\begin{aligned} L(P_1,P_2) &= P_1Q_1 + P_2Q_2 - C(Q_1,Q_2) \\ &= (P_1 - 3)(8 - P_1 + 2P_2) + (P_2 - 2)(10 + 2P_1 - 5P_2), \end{aligned}$$
令
$$\begin{cases} L'_{P_1} = 7 - 2P_1 + 4P_2 = 0 \\ L'_{P_2} = 14 + 4P_1 - 10P_2 = 0 \end{cases}$$

解方程组得$P_1 = \dfrac{63}{2}$，$P_2 = 14$,即得唯一驻点$\left(\dfrac{63}{2}, 14\right)$.

根据题意可知最大利润一定存在,并且因驻点唯一,所以$L(P_1,P_2)$在唯一驻点$\left(\dfrac{63}{2}, 14\right)$处取得最大值.即当两种产品的价格分别为$P_1 = \dfrac{63}{2}$，$P_2 = 14$时,可获最大利润,且最大利润为
$$L\left(\dfrac{63}{2}, 14\right) = 164.25(万元).$$

# 二、条件极值　拉格朗日乘数法

对于函数的自变量,除了限制在函数的定义域内之外,并没有其他附加条

件,此时,称为**无条件极值**问题.但在有些实际问题中,有时会遇到自变量除了定义域的限制外,还附加别的条件限制,此时有附加条件的极值称为**条件极值**问题.例如,求表面积为 $a^2$ 而体积为最大的长方体的体积问题.设长方体的三条棱长分别为 $x,y,z$,则体积 $V=xyz$.又因假定表面积为 $a^2$,所以自变量 $x,y,z$ 还必须满足附加条件 $2(xy+yz+zx)=a^2$.这个问题就是求函数 $V=xyz$ 在条件 $2(xy+yz+zx)=a^2$ 下的最大值问题,这是一个条件极值问题.由条件 $2(xy+yz+zx)=a^2$,解得

$$z=\frac{a^2-2xy}{2(x+y)},$$

于是得

$$V=\frac{xy}{2}\left(\frac{a^2-2xy}{x+y}\right).$$

只需求 $V$ 的无条件极值.

但在很多情形下,将条件极值化为无条件极值并不容易.而是需要另一种求条件极值的专用方法 —— **拉格朗日乘数法**.

对于函数 $z=f(x,y)$ 在条件 $\varphi(x,y)=0$ 下的条件极值问题,称 $z=f(x,y)$ 为**目标函数**,方程 $\varphi(x,y)=0$ 为**约束条件**.

现在我们来寻求目标函数

$$z=f(x,y) \tag{6-69}$$

在约束条件

$$\varphi(x,y)=0 \tag{6-70}$$

下取得极值的必要条件.

如果函数 $z=f(x,y)$ 在 $(x_0,y_0)$ 取得所求的极值,那么有

$$\varphi(x_0,y_0)=0. \tag{6-71}$$

假定在 $(x_0,y_0)$ 的某一邻域内 $f(x,y)$ 与 $\varphi(x,y)$ 均有连续的一阶偏导数,而 $\varphi_y(x_0,y_0)\neq0$.根据隐函数存在定理,由方程 $\varphi(x,y)=0$ 确定一个连续且具有连续导数的函数 $y=\psi(x)$,将其代入目标函数 $z=f(x,y)$,得一元函数

$$z=f[x,\psi(y)]. \tag{6-72}$$

于是 $x=x_0$ 是一元函数 $z=f[x,\psi(y)]$ 的极值点.由一元函数取得极值的必要条件,有

$$\frac{\mathrm{d}z}{\mathrm{d}x}\Big|_{x=x_0}=f_x(x_0,y_0)+f_y(x_0,y_0)\frac{\mathrm{d}y}{\mathrm{d}x}\Big|_{x=x_0}=0, \tag{6-73}$$

即

$$f_x(x_0,y_0)-f_y(x_0,y_0)\frac{\varphi_x(x_0,y_0)}{\varphi_y(x_0,y_0)}=0. \tag{6-74}$$

从而函数 $z=f(x,y)$ 在条件 $\varphi(x,y)=0$ 下在 $(x_0,y_0)$ 取得极值的必要条件是

式(6-71) 和式(6-74) 同时成立.

设 $\dfrac{f_y(x_0,y_0)}{\varphi_y(x_0,y_0)}=-\lambda$，上述必要条件变为

$$\begin{cases} f_x(x_0,y_0)+\lambda\varphi_x(x_0,y_0)=0 \\ f_y(x_0,y_0)+\lambda\varphi_y(x_0,y_0)=0. \\ \varphi(x_0,y_0)=0 \end{cases} \qquad (6\text{-}75)$$

引入辅助函数

$$F(x,y)=f(x,y)+\lambda\varphi(x,y),$$

其中 $\lambda$ 为某一常数.然后解方程组

$$\begin{cases} F_x(x,y)=f_x(x,y)+\lambda\varphi_x(x,y)=0 \\ F_y(x,y)=f_y(x,y)+\lambda\varphi_y(x,y)=0. \\ \varphi(x,y)=0 \end{cases}$$

由这个方程组解出 $x,y$ 及 $\lambda$,则其中 $(x,y)$ 就是所要求的可能的极值点.

我们称函数 $F(x,y)$ 为**拉格朗日函数**,参数 $\lambda$ 为**拉格朗日乘数**,这种方法就是**拉格朗日乘数法**.

在此,我们小结一下拉格朗日乘数法求多元函数条件极值的步骤:

第一步:明确函数 $z=f(x,y)$ 受到附加条件 $\varphi(x,y)=0$ 的限制;

第二步:构造出拉格朗日函数

$$F(x,y)=f(x,y)+\lambda\varphi(x,y),$$

第三步:对拉格朗日函数的变量 $x$、$y$ 求偏导数,并使之为零,联立方程组

$$\begin{cases} F_x(x,y)=f_x(x,y)+\lambda\varphi_x(x,y)=0 \\ F_y(x,y)=f_y(x,y)+\lambda\varphi_y(x,y)=0 ; \\ \varphi(x,y)=0 \end{cases} \qquad (6\text{-}76)$$

第四步:解出方程组(6-76),得 $x=x_0,y=y_0,\lambda=\lambda_0$,代入函数 $z=f(x,y)$,则 $z_0=f(x_0,y_0)$ 即为所求.

这种方法可以推广到自变量多于两个而条件多于一个的情形.

关于拉格朗日乘数法,我们还要注意,上述方法只是寻找极值点的必要条件,充分条件的要求和判断在此从略,至于如何确定所求的点是否是极值点,在实际问题中往往可根据问题本身的性质来判定.

**例 6-70**　求表面积为 $a^2$ 而体积为最大的长方体的体积.

**解**　设长方体的三个棱长分别为 $x,y,z$,则问题就是在条件

$$2(xy+yz+zx)=a^2$$

下求函数 $V=xyz$ 的最大值.

构成辅助函数

$$F(x,y,z)=xyz+\lambda(2xy+2yz+2zx-a^2),$$

解方程组

$$\begin{cases} F_x(x,y,z)=yz+2\lambda(y+z)=0 \\ F_y(x,y,z)=xz+2\lambda(x+z)=0 \\ F_z(x,y,z)=xy+2\lambda(y+x)=0 \\ 2xy+2yz+2xz=a^2 \end{cases},$$

得 $x=y=z=\dfrac{\sqrt{6}}{6}a$，这是唯一可能的极值点.由问题本身可知最大值一定存在,所

以最大值就在这个可能的极值点处取得.此时 $V=\dfrac{\sqrt{6}}{36}a^3$.

**例 6-71**　证明空间直角坐标系中点 $P_0(x_0,y_0,z_0)$ 到平面 $Ax+By+Cz+D=0$ 的距离公式

$$d=\frac{|Ax_0+By_0+Cz_0+D|}{\sqrt{A^2+B^2+C^2}}.$$

**证明**　设 $P(x,y,z)$ 是平面 $Ax+By+Cz+D=0$ 上任意一点,它与 $P_0$ 的距离 $d$ 为

$$d=\sqrt{(x-x_0)^2+(y-y_0)^2+(z-z_0)^2},$$

此题是要求 $d$ 的最小值,而 $d$ 与 $d^2$ 的极值点相同,也就是求 $d^2$ 的最小值.

而 $P$ 在平面上,即有联系方程(限制条件)

$$Ax+By+Cz+D=0.$$

根据拉格朗日乘数法,作辅助函数

$$F=(x-x_0)^2+(y-y_0)^2+(z-z_0)^2+\lambda(Ax+By+Cz+D),$$

分别求偏导,

$$\begin{cases} \dfrac{\partial F}{\partial x}=2(x-x_0)+\lambda A=0 \\ \dfrac{\partial F}{\partial y}=2(y-y_0)+\lambda B=0 \\ \dfrac{\partial F}{\partial z}=2(z-z_0)+\lambda C=0 \\ Ax+By+Cz+D=0 \end{cases},\text{即得} \begin{cases} x=x_0-\dfrac{1}{2}\lambda A \\ y=y_0-\dfrac{1}{2}\lambda B \\ z=z_0-\dfrac{1}{2}\lambda C \end{cases}$$

将 $x,y,z$ 的值代入 $Ax+By+Cz+D=0$ 中,有

$$\lambda=\frac{2(Ax_0+By_0+Cz_0+D)}{A^2+B^2+C^2}$$

于是,上述方程组只有唯一一组解 $(x,y,z)$,且

$$\begin{cases} x = x_0 - \dfrac{A(Ax_0 + By_0 + Cz_0 + D)}{A^2 + B^2 + C^2} \\[3mm] y = y_0 - \dfrac{B(Ax_0 + By_0 + Cz_0 + D)}{A^2 + B^2 + C^2} \\[3mm] z = z_0 - \dfrac{C(Ax_0 + By_0 + Cz_0 + D)}{A^2 + B^2 + C^2} \end{cases}$$

显然这个问题存在最小值,因此 $d^2$ 在此处取最小值,将 $(x,y,z)$ 的坐标代入 $d^2$ 中,即

$$d^2 = \frac{(Ax_0 + By_0 + Cz_0 + D)^2}{A^2 + B^2 + C^2}.$$

所以点 $P_0(x_0, y_0, z_0)$ 到平面 $Ax + By + Cz + D = 0$ 的距离是

$$d = \frac{|Ax_0 + By_0 + Cz_0 + D|}{\sqrt{A^2 + B^2 + C^2}}.$$

**例 6-72**　销售某产品需作两种方式的广告宣传,当宣传费分别为 $x$ 和 $y$(单位:千元) 时,销售量为 $S$(单位:件) 是 $x$ 和 $y$ 的函数

$$S = \frac{200x}{5+x} + \frac{100y}{10+y},$$

若销售产品所得利润是销售量的 1/5 减去总的广告费,两种方式广告费共 25(千元).应怎样分配两种方式的广告费,才能使利润最大,最大利润是多少?

**解**　根据题意,利润函数为

$$L(x,y) = \frac{S}{5} - 25 = \frac{40x}{5+x} + \frac{20y}{10+y} - 25,$$

约束条件为 $x + y - 25 = 0$,作拉格朗日函数

$$F(x,y) = \frac{40x}{5+x} + \frac{20y}{10+y} - 25 + \lambda(x + y - 25),$$

求其偏导数,得方程组

$$\begin{cases} F'_x = \dfrac{200}{(5+x)^2} + \lambda = 0 \\[3mm] F'_y = \dfrac{200}{(10+y)^2} + \lambda = 0, \\[3mm] x + y - 25 = 0 \end{cases}$$

解得 $x = 15, y = 10$,因驻点唯一,所以当两种宣传方式广告费分别为 15 千元和 10 千元时利润最大,最大利润为 $L(15,10) = 15$(千元).

# 第七章 多元函数积分学

本章简单介绍多元函数积分学的一些内容,包括重积分(二重积分和三重积分)的概念、重积分的计算方法以及重积分的一些应用,还有曲线积分、格林公式、曲面积分、奥高公式、斯托克斯公式等内容.

## 第一节 重积分的概念与性质

### 一、重积分的概念

#### 1. 引例

(1) 曲顶柱体的体积

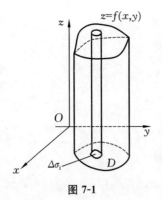

图 7-1

如图 7-1 所示,几何体的底是 $xOy$ 平面上的有界闭区域 $D$,侧面是以 $D$ 的边界曲线为准线而母线平行于 $z$ 轴的柱面,它的顶是闭区域 $D$ 上连续函数 $z = f(x, y)$($f(x, y) \geqslant 0$)所表示的曲面,这样的几何体称为**曲顶柱体**.

如果 $xOy$ 平面 $D$ 已知,$z = f(x, y)$ 已知,这个曲顶柱体是确定的,那么如何计算其体积呢? 我们知道,平顶柱体的体积可用公式

$$体积 = 高 \times 底面积$$

来计算其体积.由于曲顶柱体的高是变量,它的体积不能直接用上面平顶柱体的体积公式来计算,但我们可以像求曲边梯形的面积那样采用微元法(分割、近似、求和、取极限)求解.

首先分割,用一组网线将 $D$ 分成 $n$ 个小闭区域 $\Delta\sigma_1, \Delta\sigma_2, \cdots, \Delta\sigma_n$,同时用 $\Delta\sigma_i$ 表示第 $i$ 个小闭区域的面积.其次近似、求和,在每个小闭区域内作柱面平行于 $z$

轴的小曲顶柱体,任取一个小曲顶柱体记为 $\Delta v_i(i=1,2,\cdots,n)$,在 $\Delta\sigma_i$ 中任取一点 $(\xi_i,\eta_i)$,算出 $f(\xi_i,\eta_i)$ 作为小曲顶柱体的近似高,则小曲顶柱体的近似体积为

$$\Delta v_i \approx f(\xi_i,\eta_i)\cdot\Delta\sigma_i,(i=1,2,\cdots,n),$$

曲顶柱体的体积为

$$V=\sum_{i=1}^{n}\Delta v_i \approx \sum_{i=1}^{n}f(\xi_i,\eta_i)\Delta\sigma_i.$$

最后取极限.只要分割的小柱体足够细,所得的极限即是所求曲顶柱体的体积,即

$$V=\lim_{\lambda\to 0}\sum_{i=1}^{n}f(\xi_i,\eta_i)\Delta\sigma_i.$$

其中 $\lambda$ 为分割的所有小闭区域 $\Delta\sigma_i$ 的面积的最大值.

（2）空间封闭几何体的质量

设有空间几何体 $\Omega$,它在点 $(x,y,z)$ 处的面密度为 $\mu(x,y,z)$,那么该怎么计算该几何体的质量 $m$.

如果几何体均匀,即密度为常数,那么几何体的质量可以用公式

质量＝密度×面积

来计算.现在密度 $\mu(x,y,z)$ 为变量,不能直接计算.我们仍然可用微元法求解(分割、近似、求和、取极限).图 7-2 中第 $i$ 小块质量的近似值为:

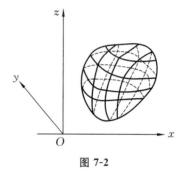

图 7-2

$$\mu(\xi_i,\eta_i,\zeta_i)\Delta v_i,(i=1,2,\cdots,n),$$

通过求和取极限,便得出

$$m=\lim_{\lambda\to 0}\sum_{i=1}^{n}\mu(\xi_i,\eta_i,\zeta_i)\Delta v_i.$$

## 2. 重积分的基本概念

**定义 1**　$D$ 为有界闭区域,$f(x,y)$ 为 $D$ 上的有界函数,将 $D$ 任意分割成 $n$ 个小区域

$$\Delta\sigma_1,\Delta\sigma_2,\cdots,\Delta\sigma_n,$$

其中 $\Delta\sigma_i$ 表示第 $i$ 个小闭区域,也表示它的面积.在每个 $\Delta\sigma_i$ 上任取一点 $(\xi_i,\eta_i)$,作乘积 $f(\xi_i,\eta_i)\Delta\sigma_i(i=1,2,\cdots,n)$,并作和 $\sum_{i=1}^{n}f(\xi_i,\eta_i)\Delta\sigma_i$,如果当各小闭区域的直径中的最大值 $\lambda\to 0$ 时,这个和的极限存在,那么称此极限为函数 $f(x,y)$

在闭区域 $D$ 上的二重积分,记为 $\iint\limits_D f(x,y)\mathrm{d}\sigma$,即

$$\iint\limits_D f(x,y)\mathrm{d}\sigma = \lim_{\lambda \to 0}\sum_{i=1}^n f(\xi_i,\eta_i)\Delta\sigma_i \qquad (7\text{-}1)$$

其中 $f(x,y)$ 叫作被积函数,$f(x,y)\mathrm{d}\sigma$ 叫作**被积表达式**,$\mathrm{d}\sigma$ 叫作**面积元素**,$x$ 与 $y$ 叫作**积分变量**,$D$ 叫作**积分区域**,$\sum\limits_{i=1}^n f(\xi_i,\eta_i)\Delta\sigma_i$ 叫作**积分和**.

在二重积分的定义中,对闭区域 $D$ 的划分是任意的.如果在直角坐标系中用平行于坐标轴的直线网来划分 $D$,那么除了可以忽略在边界处的一些不规则的小闭区域外,其余的都是小矩形闭区域,对任选的矩形闭区域 $\Delta\sigma_i$,设它的边长为 $\Delta x_i$ 和 $\Delta y_i$,则

$$\Delta\sigma_i = \Delta x_i \cdot \Delta y_i,$$

因此在直角坐标系中,有 $\mathrm{d}\sigma = \mathrm{d}x\,\mathrm{d}y$,二重积分也可记为

$$\iint\limits_D f(x,y)\mathrm{d}x\,\mathrm{d}y,$$

其中 $\mathrm{d}x\,\mathrm{d}y$ 叫作直角坐标系的面积元素.

**定义 2**　与二重积分类似,三元函数 $f(x,y,z)$ 在空间几何体 $\Omega$ 上也有三重积分,

$$\iiint\limits_\Omega f(x,y,z)\mathrm{d}v = \lim_{\lambda \to 0}\sum_{i=1}^n f(\xi_i,\eta_i,\zeta_i)\Delta v_i \qquad (7\text{-}2)$$

由重积分的定义可知,引例中的曲顶柱体的体积以及空间几何体的质量就可以用二重积分分别表示出来,即

$$V = \iint\limits_D f(x,y)\mathrm{d}\sigma \text{ 和 } m = \iiint\limits_\Omega \mu(x,y,z)\mathrm{d}v.$$

与二重积分类似,在空间直角坐标系内,体积微元也可表示为

$$\mathrm{d}v = \mathrm{d}x\,\mathrm{d}y\,\mathrm{d}z.$$

现对二重积分定义作几点说明:

(1) 二重积分的积分值与积分区域 $D$ 的分割方式和取点 $(\xi_i,\eta_i)$ 无关,即分割方式与取点 $(\xi_i,\eta_i)$ 具有任意性;

(2) 二重积分的积分值是一数值,该值只与积分区域 $D$ 及被积函数 $f(x,y)$ 有关,与积分变量用什么字母无关,即

$$\iint\limits_D f(x,y)\mathrm{d}\sigma = \iint\limits_D f(s,t)\mathrm{d}\sigma;$$

(3) 若被积函数 $f(x,y)$ 在有界闭区域 $D$ 上连续或分块连续,则函数 $f(x,y)$ 在 $D$ 上一定可积.我们总假定函数 $f(x,y)$ 在有界闭区域 $D$ 上连续或分块连续,

所以函数 $f(x,y)$ 在 $D$ 上的二重积分都是存在的,以后就不再一一加以说明.

（4）因为总可以把被积函数 $z=f(x,y)$ 的图像看作空间的一张曲面,所以当 $f(x,y) \geqslant 0$ 在有界闭区域 $D$ 上且连续时,二重积分 $\iint\limits_{D} f(x,y)\mathrm{d}\sigma$ 的几何意义就是以曲面 $z=f(x,y)$ 为曲顶、以区域 $D$ 为底的曲顶柱体的体积;如果在有界闭区域 $D$ 上 $f(x,y) \leqslant 0$ 且连续时,相应的曲顶柱体在 $xOy$ 面的下方,则二重积分 $\iint\limits_{D} f(x,y)\mathrm{d}\sigma$ 表示该曲顶柱体体积的负值;如果在有界闭区域 $D$ 上有正有负且连续时,则二重积分 $\iint\limits_{D} f(x,y)\mathrm{d}\sigma$ 的值就等于在 $xOy$ 面的上方的曲顶柱体体积值与在 $xOy$ 面的下方的曲顶柱体体积值的相反数的代数和.

## 二、重积分的性质

重积分与定积分有相类似的性质,下面重点介绍二重积分的性质.

**性质 1（线性性质）**

$$\iint\limits_{D} [k_1 f(x,y) + k_2 g(x,y)]\mathrm{d}\sigma = k_1 \iint\limits_{D} f(x,y)\mathrm{d}\sigma + k_2 \iint\limits_{D} g(x,y)\mathrm{d}\sigma.$$

**性质 2（积分区域可加性）**　若积分区域 $D$ 被分为两个闭区域 $D_1,D_2$,则

$$\iint\limits_{D} f(x,y)\mathrm{d}\sigma = \iint\limits_{D_1} f(x,y)\mathrm{d}\sigma + \iint\limits_{D_2} f(x,y)\mathrm{d}\sigma.$$

**性质 3**　如果在 $D$ 上,$f(x,y)=1$,$\sigma$ 为 $D$ 的面积（或几何体 $\Omega$ 的体积为 $V$）,那么

$$\iint\limits_{D} \mathrm{d}\sigma = \iint\limits_{D} 1 \cdot \mathrm{d}\sigma = \sigma. \quad （或 \iiint\limits_{\Omega} \mathrm{d}v = V）.$$

**性质 4**　如果在 $D$ 上,$f(x,y) \leqslant g(x,y)$,那么有

$$\iint\limits_{D} f(x,y)\mathrm{d}\sigma \leqslant \iint\limits_{D} g(x,y)\mathrm{d}\sigma.$$

特殊情形,因为 $-|f(x,y)| \leqslant f(x,y) \leqslant |f(x,y)|$,所以又有

$$\left| \iint\limits_{D} f(x,y)\mathrm{d}\sigma \right| \leqslant \iint\limits_{D} |f(x,y)|\mathrm{d}\sigma.$$

**性质 5（估值性质）**　设 $f(x,y)$ 在 $D$ 上有 $m \leqslant f(x,y) \leqslant M$,$\sigma$ 是 $D$ 的面积,则有

$$m\sigma \leqslant \iint\limits_{D} f(x,y)\mathrm{d}\sigma \leqslant M\sigma.$$

**性质 6(中值性质)**  设 $f(x,y)$ 在 $D$ 上连续,$\sigma$ 是 $D$ 的面积,那么在 $D$ 上至少存在一点 $(\xi,\eta)$,使得

$$\iint_D f(x,y)\mathrm{d}\sigma = f(\xi,\eta)\cdot\sigma.$$

有时也称数值 $\dfrac{1}{\sigma}\iint_D f(x,y)\mathrm{d}\sigma$ 为 $f(x,y)$ 在区域 $D$ 上的平均值.

下面举例说明.

**例 7-1**  不用计算而仅用重积分的性质,回答下列重积分的值.

(1) $\iint_D \mathrm{d}x\,\mathrm{d}y$,其中 $D=\{(x,y)\mid 1-x\leqslant y\leqslant\sqrt{1-x^2}\}$;

(2) $\iint_D(1-x-y)\mathrm{d}x\,\mathrm{d}y$,其中 $D$ 是由坐标轴 $x=0,y=0$ 及直线 $x+y=1$ 围成的闭区域.

**解**  (1) $\iint_D \mathrm{d}x\,\mathrm{d}y=\sigma$ 表示积分区域的面积,而 $D$ 是由直线 $x+y=1$ 和圆 $x^2+y^2=1$ 围成的在第一象限的弓形区域,所以,

$$\iint_D \mathrm{d}x\,\mathrm{d}y=\frac{\pi}{4}-\frac{1}{2}=\frac{\pi-2}{4}.$$

(2) 由二重积分的几何意义可知,

$$\iint_D(1-x-y)\mathrm{d}x\,\mathrm{d}y=V_{曲顶柱体},$$

而此题的曲顶柱体是由三个坐标面以及平面 $x+y+z=1$ 围成的四面锥体,

$$V_{锥}=\frac{1}{3}S_{底}h=\frac{1}{3}\times\frac{1}{2}\times1=\frac{1}{6},$$

所以

$$\iint_D(1-x-y)\mathrm{d}x\,\mathrm{d}y=\frac{1}{6}.$$

**例 7-2**  比较 $\iint_D\sqrt{x^2+y^2}\,\mathrm{d}x\,\mathrm{d}y$ 与 $\iint_D(x+y)\mathrm{d}x\,\mathrm{d}y$ 的大小,其中 $D=\{(x,y)\mid 0\leqslant x\leqslant1,0\leqslant y\leqslant1\}$.

**解**  因为积分区域 $D$ 中点的坐标 $(x,y)$ 满足 $0\leqslant x\leqslant1,0\leqslant y\leqslant1$,从而有

$$\sqrt{x^2+y^2}\leqslant x+y\leqslant2,$$

由性质 4 可知

$$\iint_D\sqrt{x^2+y^2}\,\mathrm{d}x\,\mathrm{d}y\leqslant\iint_D(x+y)\mathrm{d}x\,\mathrm{d}y.$$

# 第二节　重积分的计算法

少数简单的重积分可以用定义中的极限计算,但对一般的函数和区域来说,这不是可行的方法.下面介绍可行并且相对简单的重积分(二重积分和三重积分)的计算方法,即将二重积分(或三重积分)分为两次(或三次)定积分来计算.

## 一、利用直角坐标计算二重积分

确定二重积分值的因素只有被积函数和积分区域,所以计算二重积分之前必须先弄清楚积分区域 $D$ 的形状,才能进行相应的计算.

### 1. $D$ 为 $X$ 型积分区域

积分区域 $D$ 是由曲线 $y=\varphi_1(x)$,$y=\varphi_2(x)$,直线 $x=a$,$x=b$ 围成的闭区域,此时的区域称为 $X$ 区域(图 7-3),则可以用不等式来表示:

$$a \leqslant x \leqslant b, \varphi_1(x) \leqslant y \leqslant \varphi_2(x),$$

那么,此时的二重积分$\iint\limits_D f(x,y)\mathrm{d}\sigma$ 可化为二次

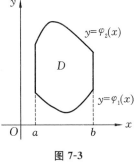

图 7-3

积分:

$$\iint\limits_D f(x,y)\mathrm{d}\sigma = \int_a^b \Big[\int_{\varphi_1(x)}^{\varphi_2(x)} f(x,y)\mathrm{d}y\Big]\mathrm{d}x, \tag{7-3}$$

也可以写为:

$$\iint\limits_D f(x,y)\mathrm{d}\sigma = \int_a^b \mathrm{d}x \int_{\varphi_1(x)}^{\varphi_2(x)} f(x,y)\mathrm{d}y. \tag{7-4}$$

下面用二重积分的几何意义简单地说明一下上面的计算公式.由二重积分的几何意义,二重积分的值等于曲顶柱体的体积,即

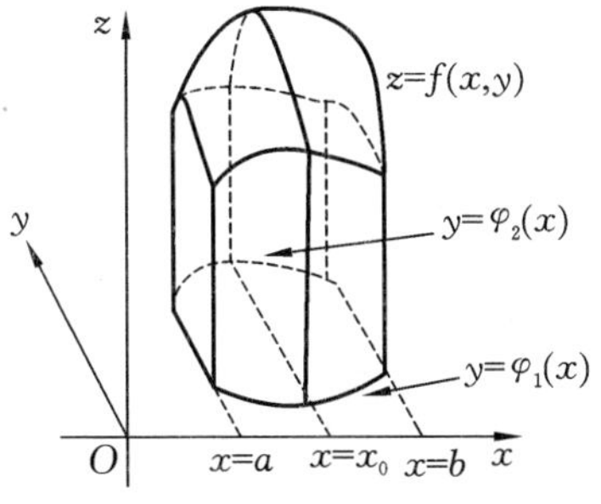

$$\iint\limits_D f(x,y)\mathrm{d}\sigma = V_{曲顶柱体},$$

如图 7-4 所示,该几何体是一个截面面积已知的几何体.在区间$[a,b]$任意取定一点 $x=x_0$,作平行于 $yOz$ 面的平面 $x=x_0$,截曲顶柱体后得到曲边梯形,其面积记为 $A(x_0)$,则有

图 7-4

$$A(x_0) = \int_{\varphi_1(x_0)}^{\varphi_2(x_0)} f(x_0, y) \mathrm{d}y,$$

所以,在 $a \leqslant x \leqslant b$ 上任一点 $x$,作平行于 $yOz$ 面的平面截该柱体后的截面面积为

$$A(x) = \int_{\varphi_1(x)}^{\varphi_2(x)} f(x, y) \mathrm{d}y,$$

所以曲顶柱体的体积为

$$V = \int_a^b A(x) \mathrm{d}x = \int_a^b \left[ \int_{\varphi_1(x)}^{\varphi_2(x)} f(x, y) \mathrm{d}y \right] \mathrm{d}x,$$

即为二重积分的值,所以

$$\iint\limits_D f(x, y) \mathrm{d}\sigma = \int_a^b \left[ \int_{\varphi_1(x)}^{\varphi_2(x)} f(x, y) \mathrm{d}y \right] \mathrm{d}x,$$

为简便起见,记为

$$\iint\limits_D f(x, y) \mathrm{d}\sigma = \int_a^b \mathrm{d}x \int_{\varphi_1(x)}^{\varphi_2(x)} f(x, y) \mathrm{d}y.$$

该二次积分也称为先 $y$ 后 $x$ 的二次积分.

### 2. $D$ 为 $Y$ 型积分区域

如果积分区域 $D$ 是由曲线 $x = \psi_1(y), x = \psi_2(y)$,以及直线 $y = c, y = d$ 围成的闭区域(图7-5),称为 $Y$ 型积分区域,即积分区域 $D$ 可表示为:

$$c \leqslant y \leqslant d, \psi_1(y) \leqslant x \leqslant \psi_2(y),$$

则二重积分的计算公式为:

$$\iint\limits_D f(x, y) \mathrm{d}\sigma = \int_c^d \left[ \int_{\psi_1(y)}^{\psi_2(y)} f(x, y) \mathrm{d}x \right] \mathrm{d}y,$$

$$(7\text{-}5)$$

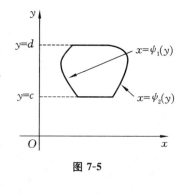

图 7-5

简记为:

$$\iint\limits_D f(x, y) \mathrm{d}\sigma = \int_c^d \mathrm{d}y \int_{\psi_1(y)}^{\psi_2(y)} f(x, y) \mathrm{d}x, \qquad (7\text{-}6)$$

该二次积分也称为先 $x$ 后 $y$ 的二次积分.

### 3. $D$ 为非 $X$ 非 $Y$ 型区域

如果积分区域 $D$ 既不是 $X$ 型区域也不是 $Y$ 型区域,如图7-6所示,要计算该复杂区域下的二重积分,先用平行于坐标轴的直线将其分成有限的几个 $X$ 型或 $Y$ 型的小区域.利用积分区域的可加性,计算出每个小区域下的二重积分,然后求和即可.

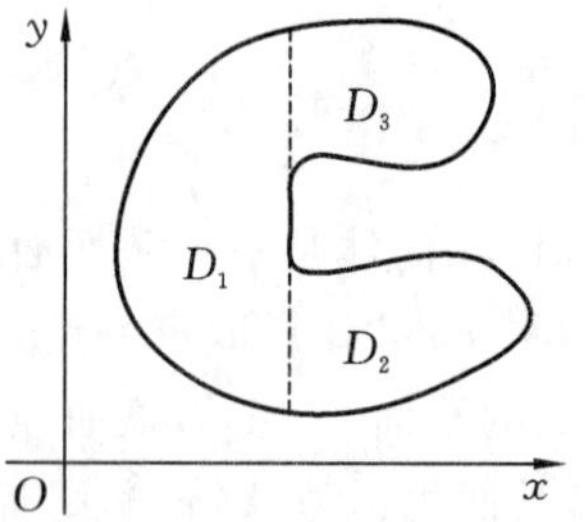

图 7-6

下面我们举例说明二重积分的具体计算方法.

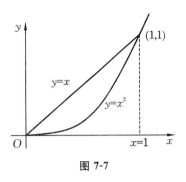

图 7-7

**例 7-3**　计算二重积分 $\iint\limits_{D} xy\mathrm{d}\sigma$ . 其中 $D$ 是由直线 $y=x$ , $y=x^2$ , $x$ 轴围成的闭区域.

**解**　**方法 1**　依题意, 画出积分区域 $D$ , 如图 7-7 所示, $D$ 夹在 $x=0$ , $x=1$ 之间, 在区间 $[0,1]$ 上任意取定一个 $x$ 的值, 过点 $x$ 作直线垂直 $x$ 轴, 与区域 $D$ 的上下边界 $y=x$ , $y=x^2$ 相交, 因此, 区域

$$D=\{(x,y) \mid 0 \leqslant x \leqslant 1, x^2 \leqslant y \leqslant x\}$$

是 $X$ 型区域, 由计算公式可知,

$$\iint\limits_{D} xy\mathrm{d}\sigma = \int_0^1 \mathrm{d}x \int_{x^2}^{x} xy\,\mathrm{d}y = \int_0^1 \left( \frac{x}{2}y^2 \bigg|_{x^2}^{x} \right) \mathrm{d}x$$

$$= \int_0^1 \frac{x}{2}[x^2-(x^2)^2]\mathrm{d}x = \frac{1}{2}\int_0^1 (x^3-x^5)\mathrm{d}x = \frac{1}{24}.$$

**方法 2**　本题积分区域 $D$ 也是 $Y$ 型区域, $0 \leqslant y \leqslant 1, y \leqslant x \leqslant \sqrt{y}$ ,

$$\iint\limits_{D} xy\mathrm{d}\sigma = \int_0^1 \mathrm{d}y \int_y^{\sqrt{y}} xy\,\mathrm{d}x = \int_0^1 \left( \frac{x^2}{2}y \right) \bigg|_y^{\sqrt{y}} \mathrm{d}y$$

$$= \int_0^1 y \cdot \frac{(\sqrt{y})^2 - y^2}{2}\mathrm{d}y = \frac{1}{2}\int_0^1 (y^2-y^3)\mathrm{d}y = \frac{1}{24}.$$

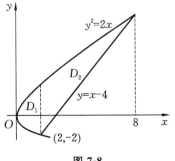

图 7-8

**例 7-4**　计算 $\iint\limits_{D} y\mathrm{d}x\,\mathrm{d}y$ , 其中闭区域 $D$ 是由抛物线 $y^2=2x$ , 直线 $y=x-4$ 围成.

**解**　**方法 1**　易求得抛物线与直线的交点为 $(2,-2)$ , $(8,4)$ . 若采用先 $y$ 后 $x$ 的二次积分, 由于在区间 $[0,2]$ 及 $[2,8]$ 上表示 $\varphi_1(x)$ 的式子不同, 所以要用经过交点 $(2,-2)$ 且平行于 $y$ 轴的直线 $x=2$ 把区域 $D$ 分成 $D_1$ 和 $D_2$ 两部分, 如图 7-8 所示, 此时 $D_1$ 和 $D_2$ 可分别表示为

$D_1$：$0 \leqslant x \leqslant 2, -\sqrt{2x} \leqslant y \leqslant \sqrt{2x}$ , $D_2$：$2 \leqslant x \leqslant 8, x-4 \leqslant y \leqslant \sqrt{2x}$ ,

于是有

$$\iint_D y\,\mathrm{d}x\,\mathrm{d}y = \iint_{D_1} y\,\mathrm{d}x\,\mathrm{d}y + \iint_{D_2} y\,\mathrm{d}x\,\mathrm{d}y = \int_0^2 \mathrm{d}x \int_{-\sqrt{2x}}^{\sqrt{2x}} y\,\mathrm{d}y + \int_2^8 \mathrm{d}x \int_{x-4}^{\sqrt{2x}} y\,\mathrm{d}y$$

$$= \int_0^2 \frac{1}{2}\,y^2 \Big|_{-\sqrt{2x}}^{\sqrt{2x}} \mathrm{d}x + \int_2^8 \frac{1}{2}\,y^2 \Big|_{x-4}^{\sqrt{2x}} \mathrm{d}x = 0 + \frac{1}{2}\int_2^8 [2x - (x-4)^2]\mathrm{d}x$$

$$= \frac{1}{2}\int_2^8 (-x^2 + 10x - 16)\mathrm{d}x = 18.$$

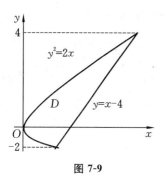

图 7-9

**方法 2**　如图 7-9 所示,积分区域 $D$ 是 $Y$ 型区域,可选择先 $x$ 后 $y$ 的积分次序计算,

$$D: -2 \leqslant y \leqslant 4, \frac{y^2}{2} \leqslant x \leqslant y+4,$$

$$\iint_D y\,\mathrm{d}x\,\mathrm{d}y = \int_{-2}^4 \mathrm{d}y \int_{\frac{y^2}{2}}^{y+4} y\,\mathrm{d}x$$

$$= \int_{-2}^4 y\left(y + 4 - \frac{y^2}{2}\right)\mathrm{d}y$$

$$= \left(-\frac{1}{8}y^4 + \frac{1}{3}y^3 + 2y^2\right)\Big|_{-2}^4 = 18.$$

比较这两种方法,方法 1 要将积分区域分割为两部分,从而化为两个二次积分进行计算,方法 2 直接化为 $Y$ 型的二次积分,相对比较简单.我们对一个二重积分分别写成 $X$ 型和 $Y$ 型两种二次积分,称作直角坐标系下交换积分次序,本例题中即有

$$\int_{-2}^4 \mathrm{d}y \int_{\frac{y^2}{2}}^{y+4} f(x,y)\mathrm{d}x = \int_0^2 \mathrm{d}x \int_{-\sqrt{2x}}^{\sqrt{2x}} f(x,y)\mathrm{d}y + \int_2^8 \mathrm{d}x \int_{x-4}^{\sqrt{2x}} f(x,y)\mathrm{d}y.$$

**例 7-5**　计算二重积分 $\iint_D \dfrac{\sin y}{y}\mathrm{d}x\,\mathrm{d}y$,其中积分区域 $D$ 是由曲线 $y=\sqrt{x}$,直线 $y=x$ 所围成的闭区域.

**解**　积分区域 $D$ 如图 7-10 所示,显然,$D$ 既是 $X$ 型,又是 $Y$ 型,若选择先 $y$ 后 $x$ 的积分次序,由于

$$D = \{(x,y) \mid 0 \leqslant x \leqslant 1, x \leqslant y \leqslant \sqrt{x}\},$$

那么

$$\iint_D \frac{\sin y}{y}\mathrm{d}x\,\mathrm{d}y = \int_0^1 \mathrm{d}x \int_x^{\sqrt{x}} \frac{\sin y}{y}\mathrm{d}y.$$

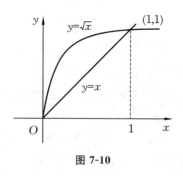

图 7-10

由于 $\dfrac{\sin y}{y}$ 的原函数不能用初等函数表示,因此上述积分不能按此方法进行初等计算.但是,若选择先 $x$ 后 $y$ 的积分次序,即

$$D = \{(x, y) \mid 0 \leqslant y \leqslant 1, y^2 \leqslant x \leqslant y\},$$

那么

$$\iint\limits_{D} \frac{\sin y}{y} \mathrm{d}x \, \mathrm{d}y = \int_0^1 \mathrm{d}y \int_{y^2}^y \frac{\sin y}{y} \mathrm{d}x = \int_0^1 \frac{\sin y}{y}(y - y^2)\mathrm{d}y = 1 - \sin 1.$$

本例说明,二重积分的计算不仅要考虑积分
区域的类型,而且要结合被积函数是否可积而选
择正确简便的积分次序进行计算.

**例 7-6** 计算 $\iint\limits_{D} \mathrm{e}^{x+y} \mathrm{d}x \, \mathrm{d}y$,其中 $D = \{(x, y) \mid |x| + |y| \leqslant 1\}$.

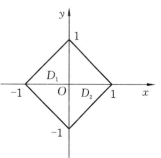

图 7-11

**解** 设 $y$ 轴将 $D$ 分成 $D_1$,$D_2$(图 7-11),$D_1$,$D_2$ 都是 $X$ 型区域,

$$\iint\limits_{D} \mathrm{e}^{x+y} \mathrm{d}x \, \mathrm{d}y = \iint\limits_{D_1} \mathrm{e}^{x+y} \mathrm{d}x \, \mathrm{d}y + \iint\limits_{D_2} \mathrm{e}^{x+y} \mathrm{d}x \, \mathrm{d}y,$$

$$\iint\limits_{D_1} \mathrm{e}^{x+y} \mathrm{d}x \, \mathrm{d}y = \int_{-1}^0 \mathrm{d}x \int_{-x-1}^{x+1} \mathrm{e}^{x+y} \mathrm{d}y = \int_{-1}^0 \mathrm{e}^{x+y} \Big|_{-x-1}^{x+1} \mathrm{d}x$$

$$= \int_{-1}^0 [\mathrm{e}^{2x+1} - \mathrm{e}^{-1}]\mathrm{d}x = \left( \frac{1}{2}\mathrm{e}^{2x+1} - \mathrm{e}^{-1}x \right) \Big|_{-1}^0 = \frac{\mathrm{e}}{2} - \frac{3}{2}\mathrm{e}^{-1},$$

$$\iint\limits_{D_2} \mathrm{e}^{x+y} \mathrm{d}x \, \mathrm{d}y = \int_0^1 \mathrm{d}x \int_{x-1}^{-x+1} \mathrm{e}^{x+y} \mathrm{d}y = \int_0^1 [\mathrm{e} - \mathrm{e}^{2x-1}]\mathrm{d}x$$

$$= \mathrm{e} \cdot x \Big|_0^1 - \frac{1}{2}\mathrm{e}^{2x-1} \Big|_0^1 = \frac{\mathrm{e} + \mathrm{e}^{-1}}{2},$$

所以

$$\iint\limits_{D} \mathrm{e}^{x+y} \mathrm{d}x \, \mathrm{d}y = \frac{\mathrm{e} - 3\mathrm{e}^{-1}}{2} + \frac{\mathrm{e} + \mathrm{e}^{-1}}{2} = \mathrm{e} - \mathrm{e}^{-1}.$$

这个例子说明计算二重积分遇到既不是 $X$ 型区域又不是 $Y$ 型区域时,需要
对积分区域进行分割,使每小块是 $X$ 型或 $Y$ 型,在每小块上计算二重积分,然后
利用积分区域可加性,将每小块的二重积分值进行代
数求和.

**例 7-7** 求两个底面半径都等于 $R$ 的直交圆柱
面所围成的立体的体积 $V$.

**解** 设两圆柱面的中心轴分别为 $y$ 轴与 $z$ 轴,建
立空间直角坐标系,那么这两个圆柱面的方程分别为
$x^2 + z^2 = R^2$ 和 $x^2 + y^2 = R^2$.如图 7-12 所示,由于几
何体关于坐标面的对称性,设第一卦限部分的体积为

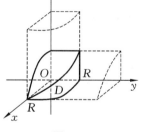

图 7-12

$V_1$,那么 $V = 8V_1$.而几何体在第一卦限的部分是可以看成一个曲顶柱体,曲顶是柱面 $z = \sqrt{R^2 - x^2}$,它的底为

$$D = \{(x,y) \mid 0 \leqslant y \leqslant \sqrt{R^2 - x^2}, 0 \leqslant x \leqslant R\},$$

于是

$$V_1 = \iint\limits_{D} \sqrt{R^2 - x^2}\, \mathrm{d}x\, \mathrm{d}y$$

$$= \int_0^R \mathrm{d}x \int_0^{\sqrt{R^2 - x^2}} \sqrt{R^2 - x^2}\, \mathrm{d}y$$

$$= \int_0^R y\sqrt{R^2 - x^2}\, \Big|_0^{\sqrt{R^2 - x^2}}\, \mathrm{d}x = \int_0^R (R^2 - x^2)\, \mathrm{d}x = \frac{2}{3}R^3,$$

从而所求立体的体积为

$$V = 8V_1 = \frac{16}{3}R^3.$$

# 二、利用极坐标计算二重积分

有些二重积分,采用极坐标计算方法比较方便.下面简单介绍一下这种计算方法在计算二重积分问题时的步骤.

**第一步**:写出积分区域 $D$ 的极坐标不等式.

如图 7-13 所示,$D$ 是由两条曲线 $\rho = \varphi_1(\theta)$,$\rho = \varphi_2(\theta)$ 以及两条射线 $\theta = \alpha$,$\theta = \beta$ 围成.此时闭区域 $D$ 可以用不等式表示:

$$\alpha \leqslant \theta \leqslant \beta, \varphi_1(\theta) \leqslant \rho \leqslant \varphi_2(\theta),$$

这个积分区域 $D$ 是极坐标计算二重积分的标准积分区域(也可以认为是两个曲边扇形围成的闭区域).

图 7-14 至图 7-16 所示的闭区域都是可以不用分割直接用极坐标不等式表示的区域.

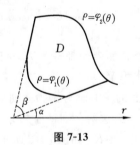

图 7-13　　　　　　　　　　　图 7-14

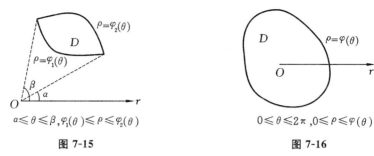

$$\alpha \leqslant \theta \leqslant \beta, \varphi_1(\theta) \leqslant \rho \leqslant \varphi_2(\theta)$$
　　　　　　图 7-15

$$0 \leqslant \theta \leqslant 2\pi, 0 \leqslant \rho \leqslant \varphi(\theta)$$
　　　　　　图 7-16

　　也有二重积分在计算时积分区域 $D$ 较复杂,需要先将其分割成极坐标的标准积分区域,再计算,例如图 7-17、图 7-18 所示的积分区域.图 7-17 中闭区域 $D$ 在直角坐标系中是由 $x=1, y=1$ 以及 $x$ 轴和 $y$ 轴围成的正方形区域;图 7-18 中闭区域 $D$ 在直角坐标系中是由曲线 $y=\sqrt{x}, y=x^2$ 围成的闭区域.它们如果作为积分区域,就必须进行如下分割.

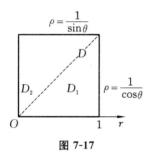

图 7-17

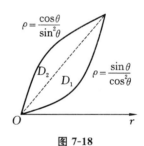

图 7-18

　　图 7-17, $D_1 : 0 \leqslant \theta \leqslant \dfrac{\pi}{4}, 0 \leqslant \rho \leqslant \dfrac{1}{\cos\theta}$, 　　$D_2 : \dfrac{\pi}{4} \leqslant \theta \leqslant \dfrac{\pi}{2}, 0 \leqslant \rho \leqslant \dfrac{1}{\sin\theta}$.

　　图 7-18, $D_1 : 0 \leqslant \theta \leqslant \dfrac{\pi}{4}, 0 \leqslant \rho \leqslant \dfrac{\sin\theta}{\cos^2\theta}$, 　　$D_2 : \dfrac{\pi}{4} \leqslant \theta \leqslant \dfrac{\pi}{2}, 0 \leqslant \rho \leqslant \dfrac{\cos\theta}{\sin^2\theta}$.

　　**第二步**:将 $f(x, y)$ 化为 $f(\rho\cos\theta, \rho\sin\theta)$, $\mathrm{d}\sigma$ 化为 $\rho\,\mathrm{d}\rho\,\mathrm{d}\theta$.

　　这一步较简单,即利用直角坐标系与极坐标系的关系公式 $x=\rho\cos\theta, y=\rho\sin\theta$ 将被积函数 $f(x, y)$ 化为 $f(\rho\cos\theta, \rho\sin\theta)$. 难的是理解面积微元公式 $\mathrm{d}\sigma = \rho\,\mathrm{d}\rho\,\mathrm{d}\theta$.严格的证明较复杂,这里只给出简要的说明.如图 7-19 所示,用不同半径的同心圆将 $D$ 进行分割,面积微元 $\Delta\sigma$ 的大小是两个扇形的面积之差,

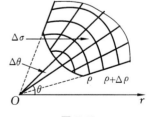

图 7-19

$$\Delta\sigma = \frac{1}{2}\left[(\rho + \Delta\rho)^2 - \rho^2\right] \cdot \Delta\theta$$

$$= \rho \cdot \Delta\rho \cdot \Delta\theta + \frac{1}{2}(\Delta\rho)^2 \cdot \Delta\theta,$$

所以,取极限后,

$$d\sigma = \rho \, d\rho \, d\theta.$$

第三步:化二重积分为极坐标形式的二次积分.

若积分区域 $D$ 为标准积分区域,那么二重积分 $\iint\limits_{D} f(x,y)\,d\sigma$ 可化为

$$\iint\limits_{D} f(x,y)\,d\sigma = \int_{\alpha}^{\beta} d\theta \int_{\varphi_1(\theta)}^{\varphi_2(\theta)} f(\rho\cos\theta, \rho\sin\theta)\rho \, d\rho. \qquad (7\text{-}7)$$

其他积分区域的二重积分相应地改变二次积分的积分上下限,最后进行定积分计算.

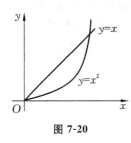

图 7-20

**例 7-8**　计算二重积分 $\iint\limits_{D} \dfrac{1}{\sqrt{x^2+y^2}}dx\,dy$,其中 $D$ 是由直线 $y=x$,抛物线 $y=x^2$ 围成的闭区域.

**解**　画出积分区域 $D$(图 7-20),显然在直角坐标系下计算非常麻烦,采用极坐标计算.积分区域 $D$ 的极坐标不等式为:

$$0 \leqslant \theta \leqslant \frac{\pi}{4}, 0 \leqslant \rho \leqslant \frac{\sin\theta}{\cos^2\theta},$$

则有

$$\iint\limits_{D} \frac{1}{\sqrt{x^2+y^2}}dx\,dy = \int_0^{\frac{\pi}{4}} d\theta \int_0^{\frac{\sin\theta}{\cos^2\theta}} \frac{1}{\rho}\rho \, d\rho$$

$$= \int_0^{\frac{\pi}{4}} \frac{\sin\theta}{\cos^2\theta}d\theta = -\int_0^{\frac{\pi}{4}} \frac{1}{\cos^2\theta}d(\cos\theta)$$

$$\overset{t=\cos\theta}{=\!=\!=} -\int_1^{\frac{\sqrt{2}}{2}} \frac{1}{t^2}dt = \frac{1}{t}\Big|_1^{\frac{\sqrt{2}}{2}} = \sqrt{2}-1.$$

**例 7-9**　计算 $\iint\limits_{D} \arctan\dfrac{y}{x}dx\,dy$,其中区域 $D$ 是由两圆周 $x^2+y^2=1$,$x^2+y^2=4$ 以及两直线 $y=\dfrac{\sqrt{3}}{3}x$,$y=\sqrt{3}\,x$ 围成的闭区域.

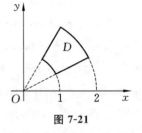

图 7-21

**解**　令 $y=\rho\sin\theta$,$x=\rho\cos\theta$,如图 7-21 所示,区域 $D$ 的极坐标不等式为 $\dfrac{\pi}{6} \leqslant \theta \leqslant \dfrac{\pi}{3}$,$1 \leqslant \rho \leqslant 2$,

$$\iint\limits_{D} \arctan\frac{y}{x}dx\,dy = \int_{\frac{\pi}{6}}^{\frac{\pi}{3}} d\theta \int_1^2 \arctan(\tan\theta)\cdot\rho \, d\rho$$

$$= \int_{\frac{\pi}{6}}^{\frac{\pi}{3}} \theta \, d\theta \int_1^2 \rho \, d\rho = \int_{\frac{\pi}{6}}^{\frac{\pi}{3}} \left[ \left( \frac{1}{2} \rho^2 \right) \Big|_1^2 \right] \theta \, d\theta$$

$$= \frac{3}{2} \int_{\frac{\pi}{6}}^{\frac{\pi}{3}} \theta \, d\theta = \frac{3}{4} \theta^2 \Big|_{\frac{\pi}{6}}^{\frac{\pi}{3}} = \frac{\pi^2}{16}.$$

**例 7-10**　求如图 7-22(a) 所示,底面半径为 $R$、高为 $R^2$ 的圆柱体,被旋转抛物面 $z = x^2 + y^2$ 掏空后剩下的几何体的体积 $V$.

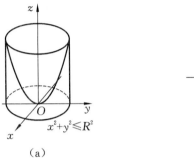
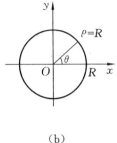

（a）　　　　　　　　　　　（b）

**图 7-22**

**解**　该几何体是一个曲顶柱体,由二重积分的几何意义可知,所求几何体的体积

$$V = \iint_D (x^2 + y^2) \, dx \, dy,$$

积分区域为圆形闭区域

$$D : x^2 + y^2 \leqslant R^2,$$

如图 7-22(b) 所示,采用极坐标计算方法较简便,其中

$$D : 0 \leqslant \theta \leqslant \frac{\pi}{2}, 0 \leqslant \rho \leqslant R,$$

$$\iint_D (x^2 + y^2) \, dx \, dy = \int_0^{2\pi} d\theta \int_0^R \rho^2 \cdot \rho \, d\rho = \frac{1}{2} \pi R^4.$$

即

$$V = \frac{1}{2} \pi R^4,$$

即被掏空后剩下的几何体体积为圆柱体体积的一半.

**例 7-11**　证明: $\int_0^{+\infty} e^{-\frac{x^2}{2}} \, dx = \sqrt{\frac{\pi}{2}}$.

**证**　当 $x > 1$ 时, $-\frac{x^2}{2} < -\frac{x}{2}$,而 $\int_1^{+\infty} e^{-\frac{x}{2}} \, dx$ 显然收敛,所以 $\int_0^{+\infty} e^{-\frac{x^2}{2}} \, dx$ 也收敛.设 $I = \int_0^{+\infty} e^{-\frac{x^2}{2}} \, dx$,因积分与积分变量无关,故 $I = \int_0^{+\infty} e^{-\frac{y^2}{2}} \, dy$,又 $e^{-\frac{x^2}{2}} > 0$,所以

$I > 0$.

$$I^2 = \int_0^{+\infty} e^{-\frac{x^2}{2}} \mathrm{d}x \cdot \int_0^{+\infty} e^{-\frac{y^2}{2}} \mathrm{d}y$$

$$= \int_0^{+\infty} \left[ \int_0^{+\infty} e^{-\frac{x^2+y^2}{2}} \mathrm{d}y \right] \mathrm{d}x$$

$$= \iint_D e^{-\frac{x^2+y^2}{2}} \mathrm{d}x\,\mathrm{d}y.$$

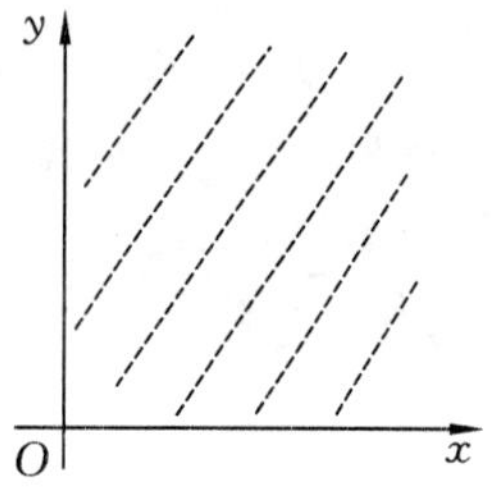

此时 $D$ 为 $xOy$ 面中第一象限的无穷区域,如图 7-23 所示,虽然上面的积分属于广义积分,但还是可以计算的.选择极坐标计算方法,$D$ 的极坐标不等式为:

$$0 \leqslant \theta \leqslant \frac{\pi}{2},\ 0 \leqslant \rho < +\infty,$$

$$I^2 = \int_0^{\frac{\pi}{2}} \mathrm{d}\theta \int_0^{+\infty} e^{-\frac{\rho^2}{2}} \rho\,\mathrm{d}\rho$$

$$= \int_0^{\frac{\pi}{2}} (-e^{-\frac{\rho^2}{2}}) \bigg|_0^{+\infty} \mathrm{d}\theta = \int_0^{\frac{\pi}{2}} \mathrm{d}\theta = \frac{\pi}{2},$$

所以,$I = \sqrt{\dfrac{\pi}{2}}$,即

$$\int_0^{+\infty} e^{-\frac{x^2}{2}} \mathrm{d}x = \sqrt{\frac{\pi}{2}}.$$

图 7-23

# 三、三重积分的计算

## 1. 利用直角坐标计算三重积分

计算三重积分的基本方法是将三重积分化为二重积分和定积分,最终化为三次定积分来计算.在直角坐标系中,三重积分按积分几何体的形状特点一般分向面投影和向轴投影两种基本方法,当积分几何体不满足这两种基本方法中几何体的要求时,也要对几何体进行分割.

(1) 向坐标面投影法

如果积分几何体 $\Omega$ 满足上下部分是两个曲面,中间部分是一个柱面围成的封闭几何体,曲面的方程分别是 $z = z_1(x,y)$ 和 $z = z_2(x,y)$,而柱面与 $xOy$ 面的交线正是几何体在 $xOy$ 面的投影区域 $D$ 的边界(图 7-24),在这种情形下,积分

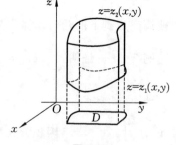

图 7-24

几何体 $\Omega$ 可以表示为：

$$\Omega = \{(x,y,z) \mid z_1(x,y) \leqslant z \leqslant z_2(x,y), (x,y) \in D\},$$

那么，三重积分 $\iiint\limits_{\Omega} f(x,y,z)\mathrm{d}v$ 的计算公式：

$$\iiint\limits_{\Omega} f(x,y,z)\mathrm{d}v = \iint\limits_{D}\left[\int_{z_1(x,y)}^{z_2(x,y)} f(x,y,z)\mathrm{d}z\right]\mathrm{d}\sigma \qquad (7\text{-}8)$$

也就是先定积分后二重积分.

（2）向坐标轴投影法

如果积分几何体 $\Omega$ 向 $z$ 轴的投影区间为 $[c,d]$，并且用垂直于 $z$ 轴的平面截几何体 $\Omega$ 得到的任意截面闭区域 $D_z$ 如图 7-25 所示，在这种情形下，积分几何体可以表示为：

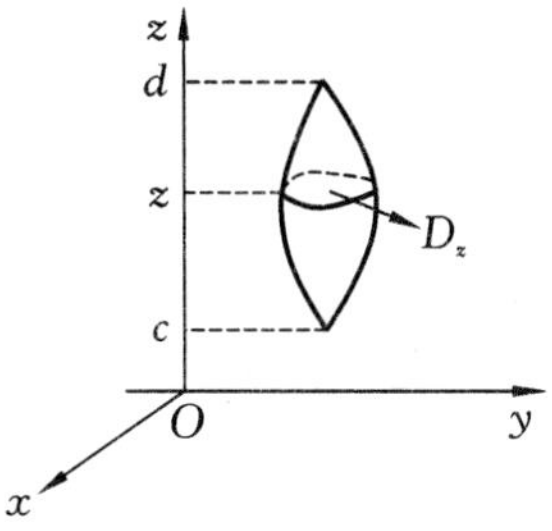

$$\Omega = \{(x,y,z) \mid c \leqslant z \leqslant d, (x,y) \in D_z\},$$

那么，三重积分 $\iiint\limits_{\Omega} f(x,y,z)\mathrm{d}v$ 的计算公式：

**图 7-25**

$$\iiint\limits_{\Omega} f(x,y,z)\mathrm{d}v = \int_c^d\left[\iint\limits_{D_z} f(x,y,z)\mathrm{d}x\,\mathrm{d}y\right]\mathrm{d}z. \qquad (7\text{-}9)$$

### * 2. 利用球面坐标计算三重积分

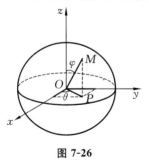

**图 7-26**

有时积分几何体 $\Omega$ 是球体或与球体有关时，采用球面坐标进行换元计算较为简便，图 7-26 所示为球体，空间直角坐标的球面换元公式为：

$$\begin{cases} x = r\sin\varphi\cos\theta, \\ y = r\sin\varphi\sin\theta, \\ z = r\cos\varphi. \end{cases} \qquad (7\text{-}10)$$

在具体的积分几何体 $\Omega$ 中，要注意三个参数 $r$，$\varphi$，$\theta$ 的取值范围，如图 7-26 所示的球体中，$0 \leqslant r < +\infty, 0 \leqslant \varphi \leqslant \pi, 0 \leqslant \theta \leqslant 2\pi$.

有了球面坐标换元后，三重积分中几何体的体积微元 $\mathrm{d}v = r^2\sin\varphi\,\mathrm{d}r\,\mathrm{d}\varphi\,\mathrm{d}\theta$（证明从略），那么三重积分从直角坐标变为球面坐标的公式：

$$\iiint\limits_{\Omega} f(x,y,z)\mathrm{d}v = \iiint\limits_{\Omega} F(r,\varphi,\theta)r^2\sin\varphi\,\mathrm{d}r\,\mathrm{d}\varphi\,\mathrm{d}\theta, \qquad (7\text{-}11)$$

下面举几个例子加以说明.

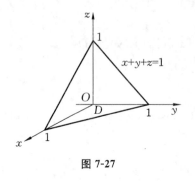

**图 7-27**

例 7-12　计算 $\iiint\limits_{\Omega} y\,\mathrm{d}x\,\mathrm{d}y\,\mathrm{d}z$,其中 $\Omega$ 为 $x=0,y=0,z=0$ 和 $x+y+z=1$ 所围成的四面体.

**解**　积分几何体如图 7-27 所示,投影到 $xOy$ 面为三角形闭区域 $D$,$\Omega$ 的不等式为:

$$0\leqslant x\leqslant 1,$$
$$0\leqslant y\leqslant 1-x,$$
$$0\leqslant z\leqslant 1-x-y,$$

代入式(7-9) 得

$$\iiint\limits_{\Omega} y\,\mathrm{d}x\,\mathrm{d}y\,\mathrm{d}z=\iint\limits_{D}\left[\int_0^{1-x-y} y\,\mathrm{d}z\right]\mathrm{d}\sigma=\iint\limits_{D} y(1-x-y)\,\mathrm{d}\sigma$$

$$=\int_0^1 \mathrm{d}x\int_0^{1-x} y(1-x-y)\,\mathrm{d}y=\frac{1}{6}\int_0^1 (1-x)^3\,\mathrm{d}x=\frac{1}{24}.$$

例 7-13　计算 $\iiint\limits_{\Omega}(x^2+y^2)\,\mathrm{d}x\,\mathrm{d}y\,\mathrm{d}z$,其中 $\Omega$ 是由曲面 $x^2+y^2=2z$ 及平面 $z=2$ 所围成的闭区域.

**解**　如图 7-28 所示,把闭区域 $\Omega$ 投影到 $xOy$ 面上,得到半径为 2 的圆形闭区域 $D_{xy}$,用极坐标表示,

$$D_{xy}=\{(\rho,\theta)\mid 0\leqslant\rho\leqslant 2,0\leqslant\theta\leqslant 2\pi\}$$

在 $D_{xy}$ 内任取一点 $(\rho,\theta)$,过此点作平行于 $z$ 轴的直线,通过曲面 $x^2+y^2=2z$ 穿入 $\Omega$ 内,然后从平面 $z=2$ 穿出,因此,闭区域 $\Omega$ 可用不等式

$$\frac{\rho^2}{2}\leqslant z\leqslant 2,0\leqslant\rho\leqslant 2,0\leqslant\theta\leqslant 2\pi$$

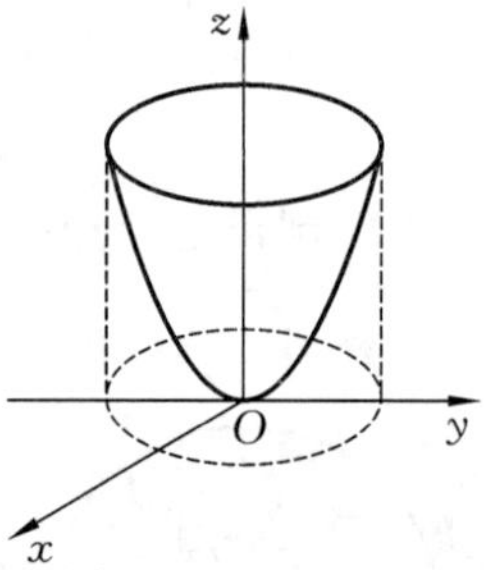

**图 7-28**

来表示,于是

$$\iiint\limits_{\Omega}(x^2+y^2)\,\mathrm{d}x\,\mathrm{d}y\,\mathrm{d}z=\iiint\limits_{\Omega}\rho^2\cdot\rho\,\mathrm{d}\rho\,\mathrm{d}\theta\,\mathrm{d}z$$

$$=\int_0^{2\pi}\mathrm{d}\theta\int_0^2\rho\,\mathrm{d}\rho\int_{\frac{\rho^2}{2}}^2\rho^2\,\mathrm{d}z$$

$$=\int_0^{2\pi}\mathrm{d}\theta\int_0^2\left(2\rho^3-\frac{1}{2}\rho^5\right)\mathrm{d}\rho$$

$$=2\pi\cdot\left(\frac{1}{2}\rho^4-\frac{1}{12}\rho^6\right)\Big|_0^2=\frac{16}{3}\pi.$$

这个例子说明,三重积分在向面投影化为二重积分计算时,为计算方便,可采用极坐标等简便的计算方法.这种平面极坐标系再在极点处加一条垂直的 $z$ 轴,称为空间柱面坐标系,点 $(\rho,\theta,z)$ 称为柱面坐标系的坐标.利用柱面坐标计算三重积分时,一定要注意积分区域的坐标范围.

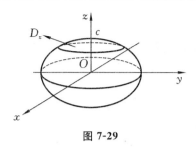

图 7-29

例 7-14　求由椭球面 $\dfrac{x^2}{a^2}+\dfrac{y^2}{b^2}+\dfrac{z^2}{c^2}=1$ 围成的椭球体的体积 $V$.

**解**　设椭球体为 $\Omega$,如图 7-29 所示,在 $z$ 轴上的投影区间 $[-c,c]$,在上面任取一点 $z$,作垂直于 $z$ 轴的平面截椭球体得到平面闭区域 $D_z$,$D_z$ 为椭圆:

$$\frac{x^2}{a^2\left(1-\dfrac{z^2}{c^2}\right)}+\frac{y^2}{b^2\left(1-\dfrac{z^2}{c^2}\right)}=1,$$

长短半轴分别为

$$a\sqrt{1-\frac{z^2}{c^2}},b\sqrt{1-\frac{z^2}{c^2}},$$

则有

$$V=\iiint\limits_{\Omega}\mathrm{d}v=\int_{-c}^{c}\Big[\iint\limits_{D_z}\mathrm{d}\sigma\Big]\mathrm{d}z$$

$$=\int_{-c}^{c}\pi ab\left(1-\frac{z^2}{c^2}\right)\mathrm{d}z=\frac{4}{3}\pi abc.$$

例 7-15　计算 $\iiint\limits_{\Omega}\sqrt{x^2+y^2+z^2}\,\mathrm{d}v$,其中 $\Omega$ 为球面 $x^2+y^2+z^2=z$ 围成的几何体.

**解**　积分几何体为球体,如图 7-30 所示,选用球面坐标系计算,

$$\begin{cases}x=r\sin\varphi\cos\theta,\\ y=r\sin\varphi\sin\theta,\\ z=r\cos\varphi,\end{cases}$$

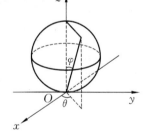

图 7-30

在图 7-30 所示球体中各参数取值范围为:

$$0\leqslant r\leqslant\cos\varphi,0\leqslant\varphi\leqslant\frac{\pi}{2},0\leqslant\theta\leqslant 2\pi,$$

所以

$$原式=\iiint\limits_{\Omega}\sqrt{x^2+y^2+z^2}\,\mathrm{d}v$$

$$=\int_{0}^{2\pi}\mathrm{d}\theta\int_{0}^{\frac{\pi}{2}}\mathrm{d}\varphi\int_{0}^{\cos\varphi}r\cdot r^2\sin\varphi\,\mathrm{d}r$$

$$=\int_{0}^{2\pi}\mathrm{d}\theta\int_{0}^{\frac{\pi}{2}}\frac{1}{4}\sin\varphi\,\cos^4\varphi\,\mathrm{d}\varphi$$

$$=\frac{1}{20}\int_{0}^{2\pi}\mathrm{d}\theta=\frac{\pi}{10}.$$

# 第三节　　重积分的应用

本节我们将定积分中的元素法推广到重积分的应用中,利用重积分的元素法,讨论重积分在几何和物理上的一些其他应用.

## 一、曲面的面积

已知曲面 $S$,它的方程是可微函数 $z=f(x,y)$,在 $xOy$ 面的投影是闭区域 $D$,计算曲面 $S$ 的面积 $A$.仍然采用微元法:

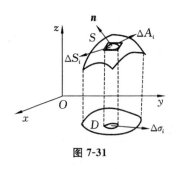

图 7-31

（1）将曲面 $S$ 分割成 $n$ 小块,任取 $\Delta S_i(1\leqslant i\leqslant n)$,投影到 $xOy$ 面为 $\Delta\sigma_i$,如图 7-31 所示;

（2）用小曲面 $\Delta S_i$ 上任一点 $(x_i,y_i)$ 的切平面 $\Delta A_i$ 的面积替代它,$\Delta S_i\approx\Delta A_i$,切平面 $\Delta A_i$ 与它的投影区域 $\Delta\sigma_i$ 有如下关系,

$$\Delta A_i=|\cos\gamma|\cdot\Delta\sigma_i,$$

$\cos\gamma$ 是小曲面 $\Delta S_i$ 上任一点 $(x_i,y_i)$ 的方向余弦,也是该点切平面的法向量,

$$\boldsymbol{n}=(f'_x,f'_y,-1),|\cos\gamma|=\frac{\boldsymbol{oz}\cdot\boldsymbol{n}}{|\boldsymbol{oz}|\cdot|\boldsymbol{n}|}=\frac{1}{\sqrt{(f'_x)^2+(f'_y)^2+1}},$$

所以

$$\Delta S_i\approx\Delta A_i=\sqrt{(f'_x)^2+(f'_y)^2+1}\,\Delta\sigma_i;$$

（3）求和取极限后得到结果,

$$S=\sum_i^n\Delta S_i\approx\sum_i^n\Delta A_i,\quad S=\lim_{\lambda\to0}\sum_i^n\sqrt{(f'_x)^2+(f'_y)^2+1}\cdot\Delta\sigma_i,$$

由二重积分的定义可知,曲面的面积公式为

$$S=\iint\limits_{D}\sqrt{(f'_x)^2+(f'_y)^2+1}\,\mathrm{d}\sigma,\qquad(7\text{-}12)$$

其中 $\mathrm{d}S=\sqrt{(f'_x)^2+(f'_y)^2+1}\,\mathrm{d}\sigma$ 是曲面的面积元素.

**例 7-16**　求抛物面 $z=x^2+y^2$ 被平面 $z=1$ 截下的面积 $S$.

**解**　如图 7-32 所示,抛物面被截下的曲面在 $xOy$ 面中的投影为闭区域 $D$:

$x^2 + y^2 \leqslant 1$，且 $z'_x = 2x$，$z'_y = 2y$，

由公式(7-1)可知，

$$S = \iint\limits_{D} \sqrt{(f'_x)^2 + (f'_y)^2 + 1}\, \mathrm{d}\sigma$$

$$= \iint\limits_{D} \sqrt{4x^2 + 4y^2 + 1}\, \mathrm{d}\sigma$$

$$= \int_0^{2\pi} \mathrm{d}\theta \int_0^1 \sqrt{4\rho^2 + 1}\, \rho\, \mathrm{d}\rho$$

$$= \frac{5\sqrt{5} - 1}{6}\pi \approx 5.3304.$$

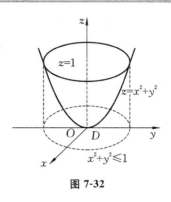

图 7-32

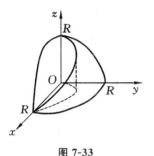

图 7-33

**例 7-17**　求球面 $x^2 + y^2 + z^2 = R^2$ 含在圆柱面 $x^2 + y^2 = Rx$ 内部的那部分面积.

**解**　设第一卦限部分的那块面积为 $S_1$（图 7-33），由对称性可知，

$$S = 4S_1,$$

球面的方程为

$$z = \sqrt{R^2 - x^2 - y^2},$$

且有

$$z'_x = \frac{-x}{\sqrt{R^2 - x^2 - y^2}},$$

$$z'_y = \frac{-y}{\sqrt{R^2 - x^2 - y^2}}.$$

设 $S_1$ 投影区域为 $D$，其极坐标不等式为：

$$0 \leqslant \theta \leqslant \frac{\pi}{2}, 0 \leqslant \rho \leqslant R\cos\theta$$

于是，

$$S = 4S_1 = 4\iint\limits_{D} \sqrt{(z'_x)^2 + (z'_y)^2 + 1}\, \mathrm{d}\sigma = 4\iint\limits_{D} \frac{R}{\sqrt{R^2 - x^2 - y^2}}\, \mathrm{d}\sigma$$

$$= 4\int_0^{\frac{\pi}{2}} \mathrm{d}\theta \int_0^{R\cos\theta} \frac{R}{\sqrt{R^2 - \rho^2}}\rho\, \mathrm{d}\rho = 4\int_0^{\frac{\pi}{2}} R^2(1 - \sin\theta)\, \mathrm{d}\theta = (2\pi - 4)R^2.$$

# 二、质心

质心是质量中心的简称，就是质点系中质量分布的平均位置.质心位置在工程技术上有重要的意义.例如，高速旋转飞轮的质心若不在转动轴上，就会产生剧

烈的振动而影响正常使用乃至产生事故.那么如何确定质心的位置呢? 下面我们仅从平面闭区域和空间几何体来说明.

设在 $xOy$ 平面上有 $n$ 个质点,它们的坐标分别为 $(x_1,y_1),(x_2,y_2),\cdots,(x_n,y_n)$ 处,质量分别为 $m_1,m_2,\cdots,m_n$,由力学杠杆原理,该质点系的坐标为

$$\bar{x}=\frac{M_y}{M}=\frac{\sum\limits_{i=1}^{n}m_ix_i}{M}, \quad \bar{y}=\frac{M_x}{M}=\frac{\sum\limits_{i=1}^{n}m_iy_i}{M}, \tag{7-13}$$

其中 $M_y,M_x$ 是质点系对 $y$ 轴和 $x$ 轴的静矩,$M=\sum\limits_{i=1}^{n}m_i$ 是质点系的总质量.

设在 $xOy$ 平面内有闭区域 $D$(认为是能忽略厚度的薄片),面密度为 $\mu(x,y)$,在闭区域 $D$ 上任取一点 $(x,y)$ 周围很小的闭区域面积元素为 $\mathrm{d}\sigma$,那么该处得到的静矩元素 $\mathrm{d}M_x$ 及 $\mathrm{d}M_y$ 分别为

$$\mathrm{d}M_y=x\mu(x,y)\mathrm{d}\sigma,\mathrm{d}M_x=y\mu(x,y)\mathrm{d}\sigma,$$

然后在闭区域 $D$ 上积分,

$$M_y=\iint\limits_{D}x\mu(x,y)\mathrm{d}\sigma, \quad M_x=\iint\limits_{D}y\mu(x,y)\mathrm{d}\sigma,$$

而薄片的质量为

$$M=\iint\limits_{D}\mu(x,y)\mathrm{d}\sigma,$$

所以质心坐标公式为

$$\bar{x}=\frac{\iint\limits_{D}x\mu(x,y)\mathrm{d}\sigma}{\iint\limits_{D}\mu(x,y)\mathrm{d}\sigma}, \quad \bar{y}=\frac{\iint\limits_{D}y\mu(x,y)\mathrm{d}\sigma}{\iint\limits_{D}\mu(x,y)\mathrm{d}\sigma}. \tag{7-14}$$

类似地,空间几何体 $\Omega$,在点 $(x,y,z)$ 处的密度为 $\rho(x,y,z)$,那么该几何体的质心坐标公式为:

$$\bar{x}=\frac{\iiint\limits_{\Omega}x\rho(x,y,z)\mathrm{d}v}{\iiint\limits_{\Omega}\rho(x,y,z)\mathrm{d}v},\bar{y}=\frac{\iiint\limits_{\Omega}y\rho(x,y,z)\mathrm{d}v}{\iiint\limits_{\Omega}\rho(x,y,z)\mathrm{d}v},\bar{z}=\frac{\iiint\limits_{\Omega}z\rho(x,y,z)\mathrm{d}v}{\iiint\limits_{\Omega}\rho(x,y,z)\mathrm{d}v}. \tag{7-15}$$

## 三、转动惯量

转动惯量是刚体绕轴转动时惯性的量度,在力学上等于质量与质点到转轴垂直距离的平方之积,即

$$I=mr^2.$$

在 $xOy$ 面,对于不均匀的闭区域 $D$,它在 $(x,y)$ 的面密度为 $\mu(x,y)$,对 $x$, $y$ 轴的转动惯量元素分别为

$$\mathrm{d}I_x = y^2\mu(x,y)\mathrm{d}\sigma, \quad \mathrm{d}I_y = x^2\mu(x,y)\mathrm{d}\sigma,$$

再在闭区域 $D$ 上进行重积分,即可得到闭区域 $D$(平面不均匀薄片)对 $x,y$ 轴的转动惯量分别为:

$$I_x = \iint\limits_D y^2\mu(x,y)\mathrm{d}\sigma, \quad I_y = \iint\limits_D x^2\mu(x,y)\mathrm{d}\sigma. \tag{7-16}$$

同理,在空间中,对于不均匀的闭几何体 $\Omega$,它在 $(x,y,z)$ 的密度为 $\rho(x,y,z)$.由于点 $(x,y,z)$ 到 $x$ 轴的距离的平方为 $y^2+z^2$,那么,该点对 $x$ 轴的转动惯量元素是

$$\mathrm{d}I_x = (y^2+z^2)\rho(x,y,z)\mathrm{d}v,$$

再在几何体 $\Omega$ 上进行重积分,可得到几何体对 $x$ 轴的转动惯量,

$$I_x = \iiint\limits_\Omega (y^2+z^2)\rho(x,y,z)\mathrm{d}v, \tag{7-17}$$

对 $y,z$ 轴的转动惯量分别为,

$$I_y = \iiint\limits_\Omega (x^2+z^2)\rho(x,y,z)\mathrm{d}v, I_z = \iiint\limits_\Omega (x^2+y^2)\rho(x,y,z)\mathrm{d}v \tag{7-18}$$

**例 7-18** 设有一薄片闭区域 $D$ 是由抛物线 $y=x^2$ 和直线 $y=x$ 围成,它在 $(x,y)$ 的面密度 $\mu(x,y)=xy$,求:(1)薄片的质心;(2)对坐标轴的转动惯量.

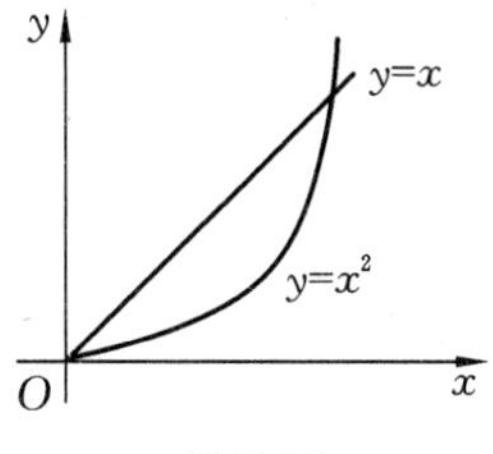

**解** (1)闭区域 $D$(图 7-34),由质心坐标公式可知

图 7-34

$$\bar{x} = \frac{\iint\limits_D x\cdot xy\mathrm{d}\sigma}{\iint\limits_D xy\mathrm{d}\sigma}, \quad \bar{y} = \frac{\iint\limits_D y\cdot xy\mathrm{d}\sigma}{\iint\limits_D xy\mathrm{d}\sigma}$$

$$\bar{x} = \frac{\int_0^1 \mathrm{d}x \int_{x^2}^x x^2 y\mathrm{d}y}{\int_0^1 \mathrm{d}x \int_{x^2}^x xy\mathrm{d}y} = \frac{\int_0^1 (x^4-x^6)\mathrm{d}x}{\int_0^1 (x^3-x^5)\mathrm{d}x} = \frac{24}{35},$$

$$\bar{y} = \frac{\int_0^1 \mathrm{d}x \int_{x^2}^x y\cdot xy\mathrm{d}y}{\int_0^1 \mathrm{d}x \int_{x^2}^x xy\mathrm{d}y} = \frac{\frac{1}{3}\int_0^1 (x^4-x^7)\mathrm{d}x}{\frac{1}{2}\int_0^1 (x^3-x^5)\mathrm{d}x} = \frac{3}{5},$$

即薄片质心坐标为$\left(\dfrac{24}{35},\dfrac{3}{5}\right)$.

(2) 设对 $x$,$y$ 的转动惯量分别为 $I_x$,$I_y$,由公式

$$I_x=\iint\limits_D y^2\mu(x,y)\mathrm{d}\sigma=\iint\limits_D xy^3\mathrm{d}\sigma=\int_0^1\mathrm{d}x\int_{x^2}^x xy^3\mathrm{d}y=\frac{1}{4}\int_0^1\left[x^5-x^9\right]\mathrm{d}x=\frac{1}{60},$$

$$I_y=\iint\limits_D x^2\mu(x,y)\mathrm{d}\sigma=\iint\limits_D x^3y\,\mathrm{d}\sigma=\int_0^1\mathrm{d}x\int_{x^2}^x x^3y\,\mathrm{d}y=\frac{1}{2}\int_0^1\left[x^5-x^7\right]\mathrm{d}x=\frac{1}{48}.$$

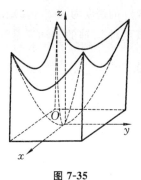

图 7-35

**例 7-19** 设有一长方体均匀木料,密度为 $\rho$,底部是正方形,边长为 $2a$,放在空间直角坐标系中,底面与 $xOy$ 面重合,两邻边与 $x$,$y$ 轴平行,正方形的中心放在坐标系的原点,用抛物面 $z=x^2+y^2$ 截取,求:(1) 该木料剩余部分的体积;(2) 剩余部分的质心;(3) 剩余部分对 $z$ 轴的转动惯量 $I_z$.

**解** (1) 剩余部分几何体为 $\Omega$,如图 7-35 所示,设底部正方形为 $D$,

$$-a\leqslant x\leqslant a,\;-a\leqslant y\leqslant a,$$

设剩余部分几何体体积为

$$V=\iint\limits_D(x^2+y^2)\mathrm{d}\sigma$$

$$=\int_{-a}^a\mathrm{d}x\int_{-a}^a(x^2+y^2)\mathrm{d}y=\frac{8}{3}a^4.$$

(另外可以计算掏去部分的体积为 $2V$)

(2) 设质心坐标为 $(\overline{x},\overline{y},\overline{z})$,

$$\overline{x}=\frac{\iiint\limits_\Omega x\rho\,\mathrm{d}v}{\iiint\limits_\Omega \rho\,\mathrm{d}v}=\frac{\rho\int_{-a}^a\mathrm{d}x\int_{-a}^a\mathrm{d}y\int_0^{x^2+y^2}x\,\mathrm{d}z}{\frac{8}{3}a^4\rho}=0,\quad\text{(奇函数的定积分性质)}$$

$$\overline{y}=\frac{\iiint\limits_\Omega y\rho\,\mathrm{d}v}{\iiint\limits_\Omega \rho\,\mathrm{d}v}=\frac{\rho\int_{-a}^a\mathrm{d}x\int_{-a}^a\mathrm{d}y\int_0^{x^2+y^2}y\,\mathrm{d}z}{\frac{8}{3}a^4\rho}=0,$$

$$\overline{z}=\frac{\iiint\limits_\Omega z\rho\,\mathrm{d}v}{\iiint\limits_\Omega \rho\,\mathrm{d}v}=\frac{\rho\int_{-a}^a\mathrm{d}x\int_{-a}^a\mathrm{d}y\int_0^{x^2+y^2}z\,\mathrm{d}z}{\frac{8}{3}a^4\rho}=\frac{\frac{56}{45}a^6}{\frac{8}{3}a^4}=\frac{7}{15}a^2,$$

所以,质心坐标为 $\left(0,0,\dfrac{7}{15}a^2\right)$.

(3) $I_z = \iiint\limits_{\Omega}(x^2+y^2)\cdot\rho\,\mathrm{d}v = \rho\iint\limits_{D}(x^2+y^2)^2\mathrm{d}\rho = \dfrac{112}{45}a^6\rho$.

# 第四节　曲线积分

　　前面介绍了在平面闭区域(或者空间闭区域)内的重积分及其计算和应用. 从这一节开始将积分的概念推广到曲线积分和曲面积分,并介绍这两种积分的一些基本概念、性质、计算方法以及它们之间内在的关系. 为简明起见,所讨论的曲线都是有限长度的光滑曲线,曲面是有限面积的光滑曲面,被积分的多元函数在没特别说明时都是连续可微函数.

## 一、曲线积分的概念

### 1. 第一类曲线积分 —— 对弧长的曲线积分

**引例 1**　曲线形构件的质量

　　对于曲线形的构件,根据实际各部分受力情况的不同,可以认为曲线上各点的线密度不同,是个变量. 假设现在有曲线形构件,所处的位置在 $xOy$ 面内的一段曲线 $L$ 上,其端点是 $A$、$B$(图 7-36),在曲线上任一点 $(x,y)$ 处的线密度为 $\mu(x,y)$. 现在计算这个构件的质量.

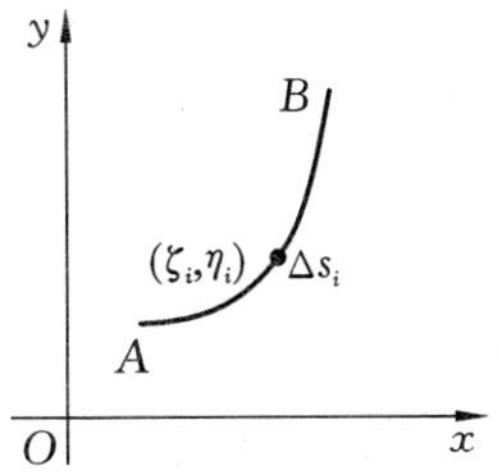

图 7-36

　　先用微元法将问题的解答过程简单介绍一下:

　　第一步,分割,在曲线上任意插入 $n-1$ 个点,将曲线段任意地分成 $n$ 小段,第 $i$ 段弧长为 $\Delta s_i(1\leqslant i\leqslant n)$.

　　第二步,近似替代,即把每一段 $\Delta s_i$ 看成曲线均匀的,线密度用 $\mu(\xi_i,\eta_i)$ 代替,$(\xi_i,\eta_i)$ 是 $\Delta s_i$ 上任意一点,其质量

$$\Delta m_i \approx \mu(\xi_i,\eta_i)\Delta s_i.$$

第三步,求和取极限,

$$m = \sum_{i=1}^{n}\Delta m_i \approx \sum_{i=1}^{n}\mu(\xi_i,\eta_i)\Delta s_i,$$

当分割的每段弧长足够小,令

$$\lambda = \max\{\Delta s_1, \Delta s_2, \cdots, \Delta s_n\},$$

即当 $\lambda \to 0$ 时,该和式的极限即是所求质量的精确值,

$$m = \lim_{\lambda \to 0} \sum_{i=1}^{n} \mu(\xi_i, \eta_i) \Delta s_i.$$

这种形式的极限在研究其他问题时也会遇到,可以将这类问题抽象成对弧长的积分问题,有下面的定义:

**定义 1**　设 $f(x, y)$ 为 $xOy$ 面内光滑曲线 $L$ 上的有界函数,将 $L$ 任意分成 $n$ 个小段 $\Delta s_1, \Delta s_2, \cdots, \Delta s_n (\Delta s_i$ 也表示第 $i$ 段的长度$)$,每小段上任意取定一点$(\xi_i, \eta_i)$,作乘积 $f(\xi_i, \eta_i) \Delta s_i (1 \leqslant i \leqslant n)$,之后再作和 $\sum_{i=1}^{n} f(\xi_i, \eta_i) \Delta s_i$,如果当 $n$ 个小段的长度的最大值 $\lambda \to 0$ 时,这个和的极限总存在,该极限与曲线段 $\Delta s_i$ 的分法和点$(\xi_i, \eta_i)$ 的取法无关,那么称此极限为函数 $f(x, y)$ 在曲线 $L$ 上**对弧长的曲线积分**或**第一类曲线积分**,记作

$$\int_L f(x, y) \mathrm{d}s,$$

即

$$\int_L f(x, y) \mathrm{d}s = \lim_{\lambda \to 0} \sum_{i=1}^{n} f(\xi_i, \eta_i) \Delta s_i,$$

其中 $f(x, y)$ 叫作**被积函数**,$L$ 为**积分曲线**或**积分区域**.

如果 $L$ 是闭曲线,那么函数 $f(x, y)$ 在 $L$ 上对弧长的曲线积分记为 $\oint_L f(x, y) \mathrm{d}s$.

由定义可知引例 1 中曲线形构件的质量 $m = \int_L \mu(x, y) \mathrm{d}s$,类似地,该曲线绕 $x$ 轴旋转时的转动惯量 $I_x = \int_L y^2 \mu(x, y) \mathrm{d}s$,它们都是用对弧长的曲线积分表示.

### 2. 第二类曲线积分 —— 对坐标的曲线积分

**引例 2**　变力沿曲线所做的功

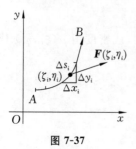

图 7-37

如图 7-37 所示,某质点在 $xOy$ 面内受到变力

$$\boldsymbol{F}(x, y) = P(x, y)\boldsymbol{i} + Q(x, y)\boldsymbol{j}$$

的作用,从点 $A$ 沿光滑曲线 $L$ 移动到点 $B$,求该过程中变力对质点所做的功 $W$.

我们知道,恒力所做的功等于力与沿力的方向位移之积,即 $W = F \cdot s$,为方便理解,将力分解为沿坐标轴方向的两个分力,它们对质点都做功,其代数和即为总功,

$$W = W_{\text{水平}} + W_{\text{竖直}},$$

现在对于变力沿曲线做功的情形下,只需求出水平方向和竖直方向做的功即可.

下面用微元法把两个方向做的功求出来.

在曲线 $L$ 上从 $A$ 点到 $B$ 点依次插入 $n-1$ 个点,将有向曲线弧 $L$ 依次分成 $n$ 个小段 $\Delta s_1, \Delta s_2, \cdots, \Delta s_i, \cdots, \Delta s_n$,选取其中一段 $\Delta s_i$(对应的在水平和竖直方向的增量分别为 $\Delta x_i, \Delta y_i$),在这一段的曲线中任选一点 $(\xi_i, \eta_i)$,用此处的力

$$\boldsymbol{F} = P(\xi_i, \eta_i)\boldsymbol{i} + Q(\xi_i, \eta_i)\boldsymbol{j}$$

近似作为整个第 $i$ 段弧内的恒力,即有

$$W_{\text{水平}} \approx \sum_{i=1}^{n} P(\xi_i, \eta_i) \cdot \Delta x_i,$$

$$W_{\text{竖直}} \approx \sum_{i=1}^{n} Q(\xi_i, \eta_i) \cdot \Delta y_i,$$

当分割的弧段足够小时,它们的极限之和即为所求的结果.

$$W_{\text{水平}} = \lim_{\lambda \to 0} \sum_{i=1}^{n} P(\xi_i, \eta_i) \Delta x_i,$$

$$W_{\text{竖直}} = \lim_{\lambda \to 0} \sum_{i=1}^{n} Q(\xi_i, \eta_i) \Delta y_i,$$

$$\lambda = \max\{\Delta s_1, \Delta s_2, \cdots, \Delta s_n\}.$$

所以变力 $\boldsymbol{F}$ 沿有向曲线弧所做的功为:

$$W = \lim_{\lambda \to 0} \sum_{i=1}^{n} \left[ P(\xi_i, \eta_i) \Delta x_i + Q(\xi_i, \eta_i) \Delta y_i \right].$$

这种和式的极限在研究其他问题时也会遇到,对此抽象出第二类曲线积分 —— 对坐标的曲线积分.

**定义 2**　设 $xOy$ 面内光滑曲线弧 $L$ 有端点 $A, B$,在 $L$ 上从 $A$ 到 $B$ 方向任意插入 $n-1$ 个点 $M_1(x_1, y_1), M_2(x_2, y_2), \cdots, M(x_{n-1}, y_{n-1})$,将 $L$ 分成 $n$ 段,

$$\widehat{M_{i-1}M_i} = \Delta s_i \quad (i = 1, 2, \cdots, n; M_0 = A, M_n = B).$$

设 $\Delta x_i = x_i - x_{i-1}, \Delta y_i = y_i - y_{i-1}$,点 $(\xi_i, \eta_i)$ 为 $\Delta s_i$ 上任意取定的点,作乘积 $P(\xi_i, \eta_i)\Delta x_i (i = 1, 2, \cdots, n)$,并作和 $\sum_{i=1}^{n} P(\xi_i, \eta_i)\Delta x_i$,如果当各小弧段长度的最大值 $\lambda \to 0$ 时,该和式的极限存在,则称此极限为函数 $P(x, y)$ 在有向曲线弧 $L$ 上**对坐标 $x$ 的曲线积分**,记作 $\int_L P(x, y)\mathrm{d}x$.类似地,函数 $Q(x, y)$ 在有向弧 $L$ 上**对坐标 $y$ 的曲线积分**,记作 $\int_L Q(x, y)\mathrm{d}y$.即

$$\int_L P(x, y)\mathrm{d}x = \lim_{\lambda \to 0} \sum_{i=1}^{n} P(\xi_i, \eta_i)\Delta x_i,$$

$$\int_L Q(x,y)\mathrm{d}y = \lim_{\lambda \to 0}\sum_{i=1}^{n} Q(\xi_i,\eta_i)\Delta y_i,$$

其中 $P(x,y),Q(x,y)$ 叫作被积函数, $L$ 叫作从 $A$ 到 $B$ 的有向积分弧段.以上两个积分也叫作第二类曲线积分.

应用上经常出现的是对 $x$ 和对 $y$ 的两个曲线积分的和,为简便起见,记为

$$\int_L P(x,y)\mathrm{d}x + \int_L Q(x,y)\mathrm{d}y = \int_L P(x,y)\mathrm{d}x + Q(x,y)\mathrm{d}y.$$

上面的曲线积分也可以写成向量的形式,

$$\int_L \boldsymbol{F}\mathrm{d}\boldsymbol{r},$$

其中

$$\boldsymbol{F} = P(x,y)\boldsymbol{i} + Q(x,y)\boldsymbol{j},\mathrm{d}\boldsymbol{r} = \mathrm{d}x\boldsymbol{i} + \mathrm{d}y\boldsymbol{j}.$$

由上述定义,引例 2 中讨论变力所做的功可以表示为

$$W = \int_L P(x,y)\mathrm{d}x + Q(x,y)\mathrm{d}y,$$

或者

$$W = \int_L \boldsymbol{F}\mathrm{d}\boldsymbol{r}.$$

如果有向曲线 $L$ 是封闭曲线,那么上式积分可记为 $\oint_L P(x,y)\mathrm{d}x + Q(x,y)\mathrm{d}y.$

### 3. 曲线积分的性质

由定义 1 和定义 2 可知,两种曲线积分具有很多相同的性质,也有自己独特的性质(证明从略).

**性质 1(线性性质)**　设 $\alpha$、$\beta$ 为常数,则

$$\int_L [\alpha f(x,y) + \beta g(x,y)]\mathrm{d}s = \alpha\int_L f(x,y)\mathrm{d}s + \beta\int_L g(x,y)\mathrm{d}s.$$

$$\int_L \alpha P(x,y)\mathrm{d}x + \beta Q(x,y)\mathrm{d}y = \alpha\int_L P(x,y)\mathrm{d}x + \beta\int_L Q(x,y)\mathrm{d}y.$$

**性质 2(积分区域可加性)**　若积分曲线 $L$ 可以分成两段光滑曲线 $L_1$ 和 $L_2$(对坐标的曲线积分方向不变),则

$$\int_L f(x,y)\mathrm{d}s = \int_{L_1} f(x,y)\mathrm{d}s + \int_{L_2} f(x,y)\mathrm{d}s,$$

$$\int_L P(x,y)\mathrm{d}x + Q(x,y)\mathrm{d}y = \int_{L_1} P(x,y)\mathrm{d}x + Q(x,y)\mathrm{d}y$$
$$+ \int_{L_2} P(x,y)\mathrm{d}x + Q(x,y)\mathrm{d}y.$$

**性质 3(对坐标的曲线积分具有方向性)**　若 $L$ 是有向光滑曲线, $L^-$ 是 $L$ 的

反向曲线,则

$$\int_{L^-} P(x,y)\mathrm{d}x + Q(x,y)\mathrm{d}y = -\int_L P(x,y)\mathrm{d}x + Q(x,y)\mathrm{d}y.$$

## 二、曲线积分的计算法

### 1. 对弧长的曲线积分的计算法

**定理 1**　设 $f(x,y)$ 在曲线弧上有定义且连续,$L$ 的参数方程为

$$\begin{cases} x = x(t) \\ y = y(t) \end{cases}, (\alpha \leqslant t \leqslant \beta),$$

若 $x(t), y(t)$ 在 $[\alpha,\beta]$ 上具有一阶连续偏导数,且 $x'^2(t) + y'^2(t) \neq 0$,则曲线积分

$$\int_L f(x,y)\mathrm{d}s$$

存在,且

$$\int_L f(x,y)\mathrm{d}s = \int_\alpha^\beta f[x(t), y(t)] \sqrt{x'^2(t) + y'^2(t)}\,\mathrm{d}t, (\alpha < \beta) \quad (7\text{-}19)$$

上式表明,计算对弧长的曲线积分 $\int_L f(x,y)\mathrm{d}s$ 时,只要把 $x, y, \mathrm{d}s$ 依次换成 $x(t), y(t), \sqrt{x'^2(t) + y'^2(t)}\,\mathrm{d}t$,然后从 $\alpha$ 到 $\beta$ 作定积分计算即可.这里必须注意,对弧长的曲线积分化为定积分时**定积分的下限 $\alpha$ 一定要小于 $\beta$**.

**推论 1**　如果曲线弧 $L$ 由方程 $y = y(x)(a \leqslant x \leqslant b)$ 给出,那么

$$\int_L f(x,y)\mathrm{d}s = \int_a^b f[x, y(x)] \sqrt{1 + y'^2(x)}\,\mathrm{d}x, (a \leqslant x \leqslant b). \quad (7\text{-}20)$$

**推论 2**　如果曲线弧 $L$ 由方程 $x = x(y)(c \leqslant y \leqslant d)$ 给出,那么

$$\int_L f(x,y)\mathrm{d}s = \int_c^d f[x(y), y] \sqrt{1 + x'^2(y)}\,\mathrm{d}y, (c \leqslant y \leqslant d). \quad (7\text{-}21)$$

**例 7-20**　计算 $\int_L x\mathrm{d}s$,其中 $L$ 是抛物线 $y = x^2$ 上点 $O(0,0)$ 与点 $B(1,1)$ 之间的一段弧.

**解**　如图 7-38 所示,因为 $L$ 的方程是

$$y = x^2, (0 \leqslant x \leqslant 1),$$

由式(7-20)可知

$$\int_L x\mathrm{d}s = \int_0^1 x \sqrt{1 + [(x^2)']^2}\,\mathrm{d}x = \int_0^1 x \sqrt{1 + 4x^2}\,\mathrm{d}x$$

$$= \left[\frac{1}{12}(1 + 4x^2)^{\frac{3}{2}}\right]_0^1 = \frac{5\sqrt{5} - 1}{12}.$$

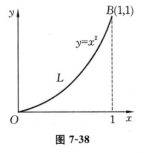

图 7-38

    **例 7-21**    求半径为 $R$、中心角为 $2\theta$ 的均匀圆弧 $L$(线密度 $\mu(x,y)=1$) 的质心.

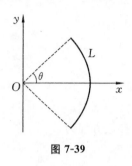

图 7-39

    **解**    取坐标系如图 7-39 所示,由质点的概念可知它的坐标公式为

$$\overline{x}=\frac{\displaystyle\int_L x\mu(x,y)\,\mathrm{d}s}{\displaystyle\int_L \mu(x,y)\,\mathrm{d}s},$$

$$\overline{y}=\frac{\displaystyle\int_L y\mu(x,y)\,\mathrm{d}s}{\displaystyle\int_L \mu(x,y)\,\mathrm{d}s},$$

为方便计算,利用 $L$ 的参数方程

$$x=R\cos t,\ y=R\sin t,\ (-\theta\leqslant t\leqslant\theta),$$

于是,

$$\overline{x}=\frac{\displaystyle\int_L x\,\mathrm{d}s}{\displaystyle\int_L \mathrm{d}s}=\frac{\displaystyle\int_{-\theta}^{\theta}R\cos t\sqrt{(-R\sin t)^2+(R\cos t)^2}\,\mathrm{d}t}{\displaystyle\int_{-\theta}^{\theta}\sqrt{(-R\sin t)^2+(R\cos t)^2}\,\mathrm{d}t}=\frac{\sin\theta}{\theta}R,$$

$$\overline{y}=\frac{\displaystyle\int_L y\mu(x,y)\,\mathrm{d}s}{\displaystyle\int_L \mu(x,y)\,\mathrm{d}s}=0.$$

所以质心 $(\overline{x},\overline{y})$ 为 $\left(\dfrac{\sin\theta}{\theta}R,0\right)$.

    **例 7-22**    计算摆线的一拱 $L:x=a(t-\sin t),y=a(1-\cos t),(0\leqslant t\leqslant 2\pi)$,绕 $x$ 轴的转动惯量(线密度 $\mu=1$).

    **解**    $I_x=\displaystyle\int_L y^2\,\mathrm{d}s=\int_0^{2\pi}a^2(1-\cos t)^2\sqrt{a^2(1-\cos t)^2+(a\sin t)^2}\,\mathrm{d}t$

$$=a^3\int_0^{2\pi}(1-\cos t)^2\sqrt{2-2\cos t}\,\mathrm{d}t$$

$$=16a^3\int_0^{\pi}\sin^5 u\,\mathrm{d}u\xlongequal{\cos u=t}32a^3\int_0^1(1-t^2)^2\,\mathrm{d}t=\frac{256}{15}a^3.$$

### 2. 对坐标的曲线积分的计算法

    **定理 2**    设 $P(x,y)$ 与 $Q(x,y)$ 在有向曲线弧 $L$ 连续,$L$ 的参数方程为

$$\begin{cases}x=x(t)\\ y=y(t)\end{cases},$$

当 $L$ 上的点从起点到终点时,参数 $t$ 单调地从 $\alpha$ 变到 $\beta$,若曲线 $L$ 光滑时,曲线积分

$$\int_L P(x,y)\mathrm{d}x + Q(x,y)\mathrm{d}y$$

存在,且

$$\int_L P(x,y)\mathrm{d}x + Q(x,y)\mathrm{d}y = \int_\alpha^\beta \{P[x(t),y(t)]x'(t) \\ + Q[x(t),y(t)]y'(t)\}\mathrm{d}t. \tag{7-22}$$

**例 7-23**　计算 $\displaystyle\int_L x^2 y\,\mathrm{d}x$,其中 $L$ 为抛物线 $y = x^2$ 上从点 $A(-1,1)$ 到 $B(1,1)$ 的一段弧(图 7-40).

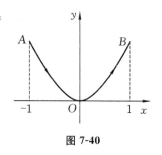

图 7-40

**解　方法 1**　将所给的积分化为对 $x$ 的定积分计算,$x$ 从 $-1$ 变到 1,所以

$$\int_L x^2 y\,\mathrm{d}x = \int_{-1}^1 x^2 \cdot x^2\,\mathrm{d}x = \int_{-1}^1 x^4\,\mathrm{d}x$$
$$= \left(\frac{x^5}{5}\right)\Big|_{-1}^1 = \frac{2}{5}.$$

**方法 2**　将原式化为 $y$ 的定积分计算.由于 $x = \pm\sqrt{y}$ 不是单值函数,所以要分成 $AO$ 和 $OB$ 两部分,

$$\int_L x^2 y\,\mathrm{d}x = \int_{AO} x^2 y\,\mathrm{d}x + \int_{OB} x^2 y\,\mathrm{d}x = \int_1^0 y \cdot y\,\mathrm{d}(-\sqrt{y}) + \int_0^1 y \cdot y\,\mathrm{d}(\sqrt{y})$$
$$= 2\int_0^1 y^2\,\mathrm{d}(\sqrt{y}) = \int_0^1 y^{\frac{3}{2}}\,\mathrm{d}y = \left(\frac{2}{5}y^{\frac{5}{2}}\right)\Big|_0^1 = \frac{2}{5}.$$

这个例题说明:(1) 第二类曲线积分的计算对坐标的选取比较灵活;

(2) 选取不同的积分变量计算时,一定要看积分的方向下积分变量的函数是否为单值函数,从而决定是否需对曲线进行分段积分.

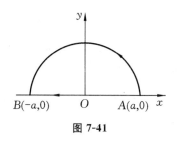

图 7-41

**例 7-24**　计算 $\displaystyle\int_L y\,\mathrm{d}x$,其中 $L$ 为(图 7-41):

(1) 圆心在原点、半径为 $a$、按逆时针方向绕行的上半圆周;

(2) 从点 $A(a,0)$ 沿 $x$ 轴到点 $B(-a,0)$ 的直线段.

**解**　(1) $L$ 是参数方程

$$x = a\cos\theta,\ y = a\sin\theta,$$

当参数 $\theta$ 从 0 变到 $\pi$ 的曲线弧,有

$$\int_L y\,\mathrm{d}x = \int_0^\pi a\sin\theta(-a\sin\theta)\,\mathrm{d}\theta = -a^2\int_0^\pi \sin^2\theta\,\mathrm{d}\theta$$

$$= -a^2\int_0^\pi \frac{1-\cos2\theta}{2}\,\mathrm{d}\theta = -\frac{\pi}{2}a^2.$$

(2) $L$ 的方程是 $y=0$，$x$ 从 $a$ 变到 $-a$，所以

$$\int_L y\,\mathrm{d}x = \int_{-a}^a y\,\mathrm{d}x = \int_{-a}^a 0\,\mathrm{d}x = 0.$$

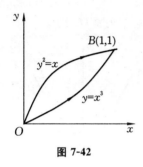

图 7-42

　　　该例题说明两曲线积分的被积函数相同，起点和终点也相同，但积分路径不同，结果不同.

**例 7-25**　计算 $\int_L y\,\mathrm{d}x + x\,\mathrm{d}y$，其中 $L$ 为(图 7-42)：

(1) 抛物线 $y^2 = x$ 上从 $O(0,0)$ 到 $B(1,1)$ 的一段弧；

(2) 曲线 $y=x^3$ 上从 $O(0,0)$ 到 $B(1,1)$ 的一段弧.

**解**　(1) 化为 $y$ 的定积分，

$$L: y^2 = x,\ y\ \text{从}\ 0\ \text{变到}\ 1,$$

$$原式 = \int_0^1 y\,\mathrm{d}(y^2) + \int_0^1 y^2\,\mathrm{d}y$$

$$= \int_0^1 3y^2\,\mathrm{d}y = y^3\big|_0^1 = 1.$$

(2) 化为 $x$ 的定积分，

$$L: y = x^3,\ x\ \text{从}\ 0\ \text{变到}\ 1,$$

$$原式 = \int_0^1 x^3\,\mathrm{d}x + \int_0^1 x\cdot 3x^2\,\mathrm{d}x$$

$$= \int_0^1 4x^3\,\mathrm{d}x = x^4\big|_0^1 = 1.$$

这个例子说明，虽然曲线的路径不同，曲线积分的值可能相等.

最后，对曲线积分说明两点：(1) 本节中两类曲线积分的积分区域即曲线 $L$，还可以是空间曲线，其定义和计算方法与平面曲线积分类似；(2) 两类曲线积分之间有着内在的联系，(第二类曲线积分中)平面曲线弧的方向如果是曲线弧的切向量，方向余弦为 $\boldsymbol{n} = (\cos\alpha, \cos\beta)$(或者空间曲线 $\Gamma$ 的方向余弦 $\boldsymbol{n} = (\cos\alpha, \cos\beta, \cos\gamma)$)，那么

$$\int_L P\,\mathrm{d}x + Q\,\mathrm{d}y = \int_L (P\cos\alpha + Q\cos\beta)\,\mathrm{d}s. \qquad (7\text{-}23)$$

$$\int_\Gamma P\,\mathrm{d}x + Q\,\mathrm{d}y + R\,\mathrm{d}z = \int_\Gamma (P\cos\alpha + Q\cos\beta + R\cos\gamma)\,\mathrm{d}s. \qquad (7\text{-}24)$$

# 第五节　格林公式及其应用

## 一、格林公式

在一元函数积分学中,微积分基本公式(牛顿-莱布尼兹公式)

$$\int_a^b F'(x)\,\mathrm{d}x = F(a) - F(b),$$

表示:$F'(x)$ 在区间 $[a,b]$ 上的积分能通过它的原函数 $F(x)$ 在区间端点(边界)上的值来表示,也就是与原函数及其(边界)端点有关,与其他因素无关.

下面介绍的格林公式也将要告诉我们,平面闭区域 $D$ 上的二重积分可以通过闭区域 $D$ 的边界曲线 $L$ 上的曲线积分来表示,揭露了二重积分与曲线积分本质上的联系,同时也为寻找二元可微函数的原函数提供了方法.

为理解公式需要,现介绍连通区域和闭曲线的正方向两个概念.

**定义 1**　设 $D$ 为平面区域,若 $D$ 内任一闭曲线所围的部分中的点都属于 $D$,则称 $D$ 为平面**单连通区域**(通俗的理解即是不含有"洞"的区域),否则,称为**复连通区域**(有"洞"的区域).

例如,$\{(x,y) \mid x > 0\}$、$\{(x,y) \mid y < x^2\}$ 是单连通区域.

$\{(x,y) \mid (x,y) \neq (0,0)\}$,$\{(x,y) \mid 1 < x^2 + y^2 < 4\}$ 是复连通区域.

**定义 2**　当观察者沿着平面区域 $D$ 的边界曲线 $L$ 的**正方向**行走时,在他左边附近有邻域在区域 $D$ 中,另一方向即是 $L$ 的**负方向**.如图 7-43 所示,$D$ 是由边界曲线 $L$ 和 $l$ 所围成的复连通区域,作为 $D$ 的正向边界,$L$ 的正方向是逆时针方向,而 $l$ 的正向是顺时针方向.

**图 7-43**

**定理 3**　设闭区域 $D$ 由分段光滑曲线 $L$ 围成,若函数 $P(x,y)$ 及 $Q(x,y)$ 在 $D$ 上具有一阶连续偏导数,则有

$$\iint\limits_D \left( \frac{\partial Q}{\partial x} + \frac{\partial P}{\partial y} \right) \mathrm{d}x\,\mathrm{d}y = \oint_L Q\,\mathrm{d}y - P\,\mathrm{d}x, \tag{7-25}$$

其中 $L$ 是 $D$ 的取正向的边界曲线.

公式(7-25)叫作**格林公式**(证明从略).

理解并且使用格林公式时有几点需要注意:

(1) 格林公式是由

$$\iint_D \frac{\partial Q}{\partial x} \mathrm{d}x\,\mathrm{d}y = \oint_L Q\,\mathrm{d}y \tag{7-26}$$

与

$$\iint_D \frac{\partial P}{\partial y} \mathrm{d}x\,\mathrm{d}y = -\oint_L P\,\mathrm{d}x \tag{7-27}$$

两个公式合并而成,使用时应灵活处理,并注意对 $x$ 的曲线积分有负号.

(2) 对于复连通区域 $D$,格林公式右端应包括区域 $D$ 的全部边界的曲线积分,且边界的方向对于区域 $D$ 而言都是正向.

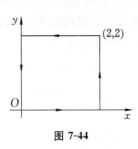

图 7-44

**例 7-26**　计算 $\oint_L (x^2 - xy^3)\mathrm{d}x + (y^2 - 2xy)\mathrm{d}y$,其中 $L$ 是由 $(0,0)$、$(2,0)$、$(2,2)$ 和 $(0,2)$ 围成的正方形区域的正向边界.

**解**　令 $P = x^2 - xy^3$,$Q = y^2 - 2xy$,则

$$\frac{\partial Q}{\partial x} - \frac{\partial P}{\partial y} = -2y - (-3xy^2),$$

如图 7-44 所示,由格林公式可知,

$$\oint_L (x^2 - xy^3)\mathrm{d}x + (y^2 - 2xy)\mathrm{d}y$$

$$= \iint_D \left[ -\frac{\partial(x^2 - xy^3)}{\partial y} + \frac{\partial(y^2 - 2xy)}{\partial x} \right] \mathrm{d}x\,\mathrm{d}y$$

$$= \iint_D (3xy^2 - 2y)\mathrm{d}x\,\mathrm{d}y = \int_0^2 \mathrm{d}x \int_0^2 (3xy^2 - 2y)\mathrm{d}y$$

$$= \int_0^2 (xy^3 - y^2)\big|_0^2 \mathrm{d}x = 4\int_0^2 (2x - 1)\mathrm{d}x = 8.$$

如果用曲线积分计算,则有,

$$\text{原式} = \int_0^2 x^2\mathrm{d}x + \int_0^2 (y^2 - 4y)\mathrm{d}y + \int_2^0 (x^2 - 8x)\mathrm{d}x + \int_2^0 y^2\mathrm{d}y = 8.$$

通过上面的计算,也可以验证格林公式是正确的.

**例 7-27**　计算 $\oint_L x^4 y\mathrm{d}x - \left(\frac{2}{3}x^3 y^2 + xy^4\right)\mathrm{d}y$,其中 $L$ 是正向圆周 $x^2 + y^2 = a^2$.

**解**　令 $P = x^4 y$,$Q = \frac{2}{3}x^3 y^2 + xy^4$,则

$$\frac{\partial P}{\partial y} + \frac{\partial Q}{\partial x} = x^4 + 2x^2 y^2 + y^4 = (x^2 + y^2)^2.$$

由格林公式可知,

原式 $=\oint_L P\,\mathrm{d}x - Q\,\mathrm{d}y = -\oint_L Q\,\mathrm{d}y - P\,\mathrm{d}x = -\iint\limits_D \left(\dfrac{\partial Q}{\partial x} + \dfrac{\partial P}{\partial y}\right)\mathrm{d}x\,\mathrm{d}y$

$$= -\iint\limits_D (x^2+y^2)^2\,\mathrm{d}x\,\mathrm{d}y = -\int_0^{2\pi}\mathrm{d}\theta\int_0^a \rho^4\rho\,\mathrm{d}\rho = -\dfrac{a^6}{6}\cdot 2\pi = -\dfrac{\pi}{3}a^6.$$

**例 7-28**　计算 $\displaystyle\int_L (x^2-y)\mathrm{d}x - (x+\sin^2 y)\mathrm{d}y$，其中 $L$

是在圆周 $y=\sqrt{2x-x^2}$ 上由点 $(0,0)$ 到 $(1,1)$ 的一段弧.

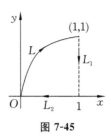

图 7-45

**解**　直接用曲线积分计算有困难，可考虑采用格林公式，如图 7-45 所示补充两有向线段

$$L_1 : (1,1)\ 到\ (1,0),$$
$$L_2 : (1,0)\ 到\ (0,0),$$

从而有

$$\int_{L_1}(x^2-y)\mathrm{d}x - (x+\sin^2 y)\mathrm{d}y = 0 - \int_1^0 (1+\sin^2 y)\mathrm{d}y$$

$$= 1 + \int_0^1 \dfrac{1-\cos 2y}{2}\mathrm{d}y$$

$$= 1 + \dfrac{1}{2} + \dfrac{1}{4}(-\sin 2y)\bigg|_0^1$$

$$= \dfrac{3}{2} - \dfrac{1}{4}\sin 2,$$

$$\int_{L_2}(x^2-y)\mathrm{d}x - (x+\sin^2 y)\mathrm{d}y = \int_1^0 x^2\,\mathrm{d}x = -\dfrac{1}{3},$$

因为，

$$\int_L (x^2-y)\mathrm{d}x - (x+\sin^2 y)\mathrm{d}y + \int_{L_1}(x^2-y)\mathrm{d}x - (x+\sin^2 y)\mathrm{d}y$$

$$+ \int_{L_2}(x^2-y)\mathrm{d}x - (x+\sin^2 y)\mathrm{d}y$$

$$= \oint_{L+L_1+L_2}(x^2-y)\mathrm{d}x - (x+\sin^2 y)\mathrm{d}y$$

$$= -\iint\limits_D \left(-\dfrac{\partial(x^2-y)}{\partial y} - \dfrac{\partial(x+\sin^2 y)}{\partial x}\right)\mathrm{d}x\,\mathrm{d}y$$

$$= \iint\limits_D (-1+1)\mathrm{d}x\,\mathrm{d}y = 0.$$

所以，

$$原式 = -\left[\int_{L_1}(x^2-y)\mathrm{d}x - (x+\sin^2 y)\mathrm{d}y + \int_{L_2}(x^2-y)\mathrm{d}x - (x+\sin^2 y)\mathrm{d}y\right]$$

$$= -\left(\dfrac{3}{2} - \dfrac{\sin 2}{4} - \dfrac{1}{3}\right) = -\dfrac{7}{6} + \dfrac{\sin 2}{4}.$$

上面的例子说明一些不好计算的曲线积分可以通过格林公式化成简便的计算.当然,在使用格林公式时,一定要看清楚是否满足公式的条件,特别是曲线的方向、被积函数是否有连续的偏导数等条件.

**例 7-29**　计算曲线积分 $\oint_L \dfrac{y\,\mathrm{d}x - x\,\mathrm{d}y}{x^2 + y^2}$,其中 $L$ 为椭圆 $\dfrac{x^2}{2^2} + y^2 = 1$,$L$ 的方向为逆时针方向.

**错解**　设 $P = \dfrac{y}{x^2 + y^2}$,$Q = -\dfrac{x}{x^2 + y^2}$,则

$$\frac{\partial P}{\partial y} = \frac{x^2 - y^2}{(x^2 + y^2)^2},$$

$$\frac{\partial Q}{\partial x} = \frac{x^2 - y^2}{(x^2 + y^2)^2},$$

$L$ 的方向为正方向,如图 7-46 所示,由格林公式得

$$原式 = \oint_L P\,\mathrm{d}x + Q\,\mathrm{d}y = \iint_D \left(\frac{\partial Q}{\partial x} - \frac{\partial P}{\partial y}\right)\mathrm{d}x\,\mathrm{d}y = 0.$$

错误的原因是 $P(x,y)$ 及 $Q(x,y)$ 在区域 $D$ 内的一阶偏导数存在不连续的点 $(0,0)$.

**正解**　在椭圆内部补充曲线 $l:x^2 + y^2 = a^2$,方向为顺时针(图 7-47),

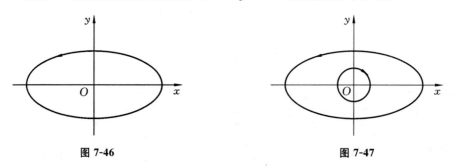

图 7-46　　　　　　　　　　　　　　　　图 7-47

设 $P = \dfrac{y}{x^2 + y^2}$,$Q = -\dfrac{x}{x^2 + y^2}$,则

$$\frac{\partial P}{\partial y} = \frac{x^2 - y^2}{(x^2 + y^2)^2}, \frac{\partial Q}{\partial x} = \frac{x^2 - y^2}{(x^2 + y^2)^2},$$

从而有

$$\oint_L P\,\mathrm{d}x + Q\,\mathrm{d}y + \oint_l P\,\mathrm{d}x + Q\,\mathrm{d}y = \iint_D \left(\frac{\partial Q}{\partial x} - \frac{\partial P}{\partial y}\right)\mathrm{d}x\,\mathrm{d}y = 0,$$

所以

$$\oint_L P\,\mathrm{d}x + Q\,\mathrm{d}y = -\oint_l P\,\mathrm{d}x + Q\,\mathrm{d}y = \int_0^{2\pi} \frac{a\sin t\,\mathrm{d}(a\cos t) - a\cos t\,\mathrm{d}(a\sin t)}{a^2} = -2\pi.$$

# 二、格林公式的应用

### 1. 平面闭区域的面积

在格林公式(7-25)中,令 $P=y$,$Q=x$,即得

$$2\iint\limits_{D}\mathrm{d}x\,\mathrm{d}y=\oint_{L}x\,\mathrm{d}y-y\,\mathrm{d}x.$$

由二重积分的性质,上式左端是闭区域 $D$ 的面积的 2 倍,因此有

$$A=\frac{1}{2}\oint_{L}x\,\mathrm{d}y-y\,\mathrm{d}x. \tag{7-28}$$

**注意**:平面闭区域的面积公式并不是唯一的,如

$$A=\oint_{L}\mathrm{d}y-y\,\mathrm{d}x, \tag{7-29}$$

但都揭示了平面闭区域 $D$ 的面积仅仅由其边界 $L$ 确定这样一个基本事实.

**例 7-30**　求椭圆 $x=a\cos t$,$y=b\sin t$ 所围成图形的面积 $A$.

**解**　由公式(7-28)可知

$$A=\frac{1}{2}\oint_{L}x\,\mathrm{d}y-y\,\mathrm{d}x=\frac{1}{2}\int_{0}^{2\pi}(ab\cos^{2}t+ab\sin^{2}t)\,\mathrm{d}t$$

$$=\frac{1}{2}ab\int_{0}^{2\pi}\mathrm{d}t=\pi ab.$$

### 2. 曲线积分与路径无关的条件

如果在某平面区域 $G$ 中任意指定两个点 $A$、$B$ 以及从点 $A$ 到点 $B$ 任意两条曲线 $L_1$、$L_2$,恒有等式

$$\int_{L_1}P\,\mathrm{d}x+Q\,\mathrm{d}y=\int_{L_2}P\,\mathrm{d}x+Q\,\mathrm{d}y$$

成立,我们就说**曲线积分** $\int_{L}P\,\mathrm{d}x+Q\,\mathrm{d}y$ **在 $G$ 内与路径无关**.

**定理 4**　如果 $P(x,y)$ 与 $Q(x,y)$ 在单连通区域 $G$ 内具有一阶连续的偏导数,那么曲线积分 $\int_{L}P(x,y)\mathrm{d}x+Q(x,y)\mathrm{d}y$ 在 $G$ 内与路径无关的充分必要条件是

$$\frac{\partial P}{\partial y}=\frac{\partial Q}{\partial x} \tag{7-30}$$

在 $G$ 内恒成立.

证明从略.

如果一个曲线积分与路径无关,仅与起点和终点有关,那么该曲线积分不需指出积分路径,只需标明起点和终点即可,见下面例题.

**例 7-31**    证明 $\int_{(1,0)}^{(2,1)}(2xy-y^4+3)\mathrm{d}x+(x^2-4xy^3)\mathrm{d}y$ 在整个 $xOy$ 面与路径无关,并计算它的值.

**解**    设 $P=2xy-y^4+3,Q=x^2-4xy^3$.因为

$$\frac{\partial P}{\partial y}=2x-4y^3=\frac{\partial Q}{\partial x},$$

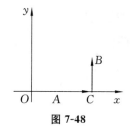

图 7-48

所以该曲线积分与路径无关.选择图 7-48 所示的积分路线,

$$A(1,0)\to C(2,0)\to B(2,1),$$

$$原式=\int_1^2(0+0+3)\mathrm{d}x+0+0+\int_0^1(2^2-4\times2y^3)\mathrm{d}y$$

$$=3+4-\left[2y^4\right]_0^1=7-2=5.$$

可见,选择合适的路径可以使计算简便.

### 3. 二元函数的全微分求积

我们知道,二元函数 $u(x,y)$ 可微时,其微分 $\mathrm{d}[u(x,y)]=u_x'\mathrm{d}x+u_y'\mathrm{d}y$,反过来,函数 $P(x,y)$ 与 $Q(x,y)$ 满足什么条件时,$P(x,y)\mathrm{d}x+Q(x,y)\mathrm{d}y$ 才是某个二元函数 $u(x,y)$ 的全微分? 下面的定理可以解决这个问题.

**定理 5**    如果 $P(x,y)$ 与 $Q(x,y)$ 在单连通区域 $G$ 内具有一阶连续的偏导数,那么 $P(x,y)\mathrm{d}x+Q(x,y)\mathrm{d}y$ 在 $G$ 内为某个函数 $u(x,y)$ 的全微分的充分必要条件是

$$\frac{\partial P}{\partial y}=\frac{\partial Q}{\partial x}\tag{7-31}$$

在 $G$ 内恒成立.

证明从略.

**例 7-32**    求一个二元函数 $u(x,y)$,使 $\mathrm{d}u=(2xy-y^4+3)\mathrm{d}x+(x^2-4xy^3)\mathrm{d}y$.

**解**    由定理可知,因为 $\dfrac{\partial P}{\partial y}=\dfrac{\partial Q}{\partial x}$,所以

$$(2xy-y^4+3)\mathrm{d}x+(x^2-4xy^3)\mathrm{d}y$$

是某个函数的全微分.

设动点是 $M(x,y)$,那么从取定的点 $M_0$ 到点 $M$ 的任意曲线 $L$ 的曲线积分

$$\int_L(2xy-y^4+3)\mathrm{d}x+(x^2-4xy^3)\mathrm{d}y$$

的值与 $M(x,y)$ 相对应,构成二元函数关系,选择积分路径如图 7-49 所示,所以

$$u(x,y) = \int_{(0,0)}^{(x,y)} (2xy - y^4 + 3)\mathrm{d}x + (x^2 - 4xy^3)\mathrm{d}y$$
$$= \int_0^x 3\mathrm{d}x + \int_0^y (x^2 - 4xy^3)\mathrm{d}y$$
$$= 3x + x^2 y - xy^4.$$

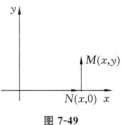

**图 7-49**

**说明**：选择的路径与例 7-31 相同，上面积分表达式中的积分变量用什么字母表示没有关系.如果把终点和起点代入 $u(x,y)$ 进行计算，即

$$u(2,1) - u(1,0) = [3 \times 2 + 2^2 \times 1 - 2 \times 1^4] - [3 \times 1 + 1^2 \times 0 - 1 \times 0^4]$$
$$= 8 - 3 = 5,$$

与例 7-31 的结果相同，所以

$$\int_A^B P\mathrm{d}x + Q\mathrm{d}y = u(B) - u(A)$$

也就成立（条件是 $\dfrac{\partial P}{\partial y} = \dfrac{\partial Q}{\partial x}$），这与微积分基本公式（牛顿-莱布尼兹公式）

$$\int_a^b f(x)\mathrm{d}x = F(b) - F(a)$$

的形式和本质是一致的.

# 第六节　曲面积分

## 一、曲面积分的概念

### 1. 对面积的曲面积分 —— 第一类曲面积分

在本章第三节重积分的应用中介绍过曲面的面积，如果曲面的面密度为 $\mu(x,y,z)$，那么如何求该曲面的质量呢？ 我们仍可以采用微元法，将曲面分割成 $n$ 块，用 $\Delta S_i (1 \leqslant i \leqslant n)$ 表示第 $i$ 块的面积，在上面任选一点 $(\xi_i, \eta_i, \zeta_i)$，它的质量

$$\Delta m_i \approx \mu(\xi_i, \eta_i, \zeta_i) \cdot \Delta S_i,$$

然后求和取极限就是所求的质量 $m$，即

$$m = \lim_{\lambda \to 0} \sum_{i=1}^n \mu(\xi_i, \eta_i, \zeta_i) \Delta S_i,$$

其中 $\lambda$ 表示 $n$ 小块曲面的面积的最大值.

这样的极限也会在其他的问题中遇到，比如曲面的质心、转动惯量等.现在把它们用统一的数学形式抽象出来,得到对面积的曲面积分问题.

**定义 1**　设函数 $f(x,y,z)$ 在光滑曲面 $\Sigma$ 上有上界,将曲面 $\Sigma$ 任意分成 $n$ 小块 $\Delta S_i$(同时也表示第 $i$ 小块的面积),$(\xi_i,\eta_i,\zeta_i)$ 是 $\Delta S_i$ 上任意一点,如果当各小块的面积的最大值 $\lambda \to 0$ 时,和式 $\sum\limits_{i=1}^{n} f(\xi_i,\eta_i,\zeta_i)\Delta S_i$ 存在,那么称该极限为函数 $f(x,y,z)$ 在曲面 $\Sigma$ 上的**对面积的曲面积分**,记作 $\iint\limits_{\Sigma} f(x,y,z)\mathrm{d}S$,即

$$\iint\limits_{\Sigma} f(x,y,z)\mathrm{d}S = \lim_{\lambda \to 0} \sum_{i=1}^{n} f(\xi_i,\eta_i,\zeta_i)\Delta S_i,$$

其中 $f(x,y,z)$ 叫作被积函数,$\sum$ 叫作积分曲面.该积分也叫作**第一类曲面积分**.

如果曲面是封闭的,曲面积分记为 $\oiint\limits_{\Sigma} f(x,y,z)\mathrm{d}S$.

有了这个定义,曲面 $\Sigma$ 的质量 $m$ 可以用对面积的曲面积分表示,即

$$m = \iint\limits_{\Sigma} f(x,y,z)\mathrm{d}S.$$

### 2. 对坐标的曲面积分 —— 第二类曲面积分

有关曲面的问题很多时候是要考虑曲面的方向性的,比如下雨天撑伞时落在伞面的雨滴是从上面落下的,再比如某几何体的外面是一张闭曲面,在吸热和放热的过程中有热量向里面和向外面传递的分别.为研究这类问题的方便,我们假定所考虑的曲面是双侧的,并且是光滑的.

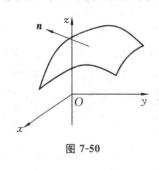

图 7-50

在空间直角坐标系中,曲面的双侧的区别是指上侧与下侧、前侧与后侧、左侧与右侧的区别,闭曲面有外侧与内侧的区别,在讨论对坐标的曲面积分时,需要指定曲面的侧.我们可以用曲面上法向量的指向来定出曲面的侧,如图 7-50 所示的法向量

$$\boldsymbol{n} = (\cos\alpha,\cos\beta,\cos\gamma)$$

中,若 $\cos\gamma > 0$,此时法向量的指向向上,可称此曲面为有向曲面的上侧,否则,称为曲面的下侧;$\cos\beta > 0$,此时法向量的指向向右,称此曲面为曲面的右侧,否则,称为曲面的左侧;$\cos\alpha > 0$,此时法向量的指向向前,称此曲面为曲面的前侧,否则,称为曲面的后侧;另外,对封闭曲面,法向量由内指向外,称为曲面的外侧,否则,称为曲面的

内侧.

**定义 1**　若曲面是上侧,或右侧,或前侧,称为**正向的曲面**,否则称为**负向的曲面**,有界正向曲面投影到对应坐标面的面积为正,有界负向曲面投影到相应坐标面的面积为负.

比如上侧小曲面块 $\Delta S$ 在 $xOy$ 面投影面积为 $(\Delta S)_{xy}=(\Delta\sigma)_{xy}$;若此时 $\Delta S$ 是左侧的,那么它在 $xOz$ 面的投影面积为 $(\Delta S)_{xz}=-(\Delta\sigma)_{xz}$,其他情形类推.

**定义 2**　设 $\Sigma$ 为光滑的有向曲面,函数 $R(x,y,z)$ 在 $\Sigma$ 上有界.把 $\Sigma$ 任意分成 $n$ 块小曲面 $\Delta S_i(1\leqslant i\leqslant n)$,它们在 $xOy$ 面的投影面积为 $(\Delta S_i)_{xy}$,在每个 $\Delta S_i$ 上任取一点 $(\xi_i,\eta_i,\zeta_i)$,作乘积 $R(\xi_i,\eta_i,\zeta_i)(\Delta S_i)_{xy}(1\leqslant i\leqslant n)$,并作和 $\sum\limits_{i=1}^{n}R(\xi_i,\eta_i,\zeta_i)(\Delta S_i)_{xy}$,如果当各小块曲面面积的最大值 $\lambda\to0$ 时,这个和式的极限总存在,且与曲面的分法及点 $(\xi_i,\eta_i,\zeta_i)$ 的取法无关,那么称此极限为函数 $R(x,y,z)$ 在有向曲面 $\Sigma$ 上**对坐标** $x,y$ **的曲面积分**,记作 $\iint\limits_{\Sigma}R(x,y,z)\mathrm{d}x\,\mathrm{d}y$,即

$$\iint\limits_{\Sigma}R(x,y,z)\mathrm{d}x\,\mathrm{d}y=\lim_{\lambda\to0}\sum_{i=1}^{n}R(\xi_i,\eta_i,\zeta_i)(\Delta S_i)_{xy},$$

其中 $R(x,y,z)$ 是**被积函数**,$\Sigma$ 是**积分曲面**.

类似地也可以定义函数 $P(x,y,z)$ 在有向曲面 $\Sigma$ 上**对坐标** $y,z$ **的曲面积分** $\iint\limits_{\Sigma}P(x,y,z)\mathrm{d}y\mathrm{d}z$ 以及函数 $Q(x,y,z)$ 在有向曲面 $\Sigma$ 上**对坐标** $z,x$ **的曲面积分** $\iint\limits_{\Sigma}Q(x,y,z)\mathrm{d}z\mathrm{d}x$ 分别为

$$\iint\limits_{\Sigma}P(x,y,z)\mathrm{d}y\mathrm{d}z=\lim_{\lambda\to0}\sum_{i=1}^{n}P(\xi_i,\eta_i,\zeta_i)(\Delta S_i)_{yz},$$

$$\iint\limits_{\Sigma}Q(x,y,z)\mathrm{d}z\mathrm{d}x=\lim_{\lambda\to0}\sum_{i=1}^{n}Q(\xi_i,\eta_i,\zeta_i)(\Delta S_i)_{zx}.$$

以上三个曲面积分也叫作**第二类曲面积分**.

在此需要指出:

(1) 在应用中出现较多的第二类曲面积分为

$$\iint\limits_{\Sigma}P(x,y,z)\mathrm{d}y\mathrm{d}z+\iint\limits_{\Sigma}Q(x,y,z)\mathrm{d}z\mathrm{d}x+\iint\limits_{\Sigma}R(x,y,z)\mathrm{d}x\,\mathrm{d}y,$$

为书写简便,记为

$$\iint\limits_{\Sigma} P(x,y,z)\mathrm{d}y\mathrm{d}z + Q(x,y,z)\mathrm{d}z\mathrm{d}x + R(x,y,z)\mathrm{d}x\mathrm{d}y;$$

(2) 若积分曲面是封闭的,积分号记为 $\oiint$;

(3) 曲面积分的性质与曲线积分的性质类似,特别是第二类曲面积分,必须要注意积分曲面所取的侧,取相反的侧的曲面积分是原来侧的曲面积分的相反数.即

$$\iint\limits_{\Sigma^{-}} P(x,y,z)\mathrm{d}y\mathrm{d}z = -\iint\limits_{\Sigma} P(x,y,z)\mathrm{d}y\mathrm{d}z,$$

对其他坐标的曲面积分该性质也成立.

## 二、曲面积分的计算法

### 1. 第一类曲面积分的计算法

如图 7-51 所示,如果曲面 $\Sigma: z = z(x,y)$ 在 $xOy$ 面的投影是 $D_{xy}$,那么由定义易知

$$\iint\limits_{\Sigma} f(x,y,z)\mathrm{d}S = \iint\limits_{D_{xy}} f[x,y,z(x,y)]\sqrt{1+\left(\frac{\partial z}{\partial x}\right)^2+\left(\frac{\partial z}{\partial y}\right)^2}\,\mathrm{d}x\,\mathrm{d}y. \quad (7\text{-}32)$$

这就是把对面积的曲面积分化为二重积分的公式.如果积分曲面 $\Sigma$ 为方程 $x = x(y,z)$ 或 $y = y(x,z)$,也有类似的对曲面面积积分化为相应的二重积分.

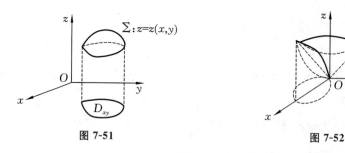

图 7-51　　　　　　　　　　图 7-52

**例 7-33**　计算曲面积分 $\iint\limits_{\Sigma}(xy+yz+zx)\mathrm{d}S$,其中 $\Sigma$ 是由锥面 $z=\sqrt{x^2+y^2}$ 被柱面 $x^2+y^2=2x$ 所截得的有限部分.

**解**　曲面 $\Sigma$ 如图 7-52 所示,其方程为

$$z = \sqrt{x^2+y^2},$$

它在 $xOy$ 面的投影区域 $D_{xy}$ 为圆形闭区域 $\{(x,y)\mid x^2+y^2\leqslant 2x\}$,因为

$$\sqrt{1+\left(\frac{\partial z}{\partial x}\right)^2+\left(\frac{\partial z}{\partial y}\right)^2}=\sqrt{1+\frac{x^2}{x^2+y^2}+\frac{y^2}{x^2+y^2}}=\sqrt{2},$$

根据公式(7-32),采用极坐标计算,即

$$\iint\limits_{\Sigma}(xy+yz+zx)\,dS=\iint\limits_{D_{xy}}\left[xy+(x+y)\sqrt{x^2+y^2}\,\right]\sqrt{2}\,dx\,dy$$

$$=\int_{-\frac{\pi}{2}}^{\frac{\pi}{2}}d\theta\int_0^{2\cos\theta}\left[\rho^2\cos\theta\sin\theta+\rho(\cos\theta+\sin\theta)\right]\rho\sqrt{2}\,dx\,dy$$

$$=4\sqrt{2}\int_{-\frac{\pi}{2}}^{\frac{\pi}{2}}\left[(\cos^5\theta+\cos^4\theta)\sin\theta+\cos^5\theta\right]d\theta=8\sqrt{2}\int_0^{\frac{\pi}{2}}\cos^5\theta\,d\theta=\frac{64}{15}\sqrt{2}.$$

**例 7-34**　计算 $\displaystyle\oiint\limits_{\Sigma}xyz\,dS$,其中 $\Sigma$ 是由平面 $x=$

$0,y=0,z=0$ 以及 $x+y+\dfrac{1}{2}z=1$ 所围成四面体的

整个边界曲面(图 7-53).

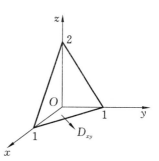

图 7-53

**解**　整个边界曲面 $\displaystyle\sum$ 在平面 $x=0$、$y=0$、

$z=0$,以及 $x+y+\dfrac{1}{2}z=1$ 上的部分依次记为 $\Sigma_1$,

$\Sigma_2,\Sigma_3,\Sigma_4$,于是

$$\oiint\limits_{\Sigma}xyz\,dS=\iint\limits_{\Sigma_1}xyz\,dS+\iint\limits_{\Sigma_2}xyz\,dS+\iint\limits_{\Sigma_3}xyz\,dS+\iint\limits_{\Sigma_4}xyz\,dS.$$

因为在曲面 $\Sigma_1,\Sigma_2,\Sigma_3$ 上,被积函数 $f(x,y,z)=xyz$ 都等于零,所以它们积分为

零,即

$$\iint\limits_{\Sigma_1}xyz\,dS+\iint\limits_{\Sigma_2}xyz\,dS+\iint\limits_{\Sigma_3}xyz\,dS=0$$

在 $\Sigma_4$ 上,$z=2-2x-2y$,所以

$$dS=\sqrt{1+\left(\frac{\partial z}{\partial x}\right)^2+\left(\frac{\partial z}{\partial y}\right)^2}\,dx\,dy=\sqrt{1+(-2)^2+(-2)^2}\,dx\,dy=3dx\,dy,$$

从而

$$\oiint\limits_{\Sigma}xyz\,dS=\iint\limits_{\Sigma_4}xyz\,dS=\iint\limits_{D_{xy}}6xy(1-x-y)\,dx\,dy=6\int_0^1x\,dx\int_0^{1-x}y(1-x-y)\,dy$$

$$=6\int_0^1\left\{x\left[(1-x)\,\frac{1}{2}y^2-\frac{1}{3}y^3\right]_{y=0}^{y=1-x}\right\}dx$$

$$= \int_0^1 (x - 3x^2 + 3x^3 - x^4) \mathrm{d}x = \frac{1}{20}.$$

### 2. 第二类曲面积分计算法

由对坐标的曲面积分的定义,不难得知其计算方法,可化成二重积分计算,同时根据曲面的方向,来决定二重积分的正负号.

如果曲面 $\Sigma$ 的方程 $z = z(x, y)$,方向取上侧,那么

$$\iint\limits_{\Sigma} R(x, y, z) \mathrm{d}x\,\mathrm{d}y = \iint\limits_{D_{xy}} R[x, y, z(x, y)] \mathrm{d}x\,\mathrm{d}y; \qquad (7\text{-}33)$$

如果该曲面的方向取下侧,那么

$$\iint\limits_{\Sigma} R(x, y, z) \mathrm{d}x\,\mathrm{d}y = -\iint\limits_{D_{xy}} R[x, y, z(x, y)] \mathrm{d}x\,\mathrm{d}y, \qquad (7\text{-}34)$$

其中 $D_{xy}$ 是曲面 $\Sigma$ 在 $xOy$ 面的投影闭区域.

类似地,如果曲面 $\Sigma$ 的方程为 $x = x(y, z)$,那么

$$\iint\limits_{\Sigma} P(x, y, z) \mathrm{d}y\,\mathrm{d}z = \pm \iint\limits_{D_{yz}} P[x(y, z), y, z] \mathrm{d}y\,\mathrm{d}z; \qquad (7\text{-}35)$$

如果曲面 $\Sigma$ 由 $y = y(z, x)$ 给出,那么

$$\iint\limits_{\Sigma} Q(x, y, z) \mathrm{d}z\,\mathrm{d}x = \pm \iint\limits_{D_{zx}} Q[x, y(z, x), z] \mathrm{d}z\,\mathrm{d}x, \qquad (7\text{-}36)$$

其中正负号取决于曲面的侧.

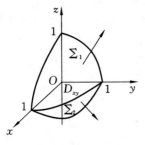

图 7-54

**例 7-35** 计算曲面积分 $\iint\limits_{\Sigma} xz \mathrm{d}x\,\mathrm{d}y$,其中 $\Sigma$ 是球面 $x^2 + y^2 + z^2 = 1$ 外侧在 $x \geqslant 0, y \geqslant 0$ 的部分.

**解** 把 $\Sigma$ 分为 $\Sigma_1$ 和 $\Sigma_2$ 两部分,如图 7-54 所示,它们的方程分别是

$$\Sigma_1 : z = \sqrt{1 - x^2 - y^2},$$
$$\Sigma_2 : z = -\sqrt{1 - x^2 - y^2}.$$

从而有

$$\iint\limits_{\Sigma} xz \mathrm{d}x\,\mathrm{d}y = \iint\limits_{\Sigma_1} xz \mathrm{d}x\,\mathrm{d}y + \iint\limits_{\Sigma_2} xz \mathrm{d}x\,\mathrm{d}y.$$

因为 $\Sigma_1$ 的外侧对坐标 $x, y$ 而言是上侧,$\Sigma_2$ 的外侧对坐标 $x, y$ 而言是下侧,

由公式(7-33) 和(7-34) 可知,

$$\iint\limits_{\Sigma} xz\,\mathrm{d}x\,\mathrm{d}y = \iint\limits_{D_{xy}} x\sqrt{1-x^2-y^2}\,\mathrm{d}x\,\mathrm{d}y - \iint\limits_{D_{xy}} x(-\sqrt{1-x^2-y^2})\,\mathrm{d}x\,\mathrm{d}y$$

$$= 2\iint\limits_{D_{xy}} x\sqrt{1-x^2-y^2}\,\mathrm{d}x\,\mathrm{d}y$$

$$= 2\int_0^{\frac{\pi}{2}} \mathrm{d}\theta \int_0^1 \rho\cos\theta\sqrt{1-\rho^2}\,\rho\,\mathrm{d}\rho = \frac{\pi}{8}.$$

**例 7-36**　计算曲面积分

$$\oiint\limits_{\Sigma} x\,\mathrm{d}y\,\mathrm{d}z + y\,\mathrm{d}z\,\mathrm{d}x + z\,\mathrm{d}x\,\mathrm{d}y$$

其中 $\Sigma$ 是由三个坐标面以及平面 $x+y+z=1$ 围成
的四面体的外侧(图 7-55).

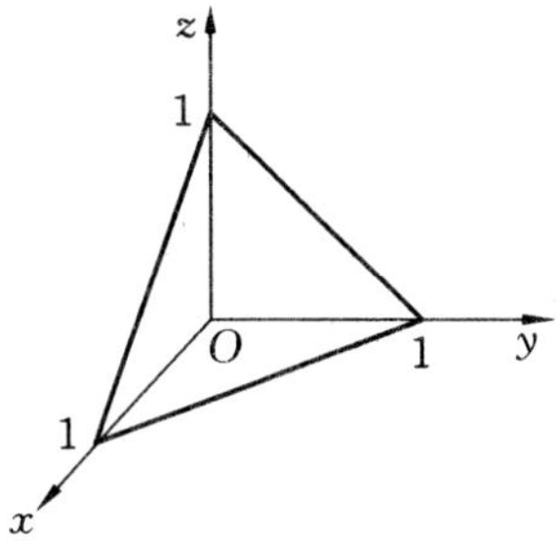

**解**　将 $\Sigma$ 分成四个部分,设

$$yOz \text{ 面为 } \Sigma_1 : x = 0;$$
$$xOz \text{ 面为 } \Sigma_2 : y = 0;$$
$$xOy \text{ 面为 } \Sigma_3 : z = 0;$$
$$\text{平面 } x+y+z=1 \text{ 为 } \Sigma_4.$$

图 7-55

则有

$$\text{原式} = \iint\limits_{\Sigma_1} x\,\mathrm{d}y\,\mathrm{d}z + y\,\mathrm{d}z\,\mathrm{d}x + z\,\mathrm{d}x\,\mathrm{d}y + \iint\limits_{\Sigma_2} x\,\mathrm{d}y\,\mathrm{d}z + y\,\mathrm{d}z\,\mathrm{d}x + z\,\mathrm{d}x\,\mathrm{d}y$$

$$+ \iint\limits_{\Sigma_3} x\,\mathrm{d}y\,\mathrm{d}z + y\,\mathrm{d}z\,\mathrm{d}x + z\,\mathrm{d}x\,\mathrm{d}y + \iint\limits_{\Sigma_4} x\,\mathrm{d}y\,\mathrm{d}z + y\,\mathrm{d}z\,\mathrm{d}x + z\,\mathrm{d}x\,\mathrm{d}y,$$

因为 $\Sigma_1$ 在 $yOz$ 面为后侧,方程为 $x=0$,在 $xOz$ 面和 $xOy$ 面的投影为零,所以

$$\iint\limits_{\Sigma_1} x\,\mathrm{d}y\,\mathrm{d}z + y\,\mathrm{d}z\,\mathrm{d}x + z\,\mathrm{d}x\,\mathrm{d}y = 0,$$

$$\iint\limits_{\Sigma_2} x\,\mathrm{d}y\,\mathrm{d}z + y\,\mathrm{d}z\,\mathrm{d}x + z\,\mathrm{d}x\,\mathrm{d}y = 0,$$

$$\iint\limits_{\Sigma_3} x\,\mathrm{d}y\,\mathrm{d}z + y\,\mathrm{d}z\,\mathrm{d}x + z\,\mathrm{d}x\,\mathrm{d}y = 0,$$

对 $\Sigma_4$,它的外侧对坐标 $y,z$ 而言是前侧,对 $x,z$ 而言是右侧,对 $x,y$ 而言是前
侧,都是正方向,所以,

$$\iint\limits_{\Sigma_4} x\,\mathrm{d}y\mathrm{d}z = \iint\limits_{D_{yz}} (1-y-z)\mathrm{d}y\mathrm{d}z = \int_0^1 \mathrm{d}y \int_0^{1-y} (1-y-z)\mathrm{d}z = \frac{1}{2}\int_0^1 (1-y)^2\,\mathrm{d}y = \frac{1}{6},$$

$$\iint\limits_{\Sigma_4} y\,\mathrm{d}z\mathrm{d}x = \frac{1}{6}, \qquad \iint\limits_{\Sigma_4} z\,\mathrm{d}x\mathrm{d}y = \frac{1}{6},$$

即

$$\iint\limits_{\Sigma_4} x\,\mathrm{d}y\mathrm{d}z + y\mathrm{d}z\mathrm{d}x + z\mathrm{d}x\mathrm{d}y = \iint\limits_{\Sigma_4} x\,\mathrm{d}y\mathrm{d}z + \iint\limits_{\Sigma_4} y\mathrm{d}z\mathrm{d}x + \iint\limits_{\Sigma_4} z\mathrm{d}x\mathrm{d}y = \frac{1}{6}\times 3 = \frac{1}{2}.$$

所以,原式 $= 0+0+0+\dfrac{1}{2} = \dfrac{1}{2}.$

# *第七节　　奥高公式与斯托克斯公式

## 一、奥高公式

格林公式揭示了平面闭区域上的二重积分与其边界闭曲线之间的关系,而本节奥高公式(奥斯特罗格拉特斯基 - 高斯公式的简称)是格林公式在三维空间的推广,它给出了三维空间体上的三重积分与围成边界的闭曲面上的曲面积分之间的关系.当然它也说明了上一节两类曲面积分之间的关系.

**定理 1**　设空间闭区域 $\Omega$ 是由分片光滑的闭曲面 $\Sigma$ 所围成,若函数 $P(x,y,z)$,$Q(x,y,z)$ 与 $R(x,y,z)$ 在 $\Omega$ 上具有一阶连续偏导数,则有

$$\iiint\limits_{\Omega} \left(\frac{\partial P}{\partial x} + \frac{\partial Q}{\partial y} + \frac{\partial R}{\partial z}\right)\mathrm{d}v = \oiint\limits_{\Sigma} P\mathrm{d}y\mathrm{d}z + Q\mathrm{d}z\mathrm{d}x + R\mathrm{d}x\mathrm{d}y, \qquad (7\text{-}37)$$

或

$$\iiint\limits_{\Omega} \left(\frac{\partial P}{\partial x} + \frac{\partial Q}{\partial y} + \frac{\partial R}{\partial z}\right)\mathrm{d}v = \oiint\limits_{\Sigma} (P\cos\alpha + Q\cos\beta + R\cos\gamma)\mathrm{d}S, \qquad (7\text{-}38)$$

这里 $\Sigma$ 是 $\Omega$ 的整个边界曲面的外侧,$\cos\alpha$,$\cos\beta$ 与 $\cos\gamma$ 是在点 $(x,y,z)$ 处的法向量的方向余弦.公式(7-37) 或(7-38) 叫作**奥高公式**.

证明从略.

**例 7-37**　用奥高公式求 $\oiint\limits_{\Sigma} xyz\,\mathrm{d}s$,其他条件同例 7-34.

**解**　设 $P=x$,$Q=y$,$R=z$,那么

$$\frac{\partial P}{\partial x} = \frac{\partial Q}{\partial y} = \frac{\partial R}{\partial z} = 1,$$

由奥高公式(7-37)，设四面体为 $\Omega$ ，它的体积为 $V$ ，

$$\oiint\limits_{\Sigma} x\,\mathrm{d}y\,\mathrm{d}z + y\,\mathrm{d}z\,\mathrm{d}x + z\,\mathrm{d}x\,\mathrm{d}y = \iiint\limits_{\Omega} 3\mathrm{d}v = 3\iiint\limits_{\Omega} \mathrm{d}v = 3V,$$

$$V = \frac{1}{3}\times s_{底}\, h = \frac{1}{3}\times\frac{1}{2}\times 1\times 1\times 1 = \frac{1}{6},$$

于是，

$$原式 = \oiint\limits_{\Sigma} x\,\mathrm{d}y\,\mathrm{d}z + y\,\mathrm{d}z\,\mathrm{d}x + z\,\mathrm{d}x\,\mathrm{d}y = 3\times\frac{1}{6} = \frac{1}{2}.$$

例7-37的结果与例7-34的结果一致，这也就验证了奥高公式的正确性.利用这个公式，可以将曲面积分化为三重积分计算，见下面的例子.

**例 7-38**　利用奥高公式计算曲面积分

$$\iint\limits_{\Sigma} x^2\,\mathrm{d}y\,\mathrm{d}z + y^2\,\mathrm{d}z\,\mathrm{d}x + z^2\,\mathrm{d}x\,\mathrm{d}y,$$

其中 $\Sigma$ 为锥面 $z = \sqrt{x^2 + y^2}$ 介于平面 $z = 0$ 和平面 $z = h$ 之间部分的下侧(图7-56).

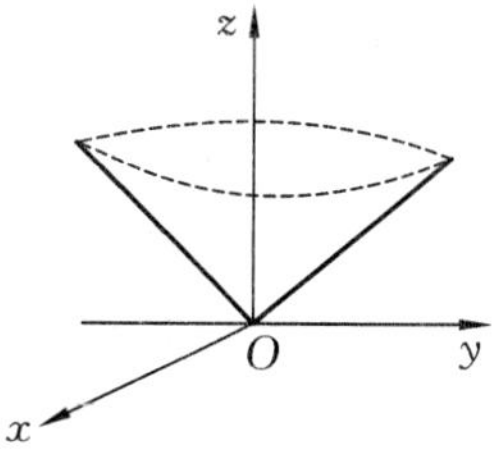

图 7-56

**解**　因为 $\Sigma$ 不是封闭的，不能直接利用奥高公式，可补充 $\Sigma_1 : z = h(x^2 + y^2 \leqslant h)$ 的上侧，则 $\Sigma$ 与 $\Sigma_1$ 一起构成一个封闭曲面，它们围成的空间闭区域设为 $\Omega$ ，即可利用奥高公式.记 $\Omega$ 在 $xOy$ 面的投影区域为 $D_{xy}$ ，

$$D_{xy} = \{(x,y) \mid x^2 + y^2 \leqslant h^2\},$$

$$\oiint\limits_{\Sigma + \Sigma_1} x^2\,\mathrm{d}y\,\mathrm{d}z + y^2\,\mathrm{d}z\,\mathrm{d}x + z^2\,\mathrm{d}x\,\mathrm{d}y$$

$$= 2\iiint\limits_{\Omega}(x + y + z)\mathrm{d}v = 2\iiint\limits_{\Omega}(x + y)\mathrm{d}v + 2\iiint\limits_{\Omega}z\,\mathrm{d}v = 0 + 2\iiint\limits_{\Omega}z\,\mathrm{d}v$$

$$= \iint\limits_{D_{xy}}\mathrm{d}x\,\mathrm{d}y\int_{\sqrt{x^2+y^2}}^{h} 2z\,\mathrm{d}z = \iint\limits_{D_{xy}}(z^2\mid_{\sqrt{x^2+y^2}}^{h})\mathrm{d}x\,\mathrm{d}y = \iint\limits_{D_{xy}}(h^2 - x^2 - y^2)\mathrm{d}x\,\mathrm{d}y$$

$$= \int_0^{2\pi}\mathrm{d}\theta\int_0^h (h^2 - \rho^2)\rho\,\mathrm{d}\rho = \frac{1}{2}\pi h^4,$$

又因为

$$\iint\limits_{\Sigma_1} x^2\,\mathrm{d}y\,\mathrm{d}z + y^2\,\mathrm{d}z\,\mathrm{d}x + z^2\,\mathrm{d}x\,\mathrm{d}y = 0 + 0 + \iint\limits_{\Sigma_1} z^2\,\mathrm{d}x\,\mathrm{d}y = h^2\iint\limits_{D_{xy}}\mathrm{d}x\,\mathrm{d}y = \pi h^4,$$

$$\iint\limits_{\Sigma+\Sigma_1} x^2\,\mathrm{d}y\,\mathrm{d}z + y^2\,\mathrm{d}z\,\mathrm{d}x + z^2\,\mathrm{d}x\,\mathrm{d}y$$

$$=\iint\limits_{\Sigma} x^2\,\mathrm{d}y\,\mathrm{d}z + y^2\,\mathrm{d}z\,\mathrm{d}x + z^2\,\mathrm{d}x\,\mathrm{d}y + \iint\limits_{\Sigma_1} x^2\,\mathrm{d}y\,\mathrm{d}z + y^2\,\mathrm{d}z\,\mathrm{d}x + z^2\,\mathrm{d}x\,\mathrm{d}y$$

所以，

$$\iint\limits_{\Sigma} x^2\,\mathrm{d}y\,\mathrm{d}z + y^2\,\mathrm{d}z\,\mathrm{d}x + z^2\,\mathrm{d}x\,\mathrm{d}y = \frac{1}{2}\pi h^4 - \pi h^4 = -\frac{1}{2}\pi h^4.$$

## 二、斯托克斯公式

斯托克斯公式也是格林公式的推广.它将曲面上的曲面积分与沿着曲面 $\Sigma$ 的边界的曲线积分联系起来.

**定义**　设 $\Gamma$ 是空间分段光滑的有向闭曲线，$\Sigma$ 是以 $\Gamma$ 为边界的有向曲面，当右手除大拇指外的四指依 $\Gamma$ 的方向弯曲，而大拇指所指的方向与曲面 $\Sigma$ 的侧相同时，称 $\Gamma$ 为有向曲面 $\Sigma$ 的正向边界曲线.

**定理 2**　设 $\Gamma$ 是分片光滑的有向曲面 $\Sigma$ 的正向边界曲线，$P(x,y,z)$，$Q(x,y,z)$ 以及 $R(x,y,z)$ 在曲面 $\Sigma$（连同边界 $\Gamma$）上具有一阶连续偏导数，则有

$$\iint\limits_{\Sigma}\left(\frac{\partial R}{\partial y}-\frac{\partial Q}{\partial z}\right)\mathrm{d}y\,\mathrm{d}z + \left(\frac{\partial P}{\partial z}-\frac{\partial R}{\partial x}\right)\mathrm{d}z\,\mathrm{d}x + \left(\frac{\partial Q}{\partial x}-\frac{\partial P}{\partial y}\right)\mathrm{d}x\,\mathrm{d}y$$

$$=\oint\limits_{\Gamma}P\,\mathrm{d}x + Q\,\mathrm{d}y + R\,\mathrm{d}z. \tag{7-39}$$

公式(7-39) 叫作**斯托克斯公式**.

为了便于记忆，利用行列式的记号，公式(7-39) 可以写成

$$\iint\limits_{\Sigma}\begin{vmatrix} \mathrm{d}y\,\mathrm{d}z & \mathrm{d}z\,\mathrm{d}x & \mathrm{d}x\,\mathrm{d}y \\ \dfrac{\partial}{\partial x} & \dfrac{\partial}{\partial y} & \dfrac{\partial}{\partial z} \\ P & Q & R \end{vmatrix}=\oint\limits_{\Gamma}P\,\mathrm{d}x + Q\,\mathrm{d}y + R\,\mathrm{d}z \tag{7-40}$$

证明从略.

**例 7-39**　计算曲线积分 $\oint\limits_{\Gamma}y\,\mathrm{d}x + z\,\mathrm{d}y + x\,\mathrm{d}z$，其中 $\Gamma$ 是圆周 $\begin{cases} x^2+y^2+z^2 = a^2 \\ x+y+z = a \end{cases}$，若从 $x$ 的正向看去，这个圆周是取逆时针方向（图 7-57）.

**解**　设空间圆周 $\Gamma$ 围成的圆面为 $\Sigma$（球体的大圆），

取 $\boldsymbol{n}=(1,1,1)$，$\boldsymbol{n}^{\circ}=\left(\dfrac{\sqrt{3}}{3},\dfrac{\sqrt{3}}{3},\dfrac{\sqrt{3}}{3}\right)$，符合右手法则，

使 $\Gamma$ 是正向边界曲线，如图 7-57 所示.

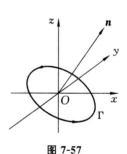

**图 7-57**

设 $P=y$，$Q=z$，$R=x$，即有

$$\frac{\partial R}{\partial y}=0,\frac{\partial Q}{\partial z}=1,\frac{\partial P}{\partial z}=0,$$

$$\frac{\partial R}{\partial x}=1,\frac{\partial Q}{\partial x}=0,\frac{\partial P}{\partial y}=1,$$

由式(7-39) 得

$$\oint_{\Gamma}y\,\mathrm{d}x+z\,\mathrm{d}y+x\,\mathrm{d}z=\iint\limits_{\Sigma}(0-1)\mathrm{d}y\,\mathrm{d}z+(0-1)\mathrm{d}z\,\mathrm{d}x+(0-1)\mathrm{d}x\,\mathrm{d}y$$

$$=-\iint\limits_{\Sigma}\mathrm{d}y\,\mathrm{d}z+\mathrm{d}z\,\mathrm{d}x+\mathrm{d}x\,\mathrm{d}y$$

$$=-\iint\limits_{\Sigma}\left(\frac{\sqrt{3}}{3}+\frac{\sqrt{3}}{3}+\frac{\sqrt{3}}{3}\right)\mathrm{d}S=-\sqrt{3}\iint\limits_{\Sigma}\mathrm{d}S$$

$$=-\sqrt{3}\,\pi a^{2}.$$

# 第八章 无穷级数

无穷级数是高等数学的一个重要组成部分,它是表示函数、研究函数的性质以及进行数值计算的一种工具.本章先讨论常数项级数,介绍无穷级数的一些基本内容,然后讨论函数项级数,着重讨论如何将函数展开成幂级数和三角级数的问题.

## 第一节 常数项级数的概念与性质

### 一、常数项级数的概念

在初等数学中,我们知道:任意有限个实数 $u_1,u_2,\cdots,u_n$ 相加,其结果仍是一个实数,在本章我们将讨论无限多个实数相加所可能出现的情形及特征.如

$\dfrac{1}{2}+\dfrac{1}{2^2}+\dfrac{1}{2^3}+\cdots+\dfrac{1}{2^n}+\cdots$,从直观上可知,其和为 1;

又如,$1+(-1)+1+(-1)+\cdots$,其和无意义;

若将其改写为:$(1-1)+(1-1)+(1-1)+\cdots$,其和为 0;

若写为:$1+[(-1)+1]+[(-1)+1]+\cdots$,其和为 1.

**问题**:无限多个实数相加的和是否存在? 如果存在,和等于什么?

#### 1. 级数的概念

**定义 1** 给定一个数列 $\{u_n\}$,将它的各项依次用加号"+"连接起来的表达式

$$u_1+u_2+u_3+\cdots+u_n+\cdots \tag{8-1}$$

称为**数项级数**或**无穷级数**(简称级数),级数(8-1)简记为:$\displaystyle\sum_{n=1}^{\infty}u_n$,即

$$\sum_{n=1}^{\infty}u_n=u_1+u_2+u_3+\cdots+u_n+\cdots,$$

其中,$u_1,u_2,u_3,\cdots,u_n,\cdots$ 都称为级数(8-1)的项,$u_n$ 称为级数(8-1)的**一般项**或

通项.

由此可见,级数就是无限多个实数之和,它是有限个实数之和的推广.但怎样由我们熟知的有限个实数之和的计算转化到无限多个实数之和的计算呢? 我们借助极限这个工具来实现.

$S_n = \sum\limits_{k=1}^{n} u_k = u_1 + u_2 + \cdots + u_n$ 称为级数 $\sum\limits_{n=1}^{\infty} u_n$ 的前 $n$ 项部分和,简称**部分和**.

当 $k$ 依次取 $1,2,3,\cdots$ 时,它们构成一个新的数列 $\{S_n\}$:

$S_1 = u_1, S_2 = u_1 + u_2, S_3 = u_1 + u_2 + u_3, \cdots, S_n = u_1 + u_2 + \cdots + u_n, \cdots.$

我们称此数列为级数(8-1)的**部分和数列**.根据这个数列有没有极限,我们引进无穷级数(8-1)的收敛与发散的概念.

### 2. 级数的收敛性

**定义 2**　若级数 $\sum\limits_{n=1}^{\infty} u_n$ 的部分和数列 $\{S_n\}$ 收敛于 $S$(即 $\lim\limits_{n\to\infty} S_n = S$),则称级数 $\sum\limits_{n=1}^{\infty} u_n$ **收敛**,或称 $\sum\limits_{n=1}^{\infty} u_n$ 为**收敛级数**,且称 $S$ 为级数 $\sum\limits_{n=1}^{\infty} u_n$ 的**和**,记作

$$S = \sum\limits_{n=1}^{\infty} u_n = u_1 + u_2 + u_3 + \cdots + u_n + \cdots.$$

若部分和数列 $\{S_n\}$ 没有极限,即 $\lim\limits_{n\to\infty} S_n$ 不存在,则称数项级数 $\sum\limits_{n=1}^{\infty} u_n$ **发散**.

当级数 $\sum\limits_{n=1}^{\infty} u_n$ 收敛时,级数 $\sum\limits_{n=1}^{\infty} u_n$ 的和 $S$ 与其部分和 $S_n$ 之间的差值

$$r_n = S - S_n = u_{n+1} + u_{n+2} + \cdots$$

叫作级数 $\sum\limits_{n=1}^{\infty} u_n$ 的**余项**,显然有

$$\lim\limits_{n\to\infty} r_n = \lim\limits_{n\to\infty}(S - S_n) = S - S = 0.$$

由此可知,级数的收敛与发散是借助于级数的部分和数列的收敛与发散定义的,于是研究级数及其和,只不过是研究与其相对应的一个数列及其极限.

**例 8-1**　试讨论**等比级数**(几何级数)

$$\sum\limits_{n=1}^{\infty} aq^{n-1} = a + aq + aq^2 + \cdots + aq^{n-1} + \cdots, (a \neq 0)$$

的敛散性.

**解**　若 $q \neq 1$,则部分和

$$S_n = a + aq + aq^2 + \cdots + aq^{n-1} = \frac{a - aq^n}{1-q} = \frac{a}{1-q} - \frac{aq^n}{1-q}.$$

当 $|q| < 1$ 时,由于 $\lim\limits_{n\to\infty} q^n = 0$,从而 $\lim\limits_{n\to\infty} S_n = \dfrac{a}{1-q}$,因此这时级数收敛,其和为

$\dfrac{a}{1-q}$. 当 $|q|>1$ 时, 由于 $\lim\limits_{n\to\infty}q^n=\infty$, 从而 $\lim\limits_{n\to\infty}S_n=\infty$, 因此这时级数发散.

若 $|q|=1$, 则当 $q=1$ 时, $S_n=na\to\infty$, 因此这时级数发散; 而当 $q=-1$ 时, 级数成为

$$a-a+a-a+\cdots,$$

显然 $S_n$ 随着 $n$ 为奇数或为偶数而等于 $a$ 或等于零, 从而 $S_n$ 的极限不存在, 这时级数也发散.

综合上述结果, 我们得到: 当等比级数 $\sum\limits_{n=0}^{\infty}aq^n$ 的公比的绝对值 $|q|<1$ 时, 则级数收敛; 当 $|q|\geqslant 1$ 时, 则级数发散.

**例 8-2**　判定无穷级数

$$\sum_{n=1}^{\infty}\frac{1}{n(n+1)}=\frac{1}{1\times 2}+\frac{1}{2\times 3}+\frac{1}{3\times 4}+\cdots+\frac{1}{n(n+1)}+\cdots$$

的敛散性.

**解**　由于　　　　　　$u_n=\dfrac{1}{n(n+1)}=\dfrac{1}{n}-\dfrac{1}{n+1}$,

$$S_n=\frac{1}{1\times 2}+\frac{1}{2\times 3}+\frac{1}{3\times 4}+\cdots+\frac{1}{n(n+1)}$$

$$=\left(1-\frac{1}{2}\right)+\left(\frac{1}{2}-\frac{1}{3}\right)+\cdots+\left(\frac{1}{n}-\frac{1}{n+1}\right)$$

$$=1-\frac{1}{n+1}.$$

从而

$$\lim_{n\to\infty}S_n=\lim_{n\to\infty}\left(1-\frac{1}{n+1}\right)=1,$$

所以这时级数收敛, 其和为 1, 即 $\sum\limits_{n=1}^{\infty}\dfrac{1}{n(n+1)}=1$.

**例 8-3**　判定无穷级数

$$\sum_{n=1}^{\infty}\ln\frac{n+1}{n}=\ln\frac{2}{1}+\ln\frac{3}{2}+\ln\frac{4}{3}+\cdots+\ln\frac{n+1}{n}+\cdots$$

的敛散性.

**解**　由于

$$u_n=\ln\frac{n+1}{n}=\ln(n+1)-\ln n,$$

$$S_n=u_1+u_2+\cdots+u_n$$

$$=(\ln 2-\ln 1)+(\ln 3-\ln 2)+\cdots+[\ln(n+1)-\ln n]$$

$$=\ln(n+1),$$

显然 $\lim\limits_{n\to\infty}S_n=\lim\limits_{n\to\infty}\ln(n+1)=+\infty$，由级数的敛散定义可知，级数 $\sum\limits_{n=1}^{\infty}\ln\dfrac{n+1}{n}$ 发散.

**例 8-4**　证明**调和级数**

$$\sum_{n=1}^{\infty}\frac{1}{n}=1+\frac{1}{2}+\frac{1}{3}+\cdots+\frac{1}{n}+\cdots$$

是发散的.

**证**　假设级数 $\sum\limits_{n=1}^{\infty}\dfrac{1}{n}$ 收敛且其和为 $S$，$S_n$ 是它的部分和，显然有 $\lim\limits_{n\to\infty}S_n=S$ 及 $\lim\limits_{n\to\infty}S_{2n}=S$，于是 $\lim\limits_{n\to\infty}(S_{2n}-S_n)=\lim\limits_{n\to\infty}S_{2n}-\lim\limits_{n\to\infty}S_n=0.$

但另一方面，

$$S_{2n}-S_n=\frac{1}{n+1}+\frac{1}{n+2}+\cdots+\frac{1}{2n}>\frac{1}{2n}+\frac{1}{2n}+\cdots+\frac{1}{2n}=\frac{1}{2}.$$

在上式中令 $n\to\infty$，便有 $\lim\limits_{n\to\infty}(S_{2n}-S_n)=0\geqslant\dfrac{1}{2}$，这是不可能的.这就说明级数 $\sum\limits_{n=1}^{\infty}\dfrac{1}{n}$ 必定发散.

## 二、收敛级数的性质

根据无穷级数收敛、发散以及和的概念，可以得出收敛级数的几个基本性质.

**性质 1**　**级数与数列的联系**

若给定级数 $\sum\limits_{n=1}^{\infty}u_n$，令 $S_n=\sum\limits_{i=1}^{n}u_i$，则可以作出唯一的部分和数列 $\{S_n\}$；反之，若给定数列 $\{S_n\}$，令

$$u_1=S_1,u_2=S_2-S_1,\cdots,u_n=S_n-S_{n-1},\cdots,$$

则级数 $\sum\limits_{n=1}^{\infty}u_n$ 的部分和数列为 $\{S_n\}$.可知，级数 $\sum\limits_{n=1}^{\infty}u_n$ 与数列 $\{S_n\}$ 同时收敛或同时发散，且在收敛时，有

$$\sum_{n=1}^{\infty}u_n=\lim_{n\to\infty}S_n$$

即

$$\sum_{n=1}^{\infty}u_n=\lim_{n\to\infty}\sum_{k=1}^{n}u_k.$$

**性质 2**　**线性运算性质**

（1）如果级数 $\sum\limits_{n=1}^{\infty}u_n$ 收敛于和 $S$，则对任意常数 $k$，级数 $\sum\limits_{n=1}^{\infty}ku_n$ 也收敛，且其和为 $kS$.

证　设 $\sum\limits_{n=1}^{\infty}u_n$ 与 $\sum\limits_{n=1}^{\infty}ku_n$ 的部分和分别为 $S_n$ 与 $T_n$,则

$$\lim_{n\to\infty}T_n = \lim_{n\to\infty}(ku_1 + ku_2 + \cdots + ku_n) = k\lim_{n\to\infty}(u_1 + u_2 + \cdots + u_n)$$
$$= k\lim_{n\to\infty}S_n = kS.$$

这表明级数 $\sum\limits_{n=1}^{\infty}ku_n$ 收敛,且和为 $kS$.

注:若级数 $\sum\limits_{n=1}^{\infty}u_n$ 发散,即数列 $\{S_n\}$ 没有极限,且 $k$ 为非零常数,那么数列 $\{T_n\}$ 也不可能存在极限,即 $\sum\limits_{n=1}^{\infty}ku_n$ 也发散.因此可得出如下结论:**级数的每一项同乘一个不为零的常数后,它的敛散性不会改变.**

例如:调和级数 $\sum\limits_{n=1}^{\infty}\dfrac{1}{n}$ 发散,则级数 $\sum\limits_{n=1}^{\infty}\dfrac{3}{n}$ 也发散.

(2) 如果级数 $\sum\limits_{n=1}^{\infty}u_n$、$\sum\limits_{n=1}^{\infty}v_n$ 分别收敛于和 $S$、$T$,即

$$\sum_{n=1}^{\infty}u_n = S, \quad \sum_{n=1}^{\infty}v_n = T,$$

则级数 $\sum\limits_{n=1}^{\infty}(u_n \pm v_n)$ 也收敛,且其和为 $S \pm T$.

证　设级数 $\sum\limits_{n=1}^{\infty}u_n$, $\sum\limits_{n=1}^{\infty}v_n$, $\sum\limits_{n=1}^{\infty}(u_n \pm v_n)$ 的部分和分别为 $S_n$, $T_n$ 与 $R_n$,则有

$$R_n = (u_1 \pm v_1) + (u_2 \pm v_2) + \cdots + (u_n \pm v_n) = S_n \pm T_n,$$

因为 $\sum\limits_{n=1}^{\infty}u_n = S$, $\sum\limits_{n=1}^{\infty}v_n = T$,所以 $\lim\limits_{n\to\infty}S_n = S$, $\lim\limits_{n\to\infty}T_n = T$,于是

$$\lim_{n\to\infty}R_n = \lim_{n\to\infty}(S_n \pm T_n) = \lim_{n\to\infty}S_n \pm \lim_{n\to\infty}T_n = S \pm T,$$

所以,级数 $\sum\limits_{n=1}^{\infty}(u_n \pm v_n)$ 收敛于 $S \pm T$.

因此可得出如下结论:**两个收敛级数可以逐项相加与逐项相减.**

注:① 不能由 $\sum\limits_{n=1}^{\infty}(u_n \pm v_n)$ 收敛推出 $\sum\limits_{n=1}^{\infty}u_n$、$\sum\limits_{n=1}^{\infty}v_n$ 收敛.

② 若 $\sum\limits_{n=1}^{\infty}u_n$ 收敛,而 $\sum\limits_{n=1}^{\infty}v_n$ 发散,则 $\sum\limits_{n=1}^{\infty}(u_n + v_n)$ 必发散.这是因为:假设 $\sum\limits_{n=1}^{\infty}(u_n + v_n)$ 收敛,由 $v_n = (u_n + v_n) - u_n$,而已知 $\sum\limits_{n=1}^{\infty}u_n$ 收敛,由上述性质得 $\sum\limits_{n=1}^{\infty}v_n$ 收敛,矛盾.所以 $\sum\limits_{n=1}^{\infty}(u_n + v_n)$ 发散.

例如:等比级数 $\sum\limits_{n=1}^{\infty} \dfrac{1}{2^n}$ 收敛,级数 $\sum\limits_{n=1}^{\infty} \dfrac{1}{10n}$ 发散,则级数 $\sum\limits_{n=1}^{\infty} \left(\dfrac{1}{2^n} + \dfrac{1}{10n}\right)$ 发散.

由上述(1)和(2),很容易得到如下性质:

(3) 若级数 $\sum\limits_{n=1}^{\infty} u_n$ 与 $\sum\limits_{n=1}^{\infty} v_n$ 都收敛,则对任意常数 $c,d$,级数 $\sum\limits_{n=1}^{\infty} (cu_n + dv_n)$

也收敛,且 $\sum\limits_{n=1}^{\infty} (cu_n + dv_n) = c\sum\limits_{n=1}^{\infty} u_n + d\sum\limits_{n=1}^{\infty} v_n$.即对于收敛级数来说,交换律和结合律成立.

**例 8-5**　讨论无穷级数

$$\sum_{n=1}^{\infty} \left(\dfrac{1}{2^{n-1}} + \dfrac{2^n}{3^{n-1}}\right)$$

的敛散性.

**解**　由于

$$\sum_{n=1}^{\infty} \dfrac{1}{2^{n-1}} \text{ 与 } \sum_{n=1}^{\infty} \left(\dfrac{2}{3}\right)^{n-1}$$

均是收敛的等比级数,且

$$\sum_{n=1}^{\infty} \dfrac{1}{2^{n-1}} = \dfrac{1}{1-\dfrac{1}{2}} = 2, \quad \sum_{n=1}^{\infty} \left(\dfrac{2}{3}\right)^{n-1} = \dfrac{1}{1-\dfrac{2}{3}} = 3.$$

由性质 2 的(1)知

$$\sum_{n=1}^{\infty} \dfrac{2^n}{3^{n-1}} = \sum_{n=1}^{\infty} 2\left(\dfrac{2}{3}\right)^{n-1}$$

收敛,且其和为

$$\sum_{n=1}^{\infty} 2\left(\dfrac{2}{3}\right)^{n-1} = 2\sum_{n=1}^{\infty} \left(\dfrac{2}{3}\right)^{n-1} = 2 \times 3 = 6,$$

由性质 2 的(2)知

$$\sum_{n=1}^{\infty} \left[\dfrac{1}{2^{n-1}} + 2\left(\dfrac{2}{3}\right)^{n-1}\right]$$

收敛,且

$$\sum_{n=1}^{\infty} \left(\dfrac{1}{2^{n-1}} + \dfrac{2^n}{3^{n-1}}\right) = \sum_{n=1}^{\infty} \dfrac{1}{2^{n-1}} + 2\sum_{n=1}^{\infty} \left(\dfrac{2}{3}\right)^{n-1} = 8.$$

**性质 3**　**去掉、增加或改变级数的有限项并不改变级数的敛散性**(即级数的敛散性与级数的有限个项无关,但其和是要改变的).

例如:等比级数 $\sum\limits_{n=1}^{\infty} \dfrac{1}{5^n}$ 收敛,则级数 $1+2+3+\cdots+10^{100} + \sum\limits_{n=1}^{\infty} \dfrac{1}{5^n}$ 也收敛;调

和级数 $\sum\limits_{n=1}^{\infty} \dfrac{1}{n}$ 发散,则级数 $\sum\limits_{n=1}^{\infty} \dfrac{1}{n+1} = \sum\limits_{n=1}^{\infty} \dfrac{1}{n} - 1$ 也发散.

**性质 4** 在收敛级数的项中任意加括号,既不改变级数的收敛性,也不改变它的和.

**注意**:从级数加括号后的收敛,不能推断加括号前的级数也收敛(即去括号法则不成立).

例如,级数

$$(1-1)+(1-1)+\cdots+(1-1)+\cdots=0+0+\cdots+0+\cdots$$

收敛于零,而级数

$$1-1+1-1+\cdots$$

却是发散的.

因此,可得出如下**推论**:如果加括号后所成的级数发散,则原来级数也发散.

**性质 5**(级数收敛的必要条件) 若级数 $\sum_{n=1}^{\infty} u_n$ 收敛,则它的一般项 $u_n$ 趋近于零,即

$$\lim_{n\to\infty} u_n = 0.$$

**证** 设级数 $\sum_{n=1}^{\infty} u_n$ 的部分和为 $S_n$,且 $\lim_{n\to\infty} S_n = S$,则

$$\lim_{n\to 0} u_n = \lim_{n\to\infty}(S_n - S_{n-1}) = \lim_{n\to\infty} S_n - \lim_{n\to\infty} S_{n-1} = S - S = 0.$$

**注**:① 如果级数 $\sum_{n=1}^{\infty} u_n$ 的一般项不趋近于零,则级数 $\sum_{n=1}^{\infty} u_n$ 必发散.例如,级数

$$\sum_{n=1}^{\infty} \frac{n}{3n+1} = \frac{1}{4} + \frac{2}{7} + \frac{3}{10} + \cdots + \frac{n}{3n+1} + \cdots$$

的一般项 $u_n = \dfrac{n}{3n+1}$,当 $n \to \infty$ 时,不趋近于零,因此该级数发散.

② 级数的一般项趋近于零,并不是级数收敛的充分条件.即级数的通项的极限为零,并不一定能保证 $\sum_{n=1}^{\infty} u_n$ 收敛.例如,调和级数 $\sum_{n=1}^{\infty} \dfrac{1}{n}$,虽然它的一般项 $u_n = \dfrac{1}{n}$ 当 $n \to \infty$ 时趋近于零,但该调和级数是发散的.

# 第二节　常数项级数的审敛法

## 一、正项级数及其审敛法

若级数各项的符号都相同,则称为同号级数.而对于同号级数,只须研究各项都由正数组成的级数 —— **正项级数**.因负项级数同正项级数仅相差一个负号,而

这并不影响其收敛性.

设式(8-1)所示级数
$$u_1 + u_2 + u_3 + \cdots + u_n + \cdots$$
是一个正项级数($u_n \geqslant 0$),它的部分和为 $S_n$.显然,其部分和数列$\{S_n\}$ 是一个单调增加数列:
$$S_1 \leqslant S_2 \leqslant \cdots \leqslant S_n \leqslant \cdots$$

如果数列$\{S_n\}$有界,即 $S_n$ 总不大于某一常数 $M$.根据单调有界的数列必有极限的准则,级数(8-1)必收敛于和 $S$,且 $S_n \leqslant S \leqslant M$.反之,如果已知级数(8-1)收敛于和 $S$,即 $\lim\limits_{n\to\infty} S_n = S$,根据有极限的数列是有界数列的性质可知,数列$\{S_n\}$有界.因此可以得出如下重要结论.

**定理 1**　正项级数 $\sum\limits_{n=1}^{\infty} u_n$ 收敛的充分必要条件是:它的部分和数列$\{S_n\}$有界.

根据定理 1 可得关于正向级数的一个基本的审敛法.

**定理 2(比较审敛法)**　设 $\sum\limits_{n=1}^{\infty} u_n$ 和 $\sum\limits_{n=1}^{\infty} v_n$ 均为正项级数,且 $u_n \leqslant v_n (n=1, 2,\cdots)$,

(1) 若级数 $\sum\limits_{n=1}^{\infty} v_n$ 收敛,则级数 $\sum\limits_{n=1}^{\infty} u_n$ 也收敛;

(2) 若级数 $\sum\limits_{n=1}^{\infty} u_n$ 发散,则级数 $\sum\limits_{n=1}^{\infty} v_n$ 也发散.

**证**　设正项级数 $\sum\limits_{n=1}^{\infty} u_n$, $\sum\limits_{n=1}^{\infty} v_n$ 的部分和分别为 $S_n, T_n$,

(1) 设正项级数 $\sum\limits_{n=1}^{\infty} v_n$ 收敛于和 $T$,由 $u_n \leqslant v_n (n=1,2,\cdots)$ 则有
$$0 \leqslant S_n = u_1 + u_2 + \cdots + u_n \leqslant v_1 + v_2 + \cdots + v_n = T_n \leqslant T,$$
即正项级数 $\sum\limits_{n=1}^{\infty} u_n$ 的部分和数列$\{S_n\}$有界,由定理 1 可知级数 $\sum\limits_{n=1}^{\infty} u_n$ 收敛.

(2) 用反证法证明定理的结论(2),假设级数 $\sum\limits_{n=1}^{\infty} v_n$ 收敛,由(1)已证明的结论可知,级数 $\sum\limits_{n=1}^{\infty} u_n$ 也收敛,这与已知级数 $\sum\limits_{n=1}^{\infty} u_n$ 发散相矛盾,由此可知结论(2)成立.

由于级数的每一项同乘不为零的常数 $k$ 以及去掉级数前面部分的有限项不会影响级数的收敛性,可得出如下推论:

**推论**　设 $\sum\limits_{n=1}^{\infty} u_n$ 和 $\sum\limits_{n=1}^{\infty} v_n$ 均为正项级数.

(1) 如果级数 $\sum\limits_{n=1}^{\infty} v_n$ 收敛,且存在某个正整数 $N$,使当 $n \geqslant N$ 时有 $u_n \leqslant kv_n(k > 0)$ 成立,则级数 $\sum\limits_{n=1}^{\infty} u_n$ 收敛;

(2) 如果级数 $\sum\limits_{n=1}^{\infty} v_n$ 发散,且当 $n \geqslant N$ 时有 $u_n \geqslant kv_n(k > 0)$ 成立,则级数 $\sum\limits_{n=1}^{\infty} u_n$ 发散.

**例 8-6**　讨论级数 $\sum\limits_{n=1}^{\infty} \dfrac{1}{3^n + n}$ 的敛散性.

**解**　因为

$$0 < \frac{1}{3^n + n} < \frac{1}{3^n},$$

而正项级数 $\sum\limits_{n=1}^{\infty} \dfrac{1}{3^n}$ 是收敛的等比级数,故根据比较审敛法可知级数 $\sum\limits_{n=1}^{\infty} \dfrac{1}{3^n + n}$ 也是收敛的.

**例 8-7**　讨论级数 $\sum\limits_{n=1}^{\infty} \dfrac{1}{2n-1}$ 的敛散性.

**解**　因为 $2n - 1 < 2n$,所以 $u_n = \dfrac{1}{2n-1} > \dfrac{1}{2n} > 0(n = 1,2,\cdots)$,

而正项级数 $\sum\limits_{n=1}^{\infty} \dfrac{1}{2n}$ 发散,由比较审敛法可知级数 $\sum\limits_{n=1}^{\infty} \dfrac{1}{2n-1}$ 也发散.

**例 8-8**　讨论 $p$- 级数

$$\sum_{n=1}^{\infty} \frac{1}{n^p} = 1 + \frac{1}{2^p} + \frac{1}{3^p} + \frac{1}{4^p} + \cdots + \frac{1}{n^p} + \cdots$$

的敛散性,其中常数 $p > 0$.

**解**　(1) 当 $p = 1$ 时,原级数为调和级数 $\sum\limits_{n=1}^{\infty} \dfrac{1}{n}$,由例 8-4 可知它是发散的,则原级数发散.

(2) 当 $0 < p < 1$ 时,$\dfrac{1}{n^p} > \dfrac{1}{n}$,而调和级数 $\sum\limits_{n=1}^{\infty} \dfrac{1}{n}$ 发散,由比较审敛法可知,当 $0 < p < 1$ 时级数 $\sum\limits_{n=1}^{\infty} \dfrac{1}{n^p}$ 发散.

(3) 当 $p > 1$ 时,用积分判别法:当 $n - 1 \leqslant x \leqslant n$ 时,有 $\dfrac{1}{n^p} \leqslant \dfrac{1}{x^p}$,于是有

$$\frac{1}{n^p} = \int_{n-1}^{n} \frac{1}{n^p} \mathrm{d}x \leqslant \int_{n-1}^{n} \frac{1}{x^p} \mathrm{d}x \quad (n = 2,3,\cdots),$$

再求和可得

$$\sum_{k=2}^{n} \frac{1}{k^p} \leqslant \sum_{k=2}^{n} \int_{k-1}^{k} \frac{1}{x^p} \mathrm{d}x = \int_{1}^{n} \frac{1}{x^p} \mathrm{d}x$$

$$= \frac{1}{p-1}\left(1 - \frac{1}{n^{p-1}}\right) < \frac{1}{p-1}.$$

于是,当 $p > 1$ 时, $p$-级数的部分和 $S_n$ 满足

$$S_n = \sum_{k=1}^{n} \frac{1}{k^p} = 1 + \sum_{k=2}^{n} \frac{1}{k^p} < 1 + \frac{1}{p-1} = \frac{p}{p-1} (n=1,2,3,\cdots).$$

即此时 $p$-级数的部分和 $S_n$ 有界,故级数 $\sum_{n=1}^{\infty} \frac{1}{n^p}$ 当 $p > 1$ 时收敛.

综上所述, $p$-级数 $\sum_{n=1}^{\infty} \frac{1}{n^p}$ 当 $p > 1$ 时收敛,当 $p \leqslant 1$ 时发散.

**例 8-9** 讨论级数 $\sum_{n=2}^{\infty} \frac{1}{\sqrt{n}-1}$ 的敛散性.

**解** 因为 $\sqrt{n}-1 < \sqrt{n}$ ,所以 $u_n = \frac{1}{\sqrt{n}-1} > \frac{1}{\sqrt{n}} > 0 (n=2,3,\cdots)$ ,而正项级

数 $\sum_{n=1}^{\infty} \frac{1}{\sqrt{n}}$ 是 $p = \frac{1}{2}$ 的 $p$-级数 $\sum_{n=1}^{\infty} \frac{1}{n^{\frac{1}{2}}}$ ,由例 8-8 的结论可知它是发散的,由比较审

敛法可知,级数 $\sum_{n=2}^{\infty} \frac{1}{\sqrt{n}-1}$ 也发散.

**例 8-10** 讨论级数 $\sum_{n=1}^{\infty} \frac{1}{\sqrt{n(n^2+1)}}$ 的敛散性.

**解** 因为 $n(n^2+1) \geqslant n \cdot n^2 = n^3$ ,所以

$$\frac{1}{\sqrt{n(n^2+1)}} \leqslant \frac{1}{\sqrt{n^3}} = \frac{1}{n^{\frac{3}{2}}} (n=1,2,3\cdots),$$

因正项级数 $\sum_{n=1}^{\infty} \frac{1}{n^{\frac{3}{2}}}$ 是 $p = \frac{3}{2}$ 的 $p$-级数,由例 8-8 的结论可知它是收敛的,故根据

比较审敛法可知,级数 $\sum_{n=1}^{\infty} \frac{1}{\sqrt{n(n^2+1)}}$ 也是收敛的.

比较审敛法是一种基本方法,但应用起来却有许多不便.因为它需要建立定理所要求的不等式,而这种不等式常常不易建立,为此下面介绍在应用上更为方便的极限形式的比较审敛法.

**定理 3(比较审敛法的极限形式)** 设 $\sum_{n=1}^{\infty} u_n$ 和 $\sum_{n=1}^{\infty} v_n$ 均为正项级数,且

$$\lim_{n \to \infty} \frac{u_n}{v_n} = l (0 \leqslant l \leqslant +\infty),$$

则有

(1) 若 $0 < l < +\infty$，则级数 $\sum\limits_{n=1}^{\infty} v_n$ 与级数 $\sum\limits_{n=1}^{\infty} u_n$ 同时收敛或同时发散；

(2) 若 $l = 0$，且级数 $\sum\limits_{n=1}^{\infty} v_n$ 收敛，则级数 $\sum\limits_{n=1}^{\infty} u_n$ 收敛；

(3) 若 $l = +\infty$，且级数 $\sum\limits_{n=1}^{\infty} v_n$ 发散，则级数 $\sum\limits_{n=1}^{\infty} u_n$ 也发散.

**例 8-11**    与等比级数作比较，判定下列级数的敛散性：

(1) $\sum\limits_{n=1}^{\infty} \dfrac{1}{8^n - 6^n}$         (2) $\sum\limits_{n=1}^{\infty} 2^n \ln(1 + \dfrac{1}{3^n})$

**解**    (1) 因为

$$u_n = \frac{1}{8^n - 6^n} = \frac{1}{8^n} \cdot \frac{1}{1 - \left(\dfrac{3}{4}\right)^n},$$

令 $v_n = \dfrac{1}{8^n}$，则有

$$\lim_{n \to \infty} \frac{u_n}{v_n} = \lim_{n \to \infty} \frac{\dfrac{1}{8^n} \cdot \dfrac{1}{1 - \left(\dfrac{3}{4}\right)^n}}{\dfrac{1}{8^n}} = 1$$

而等比级数 $\sum\limits_{n=1}^{\infty} \dfrac{1}{8^n}$ 收敛，根据定理 3 可知级数 $\sum\limits_{n=1}^{\infty} \dfrac{1}{8^n - 6^n}$ 收敛.

(2) 由于当 $n \to \infty$ 时 $\ln(1 + \dfrac{1}{3^n}) \sim \dfrac{1}{3^n}$，令 $v_n = \left(\dfrac{2}{3}\right)^n$，则有

$$\lim_{n \to \infty} \frac{u_n}{v_n} = \lim_{n \to \infty} \frac{2^n \ln(1 + \dfrac{1}{3^n})}{\left(\dfrac{2}{3}\right)^n} = 1,$$

而等比级数 $\sum\limits_{n=1}^{\infty} \left(\dfrac{2}{3}\right)^n$ 收敛，根据定理 3 可知级数 $\sum\limits_{n=1}^{\infty} 2^n \ln\left(1 + \dfrac{1}{3^n}\right)$ 收敛.

**例 8-12**    与 $p$- 级数作比较，判定下列级数的敛散性：

(1) $\sum\limits_{n=1}^{\infty} \sin \dfrac{1}{n}$     (2) $\sum\limits_{n=1}^{\infty} \dfrac{1}{\sqrt{n} + 1}$     (3) $\sum\limits_{n=1}^{\infty} \ln\left(1 + \dfrac{1}{n^2}\right)$

**解**    (1) 因为 $\lim\limits_{n \to \infty} \dfrac{\sin \dfrac{1}{n}}{\dfrac{1}{n}} = 1$，级数 $\sum\limits_{n=1}^{\infty} \dfrac{1}{n}$ 发散，根据比较审敛法的极限形式可

知,级数 $\sum\limits_{n=1}^{\infty} \sin \dfrac{1}{n}$ 发散.

(2) 因为 $\lim\limits_{n \to \infty} \dfrac{\dfrac{1}{\sqrt{n+1}}}{\dfrac{1}{\sqrt{n}}} = 1$,级数 $\sum\limits_{n=1}^{\infty} \dfrac{1}{\sqrt{n}}$ 发散,根据比较审敛法的极限形式可

知,级数 $\sum\limits_{n=1}^{\infty} \dfrac{1}{\sqrt{n+1}}$ 发散.

(3) 因为 $\lim\limits_{n \to \infty} \dfrac{\ln\left(1 + \dfrac{1}{n^2}\right)}{\dfrac{1}{n^2}} = 1$,级数 $\sum\limits_{n=1}^{\infty} \dfrac{1}{n^2}$ 收敛,根据比较审敛法的极限形式

可知,级数 $\sum\limits_{n=1}^{\infty} \ln\left(1 + \dfrac{1}{n^2}\right)$ 收敛.

在使用比较判别法时,需要根据待判别级数的特征,适当选择一个已知其敛散性的级数 $\sum\limits_{n=1}^{\infty} v_n$ 作为比较的基准,常用的基准级数有 $p$- 级数、调和级数、等比级数.

在比较审敛法中常用 $p$- 级数来判定所给正项级数的敛散性,这时可得实用性较强的极限审敛法.

**定理 4(极限审敛法)** 设 $\sum\limits_{n=1}^{\infty} u_n$ 为正项级数,

(1) 如果 $\lim\limits_{n \to \infty} n u_n = l > 0$(或 $\lim\limits_{n \to \infty} n u_n = +\infty$),则级数 $\sum\limits_{n=1}^{\infty} u_n$ 发散;

(2) 如果 $p > 1$,而 $\lim\limits_{n \to \infty} n^p u_n = l (0 \leqslant l \leqslant +\infty)$,则级数 $\sum\limits_{n=1}^{\infty} u_n$ 收敛.

**例 8-13** 判定级数 $\sum\limits_{n=1}^{\infty} \dfrac{\sqrt{n}}{n^2 + n - 1}$ 的敛散性.

**解** 因为

$$\lim\limits_{n \to \infty} n^{\frac{3}{2}} u_n = \lim\limits_{n \to \infty} n^{\frac{3}{2}} \dfrac{\sqrt{n}}{n^2 + n - 1} = \lim\limits_{n \to \infty} \dfrac{n^2}{n^2 + n - 1} = 1,$$

即 $l = 1$ 且 $p = \dfrac{3}{2} > 1$,根据极限审敛法可知,级数 $\sum\limits_{n=1}^{\infty} \dfrac{\sqrt{n}}{n^2 + n - 1}$ 收敛.

**例 8-14** 判定级数 $\sum\limits_{n=1}^{\infty} \sqrt{n+1}\left(1 - \cos \dfrac{\pi}{n}\right)$ 的敛散性.

**解** 因为 $\left(1 - \cos \dfrac{\pi}{n}\right) \sim \dfrac{1}{2} \cdot \left(\dfrac{\pi}{n}\right)^2 (n \to \infty)$,故

$$\lim_{n\to\infty}n^{\frac{3}{2}}u_n=\lim_{n\to\infty}n^{\frac{3}{2}}\sqrt{n+1}\left(1-\cos\frac{\pi}{n}\right)=\lim_{n\to\infty}n^2\sqrt{\frac{n+1}{n}}\cdot\frac{1}{2}\left(\frac{\pi}{n}\right)^2=\frac{1}{2}\pi^2,$$

即 $l=\dfrac{1}{2}\pi^2$ 且 $p=\dfrac{3}{2}>1$，根据极限审敛法可知，级数 $\displaystyle\sum_{n=1}^{\infty}$ $\sqrt{n+1}\left(1-\cos\dfrac{\pi}{n}\right)$ 收敛.

**定理 5**（达朗贝尔判别法，或称比值判别法）　设 $\displaystyle\sum_{n=1}^{\infty}u_n$ 为正项级数，如果

$$\lim_{n\to\infty}\frac{u_{n+1}}{u_n}=\rho,$$

则

(1) 当 $\rho<1$ 时级数收敛；

(2) 当 $\rho>1$（或 $\displaystyle\lim_{n\to\infty}\frac{u_{n+1}}{u_n}=+\infty$）时级数 $\displaystyle\sum_{n=1}^{\infty}u_n$ 发散；

(3) 当 $\rho=1$ 时级数可能收敛也可能发散 $\left(如：\displaystyle\sum_{n=1}^{\infty}\frac{1}{n},\sum_{n=1}^{\infty}\frac{1}{n^2}\right)$.

**例 8-15**　判定下列正项级数的敛散性.

(1) $\displaystyle\sum_{n=1}^{\infty}\frac{n}{10^n}$　(2) $\displaystyle\sum_{n=1}^{\infty}\frac{n!}{3^n}$　(3) $\displaystyle\sum_{n=1}^{\infty}\frac{n!}{n^n}$　(4) $\displaystyle\sum_{n=1}^{\infty}\frac{n\cos^2\left(\frac{n}{3}\pi\right)}{2^n}$

**解**　（1）因为

$$\frac{u_{n+1}}{u_n}=\frac{\dfrac{n+1}{10^{n+1}}}{\dfrac{n}{10^n}}=\frac{n+1}{10^{n+1}}\cdot\frac{10^n}{n}=\frac{n+1}{10n}=\frac{1}{10}\left(1+\frac{1}{n}\right),$$

$$\lim_{n\to\infty}\frac{u_{n+1}}{u_n}=\lim_{n\to\infty}\frac{1}{10}\left(1+\frac{1}{n}\right)=\frac{1}{10}<1,$$

根据定理 5 可知级数 $\displaystyle\sum_{n=1}^{\infty}\frac{n}{10^n}$ 收敛.

（2）因为

$$\frac{u_{n+1}}{u_n}=\frac{\dfrac{(n+1)!}{3^{n+1}}}{\dfrac{n!}{3^n}}=\frac{(n+1)!}{3^{n+1}}\cdot\frac{3^n}{n!}=\frac{n+1}{3},$$

$$\lim_{n\to\infty}\frac{u_{n+1}}{u_n}=\lim_{n\to\infty}\frac{n+1}{3}=+\infty,$$

根据定理 5 可知级数 $\displaystyle\sum_{n=1}^{\infty}\frac{n!}{3^n}$ 发散.

（3）因为

$$\frac{u_{n+1}}{u_n} = \frac{\dfrac{(n+1)!}{(n+1)^{n+1}}}{\dfrac{n!}{n^n}} = \frac{(n+1)!}{(n+1)^{n+1}} \cdot \frac{n^n}{n!} = \frac{n^n}{(n+1)^n} = \left(\frac{n}{n+1}\right)^n,$$

$$\lim_{n\to\infty} \frac{u_{n+1}}{u_n} = \lim_{n\to\infty} \left(\frac{n}{n+1}\right)^n = \lim_{n\to\infty} \frac{1}{\left(1+\dfrac{1}{n}\right)^n} = \frac{1}{e} < 1,$$

根据定理 5 可知级数 $\displaystyle\sum_{n=1}^{\infty} \frac{n!}{n^n}$ 收敛.

（4）由于 $\dfrac{n\cos^2\left(\dfrac{n}{3}\pi\right)}{2^n} \leqslant \dfrac{n}{2^n}$，对于级数 $\displaystyle\sum_{n=1}^{\infty} \frac{n}{2^n}$，因为

$$\lim_{n\to\infty} \frac{u_{n+1}}{u_n} = \lim_{n\to\infty} \frac{\dfrac{n+1}{2^{n+1}}}{\dfrac{n}{2^n}} = \lim_{n\to\infty} \frac{n+1}{2n} = \frac{1}{2} < 1,$$

根据定理 5 可知级数 $\displaystyle\sum_{n=1}^{\infty} \frac{n}{2^n}$ 收敛.

再由比较审敛法可知级数 $\displaystyle\sum_{n=1}^{\infty} \frac{n\cos^2\left(\dfrac{n}{3}\pi\right)}{2^n}$ 也是收敛的.

**定理 6（柯西判别法，或称根值审敛法）**　设 $\displaystyle\sum_{n=1}^{\infty} u_n$ 为正项级数，如果

$$\lim_{n\to\infty} \sqrt[n]{u_n} = \rho,$$

则

（1）当 $\rho < 1$ 时级数收敛；

（2）当 $\rho > 1$（或 $\displaystyle\lim_{n\to\infty} \sqrt[n]{u_n} = +\infty$）时级数 $\displaystyle\sum_{n=1}^{\infty} u_n$ 发散；

（3）当 $\rho = 1$ 时级数可能收敛也可能发散.

**例 8-16**　判定下列正项级数的敛散性.

（1）$\displaystyle\sum_{n=1}^{\infty} \frac{1}{n^n}$　　　　（2）$\displaystyle\sum_{n=1}^{\infty} \left(\frac{3n}{2n+1}\right)^n$

**解**　（1）因为

$$\lim_{n\to\infty} \sqrt[n]{u_n} = \lim_{n\to\infty} \sqrt[n]{\frac{1}{n^n}} = \lim_{n\to\infty} \frac{1}{n} = 0 < 1,$$

根据定理 6 可知级数 $\displaystyle\sum_{n=1}^{\infty} \frac{1}{n^n}$ 收敛.

(2) 因为
$$\lim_{n\to\infty} \sqrt[n]{u_n} = \lim_{n\to\infty} \frac{3n}{2n+1} = \frac{3}{2} > 1,$$
根据定理 6 可知级数 $\sum\limits_{n=1}^{\infty} \left(\dfrac{3n}{2n+1}\right)^n$ 发散.

## 二、交错级数及其审敛法

**定义 1**　若级数的各项符号正负相间,其中 $u_1, u_2, u_3 \cdots$ 都是正数.即
$$u_1 - u_2 + u_3 - u_4 + \cdots \tag{8-2}$$
或
$$-u_1 + u_2 - u_3 + u_4 - \cdots \tag{8-3}$$
则称为**交错级数**.

由于级数(8-3)可以由级数(8-2)乘以 $-1$ 得到,故我们按级数(8-2)的形式来证明关于交错级数的一个审敛法.

**定理 7(莱布尼茨判别法)**　若交错级数 $\sum\limits_{n=1}^{\infty} (-1)^{n-1} u_n$ 满足下述两个条件:

(1) 数列 $\{u_n\}$ 单调递减,即 $u_n \geqslant u_{n+1}(n=1,2,3,\cdots)$;

(2) $\lim\limits_{n\to\infty} u_n = 0$,

则级数 $\sum\limits_{n=1}^{\infty} (-1)^{n-1} u_n$ 收敛,且其和 $S \leqslant u_1$,其余项 $r_n$ 的绝对值 $|r_n| \leqslant u_{n+1}$.

**证**　先证明级数前 $2n$ 项的部分和 $S_{2n}$ 的极限存在,为此把 $S_{2n}$ 写成两种形式
$$S_{2n} = (u_1 - u_2) + (u_3 - u_4) + \cdots + (u_{2n-1} - u_{2n})$$
及
$$S_{2n} = u_1 - (u_2 - u_3) - (u_4 - u_5) - \cdots - (u_{2n-2} - u_{2n-1}) - u_{2n}.$$
由条件(1)可知所有括号中的差都是非负的,由第一种形式可知数列 $\{S_{2n}\}$ 单调增加,由第二种形式可知 $S_{2n} < u_1$.于是,根据单调有界数列必有极限的准则可知极限 $\lim\limits_{n\to\infty} S_{2n}$ 存在,设为 $\lim\limits_{n\to\infty} S_{2n} = S$,且 $S \leqslant u_1$.

下面证明级数的前 $2n+1$ 项的部分和 $S_{2n+1}$ 的极限也是 $S$.事实上,我们有
$$S_{2n+1} = S_{2n} + u_{2n+1},$$
再由条件(2)可知 $\lim\limits_{n\to\infty} u_{2n+1} = 0$,因此可得
$$\lim_{n\to\infty} S_{2n+1} = \lim_{n\to\infty} (S_{2n} + u_{2n+1}) = \lim_{n\to\infty} S_{2n} = S.$$
由于数列 $\{S_n\}$ 中的子列 $\{S_{2n}\}$ 与 $\{S_{2n+1}\}$ 都有极限,且两极限值相等都为 $S$,则数列 $\{S_n\}$ 必有极限 $S$.因此级数 $\sum\limits_{n=1}^{\infty} (-1)^{n-1} u_n$ 收敛,且其和 $S \leqslant u_1$.

因为 $|r_n| = u_{n+1} - u_{n+2} + u_{n+3} - \cdots$ 也是一个交错级数,由前述讨论,知其收敛,且其和小于级数的第一项,即 $|r_n| \leqslant u_{n+1}$.

**例 8-17** 判别交错级数 $\sum\limits_{n=1}^{\infty} (-1)^n \dfrac{1}{n}$ 的敛散性.

**解**　因为满足条件

(1)
$$u_n = \frac{1}{n} \geqslant \frac{1}{n+1} = u_{n+1} (n=1,2,3,\cdots)$$

及

(2)
$$\lim_{n\to\infty} u_n = \lim_{n\to\infty} \frac{1}{n} = 0,$$

所以它是收敛的,且其和 $S \leqslant 1$.如果取前 $n$ 项的和

$$S_n = 1 - \frac{1}{2} + \frac{1}{3} - \cdots + (-1)^{n-1} \frac{1}{n}$$

作为 $S$ 的近似值,所产生的误差 $|r_n| \leqslant \dfrac{1}{n+1} (= u_{n+1})$.

## 三、绝对收敛级数与条件收敛级数

现在我们讨论一般的级数
$$u_1 + u_2 + \cdots + u_n + \cdots,$$
它的各项为任意实数,我们称之为**任意项级数**或**一般项级数**.

**定义 2**　若级数 $\sum\limits_{n=1}^{\infty} u_n$ 各项绝对值所组成的正项级数 $\sum\limits_{n=1}^{\infty} |u_n|$ 收敛,则称原级数 $\sum\limits_{n=1}^{\infty} u_n$ 为**绝对收敛**;若级数 $\sum\limits_{n=1}^{\infty} u_n$ 收敛,但各项绝对值所组成的级数 $\sum\limits_{n=1}^{\infty} |u_n|$ 发散,则称原级数 $\sum\limits_{n=1}^{\infty} u_n$ 为**条件收敛**.

例如,级数 $\sum\limits_{n=1}^{\infty} (-1)^n \dfrac{1}{n^2}$ 为绝对收敛级数,级数 $\sum\limits_{n=1}^{\infty} (-1)^n \dfrac{1}{n}$ 为条件收敛级数.

级数绝对收敛与级数收敛有以下重要关系:

**定理 8**　绝对收敛的级数一定收敛.即若 $\sum\limits_{n=1}^{\infty} |u_n|$ 收敛,则 $\sum\limits_{n=1}^{\infty} u_n$ 必定收敛.

**证**　由 $-|u_n| \leqslant u_n \leqslant |u_n|$,有 $0 \leqslant u_n + |u_n| \leqslant 2|u_n|$.

令 $v_n = \dfrac{1}{2}(u_n + |u_n|)(n=1,2,\cdots)$,则 $0 \leqslant v_n \leqslant |u_n|$,且 $u_n = 2v_n - |u_n|$,

由比较判别法可知,因级数 $\sum\limits_{n=1}^{\infty}|u_n|$ 收敛,则级数 $\sum\limits_{n=1}^{\infty}v_n$ 收敛,从而级数 $\sum\limits_{n=1}^{\infty}2v_n$ 也

收敛.由性质 2 的(2)可知,级数 $\sum\limits_{n=1}^{\infty}u_n=\sum\limits_{n=1}^{\infty}(2v_n-|u_n|)$ 收敛.

定理 8 说明,对于一切级数 $\sum\limits_{n=1}^{\infty}u_n$,如果我们用正项级数的审敛法判定

$\sum\limits_{n=1}^{\infty}|u_n|$ 收敛,则此级数 $\sum\limits_{n=1}^{\infty}u_n$ 也收敛.这使得一大类级数的收敛性判定问题,转

化为正项级数的收敛性判定问题.一般项级数判定收敛时,先应判定其是否绝对
收敛.

说明:① 上述定理不可逆:级数收敛,未必绝对收敛.如 $\sum\limits_{n=1}^{\infty}(-1)^{n+1}\dfrac{1}{n}$ 收敛,

但 $\sum\limits_{n=1}^{\infty}\dfrac{1}{n}$ 发散.

② 如果级数 $\sum\limits_{n=1}^{\infty}|u_n|$ 发散,我们不能断定级数 $\sum\limits_{n=1}^{\infty}u_n$ 也发散.如 $\sum\limits_{n=1}^{\infty}\dfrac{1}{n}$ 发散,

但 $\sum\limits_{n=1}^{\infty}(-1)^{n+1}\dfrac{1}{n}$ 收敛.但是,如果我们用比值判别法或根值判别法判定级数

$\sum\limits_{n=1}^{\infty}|u_n|$ 发散,则我们可以断定级数 $\sum\limits_{n=1}^{\infty}u_n$ 必定发散.这是因为,此时 $|u_n|$ 不趋向

于零,从而 $u_n$ 也不趋向于零,因此级数 $\sum\limits_{n=1}^{\infty}u_n$ 也是发散的.

**例 8-18**　证明级数 $\sum\limits_{n=1}^{\infty}(-1)^n\dfrac{n^2}{e^n}$ 绝对收敛.

**证明**　这是交错级数.记 $u_n=\dfrac{n^2}{e^n}$,有

$$\lim_{n\to\infty}\frac{u_{n+1}}{u_n}=\lim_{n\to\infty}\frac{(n+1)^2}{e^{n+1}}\cdot\frac{e^n}{n^2}=\lim_{n\to\infty}\frac{1}{e}\left(1+\frac{1}{n}\right)^2=\frac{1}{e}<1,$$

所以 $\sum\limits_{n=1}^{\infty}\left|(-1)^n\dfrac{n^2}{e^n}\right|$ 收敛,因此 $\sum\limits_{n=1}^{\infty}(-1)^n\dfrac{n^2}{e^n}$ 绝对收敛.

**例 8-19**　判别级数 $\sum\limits_{n=1}^{\infty}\dfrac{\sin na}{n^2}$ 的敛散性.

**解**　因为 $\left|\dfrac{\sin na}{n^2}\right|\leqslant\dfrac{1}{n^2}$,而级数 $\sum\limits_{n=1}^{\infty}\dfrac{1}{n^2}$ 是收敛的,所以级数 $\sum\limits_{n=1}^{\infty}\left|\dfrac{\sin na}{n^2}\right|$ 也收

敛,从而级数 $\sum\limits_{n=1}^{\infty}\dfrac{\sin na}{n^2}$ 绝对收敛.

**例 8-20**　判别级数 $\sum\limits_{n=1}^{\infty} (-1)^{n-1} \dfrac{1}{\sqrt{n}}$ 的敛散性.

**解**　因为 $\sum\limits_{n=1}^{\infty} \left| \dfrac{(-1)^{n-1}}{\sqrt{n}} \right| = \sum\limits_{n=1}^{\infty} \dfrac{1}{\sqrt{n}}$ 是 $p = \dfrac{1}{2}$ 的 $p$- 级数,它是发散的,所以原

级数不是绝对收敛,但交错级数 $\sum\limits_{n=1}^{\infty} (-1)^{n-1} \dfrac{1}{\sqrt{n}}$ 满足

$$u_n = \frac{1}{\sqrt{n}} > \frac{1}{\sqrt{n+1}} = u_{n+1} (n=1,2,3,\cdots), \text{且} \lim_{n\to\infty} u_n = \lim_{n\to\infty} \frac{1}{\sqrt{n}} = 0,$$

所以级数 $\sum\limits_{n=1}^{\infty} (-1)^{n-1} \dfrac{1}{\sqrt{n}}$ 是收敛的,且是条件收敛的.

**例 8-21**　判别级数 $\sum\limits_{n=1}^{\infty} (-1)^n \dfrac{1}{2^n} \left(1 + \dfrac{1}{n}\right)^{n^2}$ 的敛散性.

**解**　由 $|u_n| = \dfrac{1}{2^n} \left(1 + \dfrac{1}{n}\right)^{n^2}$,有 $\lim\limits_{n\to\infty} \sqrt[n]{|u_n|} = \dfrac{1}{2} \lim\limits_{n\to\infty} \left(1 + \dfrac{1}{n}\right)^n = \dfrac{1}{2}e > 1$,

故由正项级数的根值判别法可知级数 $\sum\limits_{n=1}^{\infty} \dfrac{1}{2^n} \left(1 + \dfrac{1}{n}\right)^{n^2}$ 发散,此时必有

$\lim\limits_{n\to\infty} (-1)^n \dfrac{1}{2^n} \left(1 + \dfrac{1}{n}\right)^{n^2} \neq 0$,因此级数 $\sum\limits_{n=1}^{\infty} (-1)^n \dfrac{1}{2^n} \left(1 + \dfrac{1}{n}\right)^{n^2}$ 发散.

**例 8-22**　讨论级数 $\sum\limits_{n=1}^{\infty} \dfrac{x^n}{n}$ 的敛散性.

**解**　因为 $x$ 为任意实数,所以级数为任意项级数,由于

$$\lim_{n\to\infty} \left| \frac{u_{n+1}}{u_n} \right| = \lim_{n\to\infty} \left| \frac{x^{n+1}}{n+1} \cdot \frac{n}{x^n} \right| = |x|,$$

所以,当 $|x| < 1$ 时,级数绝对收敛;当 $|x| > 1$ 时级数发散;当 $x = 1$ 时,级数为调

和级数 $\sum\limits_{n=1}^{\infty} \dfrac{1}{n}$,级数发散;当 $x = -1$ 时,级数 $\sum\limits_{n=1}^{\infty} \dfrac{(-1)^n}{n}$ 条件收敛.

# 第三节　幂　级　数

## 一、函数项级数的概念

### 1. 函数项级数

**定义 1**　给定一个定义在区间 $I$ 上的函数列 $\{u_n(x)\}(n=1,2,\cdots)$,由这函

数列构成的表达式

$$u_1(x) + u_2(x) + \cdots + u_n(x) + \cdots \tag{8-4}$$

称为定义在区间 $I$ 上的(函数项)无穷级数,记为 $\sum\limits_{n=1}^{\infty} u_n(x)$.

### 2. 收敛点与发散点

**定义 2**　对于每一确定的值 $x_0 \in I$,函数项级数(8-4)化为常数项级数 $\sum\limits_{n=1}^{\infty} u_n(x_0)$,即

$$\sum_{n=1}^{\infty} u_n(x_0) = u_1(x_0) + u_2(x_0) + \cdots + u_n(x_0) + \cdots,$$

若常数项级数 $\sum\limits_{n=1}^{\infty} u_n(x_0)$ 收敛,则称点 $x_0$ 是级数 $\sum\limits_{n=1}^{\infty} u_n(x)$ 的**收敛点**.若常数项级数 $\sum\limits_{n=1}^{\infty} u_n(x_0)$ 发散,则称点 $x_0$ 是级数 $\sum\limits_{n=1}^{\infty} u_n(x)$ 的**发散点**.

### 3. 收敛域与发散域

**定义 3**　函数项级数 $\sum\limits_{n=1}^{\infty} u_n(x)$ 的所有收敛点的全体称为它的**收敛域**,所有发散点的全体称为它的**发散域**.

### 4. 和函数

**定义 4**　对于收敛域内的任意一个数 $x$,函数项级数(8-4)化为一收敛的常数项级数,因此有一确定的和 $S$.因而在收敛域内,函数项级数 $\sum\limits_{n=1}^{\infty} u_n(x)$ 的和是 $x$ 的函数 $S(x)$,我们称 $S(x)$ 为函数项级数 $\sum\limits_{n=1}^{\infty} u_n(x)$ 的**和函数**.显然,和函数的定义就是级数的收敛域,并写成

$$S(x) = u_1(x) + u_2(x) + \cdots + u_n(x) + \cdots = \sum_{n=1}^{\infty} u_n(x).$$

### 5. 部分和

**定义 5**　函数项级数 $\sum\limits_{n=1}^{\infty} u_n(x)$ 的前 $n$ 项的部分和记作 $S_n(x)$,即

$$S_n(x) = u_1(x) + u_2(x) + \cdots + u_n(x).$$

在函数项级数 $\sum\limits_{n=1}^{\infty} u_n(x)$ 的收敛域上有

$$\lim_{n\to\infty}S_n(x)=S(x) \text{ 或 } S_n(x)\to S(x)(n\to\infty).$$

### 6. 余项

**定义 6**　函数项级数的和函数 $S(x)$ 与部分和 $S_n(x)$ 的差 $r_n(x)=S(x)-S_n(x)$ 叫作函数项级数 $\sum\limits_{n=1}^{\infty}u_n(x)$ 的**余项**（显然，只有 $x$ 在收敛域内 $r_n(x)$ 才有意义），在收敛域内总有

$$\lim_{n\to\infty}r_n(x)=0.$$

**例 8-23**　求函数项级数 $\sum\limits_{n=0}^{\infty}x^n=1+x+x^2+x^3+\cdots+x^n+\cdots$ 的收敛域与和函数.

**解**　函数项级数 $\sum\limits_{n=0}^{\infty}x^n$ 是首项为 1、公比为 $x$ 的等比级数，当 $|x|<1$ 时，函数项级数 $\sum\limits_{n=0}^{\infty}x^n$ 收敛，且其和为

$$1+x+x^2+x^3+\cdots+x^n+\cdots=\frac{1}{1-x};$$

而当 $|x|\geqslant 1$ 时，函数项级数 $\sum\limits_{n=0}^{\infty}x^n$ 发散.

所以，函数项级数 $\sum\limits_{n=0}^{\infty}x^n$ 的收敛域为 $(-1,1)$，和函数为

$$S(x)=\frac{1}{1-x}\quad(|x|<1).$$

## 二、幂级数及其收敛性

函数项级数中简单而常见的一类级数就是各项都是幂函数的函数项级数，这种形式的级数称为幂级数.

### 1. 幂级数的概念

**定义 7**　形如

$$\sum_{n=0}^{\infty}a_nx^n=a_0+a_1x+a_2x^2+\cdots+a_nx^n+\cdots$$

的函数项级数，称为关于 $x$ 的**幂级数**，常数 $a_0,a_1,\cdots,a_n,\cdots$ 分别称为幂级数的零次项，一次项，$\cdots$，$n$ 次项，$\cdots$ 的系数.

**定义 8**　形如

$$\sum_{n=0}^{\infty} a_n(x-x_0)^n = a_0 + a_1(x-x_0) + a_2(x-x_0)^2 + \cdots + a_n(x-x_0)^n + \cdots$$

的函数项级数,称为关于 $x-x_0$ 的**幂级数**,常数 $a_0, a_1, \cdots, a_n, \cdots$ 分别称为幂级数的零次项,一次项,$\cdots$,$n$ 次项,$\cdots$ 的系数.

例如

$$1 + x + x^2 + x^3 + \cdots + x^n + \cdots,$$

$$1 + x + \frac{1}{2!}x^2 + \cdots + \frac{1}{n!}x^n + \cdots$$

都是幂级数.

对于幂级数 $\sum_{n=0}^{\infty} a_n(x-x_0)^n$,只需作变换 $t=x-x_0$,可将其变为形如 $\sum_{n=0}^{\infty} a_n x^n$ 的幂级数.因此,以下主要讨论幂级数 $\sum_{n=0}^{\infty} a_n x^n$.

**2. 幂级数的收敛域**

现在我们来讨论:对于一个给定的幂级数,它的收敛域和发散域是怎样的?

显然,当 $x=0$ 时幂级数 $\sum_{n=0}^{\infty} a_n x^n$ 收敛于 $a_0$,因此,幂级数 $\sum_{n=0}^{\infty} a_n x^n$ 至少有一个收敛点 $x=0$.除 $x=0$ 以外,幂级数 $\sum_{n=0}^{\infty} a_n x^n$ 在数轴上其他的点的收敛性如何呢?

考虑幂级数 $\sum_{n=0}^{\infty} x^n = 1 + x + x^2 + x^3 + \cdots + x^n + \cdots$,由例8-23可知,该级数的收敛域为 $(-1,1)$,发散域为 $(-\infty,-1] \cup [1,+\infty)$,在收敛域内有

$$\frac{1}{1-x} = 1 + x + x^2 + x^3 + \cdots + x^n + \cdots, (-1 < x < 1).$$

从此例我们可以看到,幂级数的收敛域是以原点为中心的对称区间.事实上,这个结论对于一般幂级数也是成立的.我们有下面的定理.

**定理1(阿贝尔定理)** 如果级数 $\sum_{n=0}^{\infty} a_n x^n$ 当 $x=x_0(x_0 \neq 0)$ 时收敛,则适合不等式 $|x| < |x_0|$ 的一切 $x$ 使这幂级数绝对收敛.反之,如果级数 $\sum_{n=0}^{\infty} a_n x^n$ 当 $x=x_0$ 时发散,则适合不等式 $|x| > |x_0|$ 的一切 $x$ 使这幂级数发散.

阿贝尔定理告诉我们,若幂级数 $\sum_{n=0}^{\infty} a_n x^n$ 在 $x=x_0$ 处收敛,则在开区间 $(-|x_0|, |x_0|)$ 内绝对收敛;如果幂级数在 $x=x_1$ 处发散,则在 $(-|x_1|, |x_1|)$ 之外的任何点 $x$ 处必定发散.

事实上,有如下结果:

**定理2**　如果幂级数 $\sum\limits_{n=0}^{\infty} a_n x^n$ 不是仅在点 $x=0$ 一点收敛,也不是在整个数轴上都收敛,则必有一个完全确定的正数 $R$ 存在,使得

当 $|x| < R$ 时,幂级数绝对收敛;

当 $|x| > R$ 时,幂级数发散;

当 $x=R$ 与 $x=-R$ 时,幂级数可能收敛也可能发散.

**定义9**　通常称上述正数 $R$ 为幂级数 $\sum\limits_{n=0}^{\infty} a_n x^n$ 的**收敛半径**.开区间 $(-R, R)$ 叫作幂级数 $\sum\limits_{n=0}^{\infty} a_n x^n$ 的**收敛区间**.幂级数的收敛区间加上它的收敛端点,就是幂级数的**收敛域**.

若幂级数 $\sum\limits_{n=0}^{\infty} a_n x^n$ 只在 $x=0$ 收敛,为了方便计算,则规定收敛半径 $R=0$,并说收敛区间只有一点 $x=0$;若幂级数 $\sum\limits_{n=0}^{\infty} a_n x^n$ 对一切 $x$ 都收敛,则规定收敛半径 $R=+\infty$,这时收敛域为 $(-\infty, +\infty)$.

关于幂级数的收敛半径的求法,有如下定理.

**定理3**　如果

$$\lim_{n\to\infty}\left|\frac{a_{n+1}}{a_n}\right|=\rho,$$

其中 $a_n, a_{n+1}$ 是幂级数 $\sum\limits_{n=0}^{\infty} a_n x^n$ 的相邻两项的系数,则这幂级数的收敛半径

$$R=\begin{cases}+\infty, & \rho=0 \\ \dfrac{1}{\rho}, & \rho\neq 0 \\ 0, & \rho=+\infty\end{cases}.$$

**证**　对于给定的 $x$,$\sum\limits_{n=0}^{\infty} a_n x^n$ 为常数项级数.对于级数

$$\sum_{n=0}^{\infty}|a_n x^n|=|a_0|+|a_1 x|+|a_2 x^2|+\cdots+|a_n x^n|+\cdots, \quad (8\text{-}5)$$

该级数相邻两项之比为

$$\left|\frac{a_{n+1} x^{n+1}}{a_n x^n}\right|=\left|\frac{a_{n+1}}{a_n}\right|\cdot|x|.$$

(1) 若 $\lim\limits_{n\to\infty}\left|\dfrac{a_{n+1}}{a_n}\right|=\rho\,(\rho\neq 0)$ 存在,由正项级数的比值审敛法可知,当 $\rho|x|<1$,即 $|x|<\dfrac{1}{\rho}$ 时,级数 (8-5) 收敛,从而幂级数 $\sum\limits_{n=0}^{\infty} a_n x^n$ 绝对收敛;当

$\rho|x|>1$,即 $|x|>\dfrac{1}{\rho}$ 时,幂级数 $\sum\limits_{n=0}^{\infty}a_nx^n$ 发散,这是因为当 $n\to\infty$ 时 $|a_nx^n|$ 不收敛于 $0$,从而 $a_nx^n$ 也不收敛于 $0$.所以收敛半径 $R=\dfrac{1}{\rho}$.

(2) 如果 $\rho=0$,则对于任意的 $x$ 总有 $\left|\dfrac{a_{n+1}x^{n+1}}{a_nx^n}\right|=\left|\dfrac{a_{n+1}}{a_n}\right|\cdot|x|=\rho|x|=0<1$,所以级数(8-5)收敛,从而幂级数 $\sum\limits_{n=0}^{\infty}a_nx^n$ 在 $(-\infty,+\infty)$ 内绝对收敛,于是 $R=+\infty$.

(3) 如果 $\rho=+\infty$,对任意的 $x\neq0$ 值,总有 $\lim\limits_{n\to\infty}\left|\dfrac{a_{n+1}x^{n+1}}{a_nx^n}\right|=\lim\limits_{n\to\infty}\left|\dfrac{a_{n+1}}{a_n}\right|\cdot|x|=+\infty$,所以幂级数 $\sum\limits_{n=0}^{\infty}a_nx^n$ 对任何 $x\neq0$ 都发散.它只在 $x=0$ 处收敛即收敛半径为 $R=0$.

**例 8-24** 求幂级数

$$\sum_{n=1}^{\infty}(-1)^{n-1}\frac{x^n}{n}=x-\frac{x^2}{2}+\frac{x^3}{3}-\cdots+(-1)^{n-1}\frac{x^n}{n}+\cdots$$

的收敛半径与收敛域.

**解** 因为

$$\rho=\lim_{n\to\infty}\left|\frac{a_{n+1}}{a_n}\right|=\lim_{n\to\infty}\frac{\dfrac{1}{n+1}}{\dfrac{1}{n}}=1,$$

所以收敛半径为 $R=\dfrac{1}{\rho}=1$.于是在幂级数区间 $(-1,1)$ 内收敛.

当 $x=1$ 时,幂级数成为交错级数 $\sum\limits_{n=1}^{\infty}(-1)^{n-1}\dfrac{1}{n}$,是收敛的;

当 $x=-1$ 时,幂级数成为 $\sum\limits_{n=1}^{\infty}\left(-\dfrac{1}{n}\right)$,是发散的.因此,收敛域为 $(-1,1]$.

**例 8-25** 求幂级数 $\sum\limits_{n=0}^{\infty}\dfrac{1}{n!}x^n=1+x+\dfrac{1}{2!}x^2+\dfrac{1}{3!}x^3+\cdots+\dfrac{1}{n!}x^n+\cdots$ 的收敛域.

**解** 因为

$$\rho=\lim_{n\to\infty}\left|\frac{a_{n+1}}{a_n}\right|=\lim_{n\to\infty}\frac{\dfrac{1}{(n+1)!}}{\dfrac{1}{n!}}=\lim_{n\to\infty}\frac{n!}{(n+1)!}=0,$$

所以收敛半径为 $R=+\infty$,从而收敛域为 $(-\infty,+\infty)$.

例 8-26　求幂级数 $\displaystyle\sum_{n=0}^{\infty} n! \ x^n$ 的收敛半径.

**解**　因为

$$\rho = \lim_{n\to\infty} \left| \frac{a_{n+1}}{a_n} \right| = \lim_{n\to\infty} \frac{(n+1)!}{n!} = +\infty,$$

所以收敛半径为 $R=0$,即级数仅在 $x=0$ 处收敛.

例 8-27　求幂级数 $\displaystyle\sum_{n=0}^{\infty} \frac{x^{2n-1}}{2^n}$ 的收敛半径与收敛域.

**解**　级数缺少偶次幂的项,不能直接应用定理 3.可根据比值审敛法来求收敛半径,幂级数的一般项记为 $u_n(x) = \dfrac{x^{2n-1}}{2^n}$.

因为

$$\frac{u_{n+1}(x)}{u_n(x)} = \frac{\dfrac{x^{2(n+1)-1}}{2^{n+1}}}{\dfrac{x^{2n-1}}{2^n}} = \frac{x^2}{2},$$

$$\lim_{n\to\infty} \left| \frac{u_{n+1}(x)}{u_n(x)} \right| = \frac{x^2}{2},$$

当 $\dfrac{x^2}{2} < 1$ 即 $|x| < \sqrt{2}$ 时级数收敛;当 $\dfrac{x^2}{2} > 1$ 即 $|x| > \sqrt{2}$ 时级数发散,所以该幂级数收敛半径为 $R = \sqrt{2}$.

当 $x = \pm\sqrt{2}$ 时,级数均为 $\pm\displaystyle\sum_{n=0}^{\infty} \frac{1}{\sqrt{2}}$,发散,所以该幂级数的收敛域为 $(-\sqrt{2}, \sqrt{2})$.

例 8-28　求幂级数 $\displaystyle\sum_{n=1}^{\infty} (-1)^{n-1} \frac{3^n}{n} x^{2n}$ 的收敛半径与收敛域.

**解**　级数缺少奇次幂的项,不能直接应用定理 3.可根据比值审敛法来求收敛半径,幂级数的一般项记为 $u_n(x) = (-1)^{n-1} \dfrac{3^n}{n} x^{2n}$.

因为

$$\frac{u_{n+1}(x)}{u_n(x)} = \frac{(-1)^n \dfrac{3^{n+1}}{n+1} x^{2(n+1)}}{(-1)^{n-1} \dfrac{3^n}{n} x^{2n}} = -\frac{3nx^2}{n+1},$$

$$\lim_{n\to\infty} \left| \frac{u_{n+1}(x)}{u_n(x)} \right| = 3x^2,$$

当 $3x^2 < 1$ 即 $|x| < \dfrac{\sqrt{3}}{3}$ 时级数收敛;当 $3x^2 > 1$ 即 $|x| > \dfrac{\sqrt{3}}{3}$ 时级数发散,所以该

幂级数的收敛半径为 $R = \dfrac{\sqrt{3}}{3}$.

当 $x = \pm \dfrac{\sqrt{3}}{3}$ 时,级数均为 $\sum\limits_{n=0}^{\infty} \dfrac{(-1)^{n-1}}{n}$,收敛,所以该幂级数的收敛域为 $\left[ -\dfrac{\sqrt{3}}{3}, \dfrac{\sqrt{3}}{3} \right]$.

**例 8-29** 求幂级数 $\sum\limits_{n=1}^{\infty} \dfrac{(x-1)^n}{2^n n}$ 的收敛域.

**解** 令 $t = x - 1$,上述级数变为 $\sum\limits_{n=1}^{\infty} \dfrac{t^n}{2^n n}$.

因为

$$\rho = \lim_{n \to \infty} \left| \dfrac{a_{n+1}}{a_n} \right| = \dfrac{2^n \cdot n}{2^{n+1} \cdot (n+1)} = \dfrac{1}{2},$$

所以收敛半径 $R = 2$,收敛区间为 $|t| < 2$,即 $|x - 1| < 2$,从而 $-1 < x < 3$.

当 $x = 3$ 时,级数成为 $\sum\limits_{n=1}^{\infty} \dfrac{1}{n}$,此级数发散;当 $x = -1$ 时,级数成为 $\sum\limits_{n=1}^{\infty} \dfrac{(-1)^n}{n}$,此级数收敛.因此原级数的收敛域为 $[-1, 3)$.

## 三、幂级数的运算与性质

### 1. 幂级数的加减法与乘法运算

设幂级数 $\sum\limits_{n=0}^{\infty} a_n x^n$ 及 $\sum\limits_{n=0}^{\infty} b_n x^n$ 分别在区间 $(-R_1, R_1)$ 及 $(-R_2, R_2)$ 内收敛,则在 $(-R_1, R_1)$ 与 $(-R_2, R_2)$ 中较小的区间内有

(1) 两幂级数 $\sum\limits_{n=0}^{\infty} a_n x^n$ 与 $\sum\limits_{n=0}^{\infty} b_n x^n$ 可以逐项相加,即

$$\sum_{n=0}^{\infty} a_n x^n \pm \sum_{n=0}^{\infty} b_n x^n = \sum_{n=0}^{\infty} (a_n \pm b_n) x^n.$$

(2) 幂级数 $\sum\limits_{n=0}^{\infty} a_n x^n$ 与 $\sum\limits_{n=0}^{\infty} b_n x^n$ 可按下述规则相乘,即

$$\left( \sum_{n=0}^{\infty} a_n x^n \right) \cdot \left( \sum_{n=0}^{\infty} b_n x^n \right) = a_0 b_0 + (a_0 b_1 + a_1 b_0) x + (a_0 b_2 + a_1 b_1 + a_2 b_0) x^2$$
$$+ \cdots + (a_0 b_n + a_1 b_{n-1} + \cdots + a_n b_0) x^n + \cdots$$

## 2. 幂级数的和函数的性质

**性质 1** 幂级数 $\sum\limits_{n=0}^{\infty} a_n x^n$ 的和函数 $S(x)$ 在其收敛域 $I$ 上连续.

**性质 2** 幂级数 $\sum\limits_{n=0}^{\infty} a_n x^n$ 的和函数 $S(x)$ 在其收敛域 $I$ 上可积,并且有逐项积分公式

$$\int_0^x S(t)\mathrm{d}t = \int_0^x (\sum_{n=0}^{\infty} a_n t^n)\mathrm{d}t = \sum_{n=0}^{\infty} \int_0^x a_n t^n \mathrm{d}t = \sum_{n=0}^{\infty} \frac{a_n}{n+1} x^{n+1} \ (x \in I),$$

逐项积分后所得到的幂级数和原级数有相同的收敛半径.

**性质 3** 幂级数 $\sum\limits_{n=0}^{\infty} a_n x^n$ 的和函数 $S(x)$ 在其收敛区间 $(-R,R)$ 内可导,并且有逐项求导公式

$$S'(x) = (\sum_{n=0}^{\infty} a_n x^n)' = \sum_{n=0}^{\infty} (a_n x^n)' = \sum_{n=1}^{\infty} n a_n x^{n-1} \qquad (|x| < R),$$

逐项求导后所得到的幂级数和原级数有相同的收敛半径.

反复利用性质 3 可得:幂级数 $\sum\limits_{n=0}^{\infty} a_n x^n$ 的和函数 $S(x)$ 在其收敛区间 $(-R,R)$ 内有任意阶导数.

**例 8-30** 求 $\sum\limits_{n=1}^{\infty} \dfrac{x^n}{n}$ 的收敛域与和函数.

**解** 先求收敛域.因为

$$\rho = \lim_{n \to \infty} |\frac{a_{n+1}}{a_n}| = \lim_{n \to \infty} \frac{n+1}{n} = 1,$$

所以收敛半径 $R = \dfrac{1}{\rho} = 1$,于是收敛区间为 $(-1,1)$.当 $x = -1$ 时,幂级数成为 $\sum\limits_{n=1}^{\infty} \dfrac{(-1)^n}{n}$,是收敛的交错级数;当 $x = 1$ 时,幂级数成为 $\sum\limits_{n=1}^{\infty} \dfrac{1}{n}$,是发散的.因此,幂级数 $\sum\limits_{n=1}^{\infty} \dfrac{x^n}{n}$ 的收敛域为 $[-1,1)$.

设幂级数的和函数为 $S(x)$,即

$$S(x) = \sum_{n=1}^{\infty} \frac{x^n}{n}, (-1 \leqslant x < 1).$$

显然 $S(0) = 0$.因为

$$S'(x) = \left(\sum_{n=1}^{\infty} \frac{x^n}{n}\right)' = \sum_{n=1}^{\infty} \left(\frac{x^n}{n}\right)' = \sum_{n=0}^{\infty} x^n, (-1 < x < 1),$$

由例 8-23 可知 $\sum\limits_{n=0}^{\infty} x^n = \dfrac{1}{1-x} \ (-1 < x < 1)$,所以有,

$$S'(x) = \frac{1}{1-x}, (-1 < x < 1),$$

对上式从 0 到 $x$ 积分,得

$$S(x) - S(0) = \int_0^x S'(t)\mathrm{d}t = \int_0^x \frac{1}{1-t}\mathrm{d}t = -\ln(1-x), (-1 \leqslant x < 1),$$

所以 $S(x) = -\ln(1-x) \ (-1 \leqslant x < 1)$,即

$$\sum_{n=1}^{\infty} \frac{x^n}{n} = x + \frac{x^2}{2} + \frac{x^3}{3} + \cdots + \frac{x^n}{n} + \cdots = -\ln(1-x), (-1 \leqslant x < 1).$$

**例 8-31** 求 $\sum\limits_{n=0}^{\infty} (-1)^n (n+1) x^n$ 的收敛区间与和函数.

**解** 先求收敛区间.因为

$$\rho = \lim_{n \to \infty} \left| \frac{a_{n+1}}{a_n} \right| = \lim_{n \to \infty} \frac{n+2}{n+1} = 1,$$

所以收敛半径 $R = \dfrac{1}{\rho} = 1$,于是收敛区间为 $(-1, 1)$.

设幂级数的和函数为 $S(x)$,即

$$S(x) = \sum_{n=0}^{\infty} (-1)^n (n+1) x^n$$
$$= 1 - 2x + \cdots + (-1)^n (n+1) x^n + \cdots, (-1 < x < 1).$$

对上式从 0 到 $x$ 积分,得

$$\int_0^x S(t)\mathrm{d}t = \int_0^x (1 - 2t + 3t^2 - 4t^3 + \cdots)\mathrm{d}t$$
$$= x - x^2 + x^3 - x^4 + \cdots = \frac{x}{1+x}, (-1 < x < 1),$$

故

$$S(x) = \left( \int_0^x S(t)\mathrm{d}t \right)' = \left( \frac{x}{1+x} \right)' = \frac{1}{(1+x)^2}, (-1 < x < 1),$$

即 $\sum\limits_{n=0}^{\infty} (-1)^n (n+1) x^n = 1 - 2x + 3x^2 - 4x^3 + \cdots = \dfrac{1}{(1+x)^2}, (-1 < x < 1).$

**例 8-32** 求幂级数 $\sum\limits_{n=1}^{\infty} \dfrac{x^{2n+1}}{2n}$ 的和函数.

**解** 先求收敛域.因为级数缺少偶次幂的项,所以不能直接应用定理 3.可根据比值审敛法来求收敛半径.幂级数的一般项记为 $u_n(x) = \dfrac{x^{2n+1}}{2n}$.

因为

$$\lim_{n \to \infty} \left| \frac{u_{n+1}(x)}{u_n(x)} \right| = \lim_{n \to \infty} \left| \frac{\dfrac{x^{2(n+1)+1}}{2(n+1)}}{\dfrac{x^{2n+1}}{2n}} \right| = \lim_{n \to \infty} \left| \frac{nx^2}{n+1} \right| = x^2,$$

当 $x^2 < 1$ 即 $|x| < 1$ 时级数收敛;当 $x^2 > 1$ 即 $|x| > 1$ 时级数发散,所以收敛半径 $R = 1$.当 $x = \pm 1$ 时,级数为 $\pm \sum\limits_{n=1}^{\infty} \dfrac{1}{2n}$,发散,所以该幂级数的收敛域为 $(-1, 1)$.

级数 $\sum\limits_{n=1}^{\infty} \dfrac{x^{2n+1}}{2n}$ 可改写为 $x \sum\limits_{n=1}^{\infty} \dfrac{x^{2n}}{2n}$,设 $S(x) = \sum\limits_{n=1}^{\infty} \dfrac{x^{2n}}{2n}$,显然 $S(0) = 0$,则有

$$S'(x) = \left( \sum_{n=1}^{\infty} \frac{x^{2n}}{2n} \right)' = \sum_{n=1}^{\infty} x^{2n-1} = \frac{x}{1-x^2}, \quad (-1 < x < 1),$$

对上式从 $0$ 到 $x$ 积分,得

$$S(x) - S(0) = \int_0^x S'(t) \mathrm{d}t = \int_0^x \frac{t}{1-t^2} \mathrm{d}t = -\frac{1}{2} \ln(1-x^2), \quad (-1 < x < 1),$$

所以 $S(x) = -\dfrac{1}{2} \ln(1-x^2)$ $(-1 < x < 1)$,从而有

$$\sum_{n=1}^{\infty} \frac{x^{2n+1}}{2n} = x \sum_{n=1}^{\infty} \frac{x^{2n}}{2n} = x S(x) = -\frac{1}{2} x \ln(1-x^2), \quad -1 < x < 1.$$

此题的简便写法:

$$\sum_{n=1}^{\infty} \frac{x^{2n+1}}{2n} = x \sum_{n=1}^{\infty} \frac{x^{2n}}{2n} = x \int_0^x \sum_{n=1}^{\infty} t^{2n-1} \mathrm{d}t$$

$$= x \int_0^x \frac{t}{1-t^2} \mathrm{d}t = -\frac{1}{2} x \ln(1-x^2), \quad -1 < x < 1.$$

**例 8-33**　求幂级数 $\sum\limits_{n=0}^{\infty} \dfrac{1}{n+1} x^n$ 的和函数.

**解**　先求收敛域.因为

$$\rho = \lim_{n \to \infty} \left| \frac{a_{n+1}}{a_n} \right| = \lim_{n \to \infty} \frac{n+1}{n+2} = 1,$$

所以收敛半径 $R = \dfrac{1}{\rho} = 1$.当 $x = -1$ 时,幂级数成为 $\sum\limits_{n=0}^{\infty} \dfrac{(-1)^n}{n+1}$,是收敛的交错级数;当 $x = 1$ 时,幂级数成为 $\sum\limits_{n=0}^{\infty} \dfrac{1}{n+1}$,是发散的.因此,幂级数 $\sum\limits_{n=0}^{\infty} \dfrac{1}{n+1} x^n$ 的收敛域为 $[-1, 1)$.

设幂级数的和函数为 $S(x)$,即

$$S(x) = \sum_{n=0}^{\infty} \frac{1}{n+1} x^n, \quad -1 \leqslant x < 1.$$

显然 $S(0) = 1$.因为

$$x S(x) = x \sum_{n=0}^{\infty} \frac{1}{n+1} x^n = \sum_{n=0}^{\infty} \frac{1}{n+1} x^{n+1} = \int_0^x \left[ \sum_{n=0}^{\infty} \frac{1}{n+1} t^{n+1} \right]' \mathrm{d}t$$

$$= \int_0^x \sum_{n=0}^{\infty} t^n \mathrm{d}t = \int_0^x \frac{1}{1-t} \mathrm{d}t = -\ln(1-x), \quad -1 \leqslant x < 1,$$

所以,当 $0 < |x| < 1$ 时,有 $S(x) = -\dfrac{1}{x}\ln(1-x)$.从而有

$$S(x) = \begin{cases} -\dfrac{1}{x}\ln(1-x), & 0 < |x| < 1 \\ 1, & x = 0 \end{cases}.$$

由和函数在收敛域上的连续性可知,$S(-1) = \lim\limits_{x \to -1^+} S(x) = \ln 2$.

综合起来得 $S(x) = \begin{cases} -\dfrac{1}{x}\ln(1-x), & x \in [-1,0) \bigcup (0,1) \\ 1, & x = 0 \end{cases}$.

**例 8-34**　求级数 $\sum\limits_{n=0}^{\infty} \dfrac{(-1)^n}{n+1}$ 的和.

**解**　考虑幂级数 $\sum\limits_{n=0}^{\infty} \dfrac{1}{n+1} x^n$ 在 $[-1,1)$ 上收敛,设其和函数为 $S(x)$,则

$$S(-1) = \sum_{n=0}^{\infty} \dfrac{(-1)^n}{n+1}.$$

在例 8-33 中已得到 $xS(x) = -\ln(1-x)$,当 $x = -1$ 时有 $-S(-1) = -\ln(1+1)$,从而得 $S(-1) = \ln 2$,即

$$\sum_{n=0}^{\infty} \dfrac{(-1)^n}{n+1} = 1 - \dfrac{1}{2} + \dfrac{1}{3} - \dfrac{1}{4} + \cdots + \dfrac{(-1)^n}{n+1} + \cdots = \ln 2.$$

## 四、函数展开成幂级数

前面讨论了幂级数的收敛域及其和函数的性质,但在许多应用中,我们遇到的却是相反的问题:给定函数 $f(x)$,要考虑它是否能在某个区间内"展开"为幂级数,就是说,是否能找到这样一个幂级数,它在某区间内收敛,且其和恰好就是给定的函数 $f(x)$,也就是说函数可以用幂级数表示.这个思想很重要,在很多学科领域都有重要的应用.

设函数 $f(x)$ 在 $U(x_0,\delta)(\delta > 0)$ 内有定义,若存在幂级数

$$\sum_{n=0}^{\infty} a_n (x - x_0)^n$$

使得

$$f(x) = \sum_{n=0}^{\infty} a_n (x - x_0)^n, x \in (x_0 - \delta, x_0 + \delta), \tag{8-6}$$

则称函数 $f(x)$ **在区间**$(x_0 - \delta, x_0 + \delta)$**内能展开成幂级数**,且称式(8-6)为函数 $f(x)$ 在 $x_0$ 处的**幂级数展开式**.

在此,我们只将其三个问题加以简单的介绍:(1)函数 $f(x)$ 在什么条件下才

能展开成幂级数？（2）若函数 $f(x)$ 能展开成幂级数,该幂级数 $a_n$ 的系数如何确定？（3）函数 $f(x)$ 的幂级数展开式是否唯一？

### 1. 泰勒级数

**定理4**　函数 $f(x)$ 能在 $x_0$ 的某邻域内展开成幂级数 $\sum\limits_{n=0}^{\infty} a_n (x-x_0)^n$ 的必要条件是 $f(x)$ 在点 $x_0$ 的该邻域内具有各阶导数,且系数

$$a_n = \frac{f^{(n)}(x_0)}{n!}, \quad (n=0,1,2,\cdots). \tag{8-7}$$

**证**　因为函数 $f(x)$ 能在 $x_0$ 的某邻域内展开成幂级数 $\sum\limits_{n=0}^{\infty} a_n (x-x_0)^n$,于是存在 $\delta > 0$ 使得

$$f(x) = \sum_{n=0}^{\infty} a_n (x-x_0)^n, x \in (x_0 - \delta, x_0 + \delta),$$

这表明 $f(x)$ 是幂级数 $\sum\limits_{n=0}^{\infty} a_n (x-x_0)^n$ 在 $(x_0 - \delta, x_0 + \delta)$ 内的和函数,从而,在上式两端令 $x=x_0$,即得 $f(x_0) = a_0$.利用幂级数的和函数在其收敛区间内可任意阶求导的性质,又可得出 $f(x)$ 在区间 $(x_0 - \delta, x_0 + \delta)$ 内应具有任意阶导数,且

$$f^{(n)}(x) = n!\, a_n + (n+1)!\, a_{n+1}(x-x_0) + \frac{(n+2)!}{2!} a_{n+2}(x-x_0)^2 + \cdots,$$

当 $x=x_0$ 时,由上式可得

$$f^{(n)}(x_0) = n!\, a_n,$$

于是

$$a_n = \frac{f^{(n)}(x_0)}{n!}, \quad (n=0,1,2,\cdots).$$

该定理表明,如果函数 $f(x)$ 在 $x_0$ 的某邻域内能展开成幂级数 $\sum\limits_{n=0}^{\infty} a_n (x-x_0)^n$,那么该幂级数的系数 $a_n$ 由公式（8-7）唯一确定,即函数 $f(x)$ 的幂级数展开式是唯一的.由此有下面的定义.

**定义10**　如果 $f(x)$ 在 $U(x_0, \delta)(\delta > 0)$ 内具有任意阶导数,且在 $U(x_0, \delta)$ 内能展开成 $(x-x_0)$ 的幂级数,即

$$\sum_{n=0}^{\infty} \frac{f^{(n)}(x_0)}{n!}(x-x_0)^n = f(x_0) + \frac{f'(x_0)}{1!}(x-x_0) + \cdots$$
$$+ \frac{f^{(n)}(x_0)}{n!}(x-x_0)^n + \cdots,$$

则称此幂级数为函数 $f(x)$ 在点 $x_0$ 的**泰勒级数**.

当 $x_0 = 0$ 时,称幂级数

$$\sum_{n=0}^{\infty} \frac{f^{(n)}(0)}{n!} x^n = f(0) + \frac{f'(0)}{1!} x + \cdots + \frac{f^{(n)}(0)}{n!} x^n + \cdots$$

为函数 $f(x)$ 的**麦克劳林级数**.

利用级数收敛的定义与定理 4 的结论可得:

**定理 5**　若函数 $f(x)$ 在点 $x_0$ 的某一邻域内具有各阶导数,则函数 $f(x)$ 在点 $x_0$ 处的泰勒级数

$$\sum_{n=0}^{\infty} \frac{f^{(n)}(x_0)}{n!} (x - x_0)^n$$

收敛于 $f(x)$ 的充分必要条件是 $\lim\limits_{n \to \infty} R_n(x) = 0$,其中

$$R_n(x) = \frac{f^{(n+1)}(\xi)}{(n+1)!} (x - x_0)^{n+1} \quad (\xi \text{ 介于 } x_0 \text{ 与 } x \text{ 之间})$$

称为函数 $f(x)$ 在 $x_0$ 处的 $n$ **阶泰勒余项**.

证明从略.

**注意**:(1)如果函数 $f(x)$ 的泰勒级数 $\sum\limits_{n=0}^{\infty} \frac{f^{(n)}(x_0)}{n!} (x - x_0)^n$ 收敛于 $f(x)$,

也称为函数 $f(x)$ 可以展开成泰勒级数,即

$$f(x) = \sum_{n=0}^{\infty} \frac{f^{(n)}(x_0)}{n!} (x - x_0)^n,$$

那么称它为函数 $f(x)$ 在 $x_0$ 处的**泰勒展开式**,而 $f(x) = \sum\limits_{n=0}^{\infty} \frac{f^{(n)}(0)}{n!} x^n$ 为函数

$f(x)$ 的**麦克劳林展开式**.

(2)函数 $f(x)$ 满足各阶导数存在只是它能表示为泰勒级数的一个充分条件,其充分必要条件是微分中值定理中泰勒余项极限为零,即 $\lim\limits_{n \to \infty} R_n(x) = 0$,而且此时泰勒级数的展开形式是唯一的.在实际应用中,泰勒展开式不仅给出了函数的近似式,而且其余项可以给出我们足够适用的精确度.

(3)虽然函数 $f(x)$ 展开的幂级数的收敛域是确定的,但在函数定义域中不同的点展开的幂级数的收敛域可以不同.

**2. 函数展开成幂级数的方法**

(1)直接展开法

设 $f(x)$ 在 $x_0$ 处存在各阶导数(否则 $f(x)$ 在 $x_0$ 处不能展开为幂级数),要把 $f(x)$ 在 $x_0$ 处展开为幂级数 $\sum\limits_{n=0}^{\infty} \frac{f^{(n)}(x_0)}{n!} (x - x_0)^n$,可以按照下列步骤进行:

① 求出 $f(x)$ 的各阶导数 $f'(x),f''(x),\cdots,f^{(n)}(x),\cdots$;

② 求 $f(x)$ 及其各阶导数在 $x=x_0$ 处的值 $f(x_0),f'(x_0),f''(x_0),\cdots,$ $f^{(n)}(x_0),\cdots$;

③ 写出 $f(x)$ 在 $x_0$ 处的泰勒级数 $\sum\limits_{n=0}^{\infty}\dfrac{f^{(n)}(x_0)}{n!}(x-x_0)^n$,即

$$f(x_0)+\frac{f'(x_0)}{1!}(x-x_0)+\cdots+\frac{f^{(n)}(x_0)}{n!}(x-x_0)^n+\cdots;$$

④ 求出上述泰勒级数的收敛区间 $(-R,R)$;

⑤ 考察当 $x$ 在区间 $(x_0-R,x_0+R)$ 内时,余项 $R_n(x)$ 的极限

$$\lim_{n\to\infty}R_n(x)=\lim_{n\to\infty}\frac{f^{(n+1)}(\xi)}{(n+1)!}(x-x_0)^{n+1}\quad(\xi\text{ 介于 }x_0\text{ 与 }x\text{ 之间})$$

是否为零;

⑥ 若 $\lim\limits_{n\to\infty}R_n(x)=0$,写出 $f(x)$ 在 $x_0$ 处的幂级数展开式

$$f(x)=f(x_0)+\frac{f'(x_0)}{1!}(x-x_0)+\cdots$$

$$+\frac{f^{(n)}(x_0)}{n!}(x-x_0)^n+\cdots,-R<x-x_0<R.$$

上述这种直接计算 $f(x)$ 在 $x_0$ 处存在各阶导数的幂级数展开方法,我们称其为**直接展开法**.

当 $x_0=0$ 时,$f(x)$ 在 $x_0$ 处展开成幂级数 $\sum\limits_{n=0}^{\infty}\dfrac{f^{(n)}(x_0)}{n!}(x-x_0)^n$ 就变为

$\sum\limits_{n=0}^{\infty}\dfrac{f^{(n)}(0)}{n!}x^n$,即将函数 $f(x)$ 展开成 $x$ 的幂级数.

**例 8-35** 将函数 $f(x)=e^x$ 展开成 $x$ 的幂级数.

**解** 所给函数的各阶导数为 $f^{(n)}(x)=e^x(n=1,2,\cdots)$,因此

$$f(0)=f'(0)=f''(0)=f'''(0)=\cdots=f^{(n)}(0)=1,$$

于是得级数

$$1+x+\frac{1}{2!}x^2+\cdots+\frac{1}{n!}x^n+\cdots,$$

它的收敛半径

$$R=\lim_{n\to\infty}\left|\frac{\dfrac{1}{n!}}{\dfrac{1}{(n+1)!}}\right|=\lim_{n\to\infty}(n+1)=+\infty.$$

对于任何有限的数 $x,\xi$($\xi$ 介于 $0$ 与 $x$ 之间),有

$$|R_n(x)|=\left|\frac{e^\xi}{(n+1)!}x^{n+1}\right|<e^{|x|}\cdot\frac{|x|^{n+1}}{(n+1)!},$$

因为 $e^{|x|}$ 为有限数，且由比值审敛法可知正项级数 $\sum\limits_{n=0}^{\infty} \dfrac{|x|^{n+1}}{(n+1)!}$ 收敛. 所以，由

收敛必要条件可知 $\lim\limits_{n\to\infty} \dfrac{|x|^{n+1}}{(n+1)!}=0$，于是有 $\lim\limits_{n\to\infty}|R_n(x)|=0$，从而有展开式

$$e^x = 1 + x + \frac{1}{2!}x^2 + \cdots + \frac{1}{n!}x^n + \cdots \quad (-\infty < x < +\infty).$$

**例 8-36** 将函数 $f(x)=\sin x$ 展开成 $x$ 的幂级数.

**解** 因为所给函数的各阶导数为

$$f^{(n)}(x) = \sin\left(x + n \cdot \frac{\pi}{2}\right)(n=1,2,\cdots),$$

所以 $f^{(n)}(0)$ 顺序循环地取 $0,1,0,-1,\cdots(n=0,1,2,3,\cdots)$，于是得级数

$$x - \frac{x^3}{3!} + \frac{x^5}{5!} - \cdots + (-1)^n \frac{x^{2n+1}}{(2n+1)!} + \cdots,$$

它的收敛半径 $R=+\infty$.

对于任何有限的数 $x,\xi(\xi$ 介于 $0$ 与 $x$ 之间$)$，有

$$|R_n(x)| = \left| \frac{\sin\left[\xi + \frac{(n+1)\pi}{2}\right]}{(n+1)!} x^{n+1} \right| \leqslant \frac{|x|^{n+1}}{(n+1)!} \to 0(n \to \infty).$$

因此得展开式

$$\sin x = x - \frac{x^3}{3!} + \frac{x^5}{5!} - \cdots + (-1)^n \frac{x^{2n+1}}{(2n+1)!} + \cdots (-\infty < x < +\infty).$$

(2) 间接展开法

利用直接方法将函数展开成幂级数，其困难不仅在于计算其各阶导数，而且要考察余项 $R_n(x)$ 是否趋于零$(n \to \infty$ 时)，但即使对初等函数判断 $R_n(x)$ 是否趋于零也不是一件容易的事情. 下面我们介绍另一种展开方法 —— **间接展开法**，即借助一些已知函数的幂级数展开式，利用幂级数在其收敛区间内的运算(如四则运算、逐项求导、逐项积分)以及变量代换等，将所给函数展开成幂级数. 这样做不但计算简单，而且可以避免研究余项. 由于函数展开的唯一性，这样得到的结果与直接方法所得的结果是一致的.

**例 8-37** 将函数 $f(x)=\cos x$ 展开成 $x$ 的幂级数.

**解** 根据已知展开式

$$\sin x = x - \frac{1}{3!}x^3 + \frac{1}{5!}x^5 - \frac{1}{7!}x^7 + \cdots,$$

对上式两边求导就得

$$\cos x = 1 - \frac{1}{2!}x^2 + \frac{1}{4!}x^4 - \frac{1}{6!}x^6 + \cdots(-\infty < x < +\infty).$$

**例 8-38**　将函数 $f(x) = \dfrac{1}{1+x^2}$ 展开成 $x$ 的幂级数.

**解**　根据已知展开式

$$\frac{1}{1-x} = 1 + x + x^2 + \cdots + x^n + \cdots = \sum_{n=0}^{\infty} x^n, (-1 < x < 1),$$

将上式中的 $x$ 换成 $(-x^2)$ 得

$$\frac{1}{1+x^2} = 1 - x^2 + x^4 + \cdots + (-1)^n x^{2n} + \cdots = \sum_{n=0}^{\infty} (-1)^n x^{2n}, (-1 < x < 1).$$

**例 8-39**　将函数 $f(x) = \ln(1+x)$ 展开成 $x$ 的幂级数.

**解**　因为 $f'(x) = \dfrac{1}{1+x}$，又由

$$\frac{1}{1-x} = \sum_{n=0}^{\infty} x^n, (-1 < x < 1),$$

可得

$$\frac{1}{1+x} = \sum_{n=0}^{\infty} (-1)^n x^n, (-1 < x < 1),$$

即

$$f'(x) = \frac{1}{1+x} = 1 - x + x^2 - x^3 + \cdots + (-1)^n x^n + \cdots, (-1 < x < 1),$$

将上式两边从 0 到 $x$ 逐项积分,得

$$\int_0^x \frac{1}{1+t} dt = \int_0^x \sum_{n=0}^{\infty} (-1)^n t^n dt = \sum_{n=0}^{\infty} \int_0^x (-1)^n t^n dt,$$

即

$$\ln(1+x) - \ln(1+0) = \sum_{n=0}^{\infty} \frac{(-1)^n x^{n+1}}{n+1},$$

所以

$$\ln(1+x) = \sum_{n=0}^{\infty} (-1)^n \frac{x^{n+1}}{n+1} = \sum_{n=1}^{\infty} (-1)^{n-1} \frac{x^n}{n}, (-1 < x < 1),$$

上式对 $x = 1$ 也成立,故收敛域为 $x \in (-1, 1]$,从而有

$$\ln(1+x) = x - \frac{x^2}{2} + \frac{x^3}{3} - \cdots + (-1)^{n-1} \frac{x^n}{n} + \cdots, -1 < x \leqslant 1.$$

**例 8-40**　将函数 $f(x) = \arctan x$ 展开成 $x$ 的幂级数.

**解**　因为 $f'(x) = (\arctan x)' = \dfrac{1}{1+x^2}$,又由例 8-38 可知

$$\frac{1}{1+x^2} = 1 - x^2 + x^4 - \cdots + (-1)^n x^{2n} + \cdots = \sum_{n=0}^{\infty} (-1)^n x^{2n}, -1 < x < 1.$$

将上式两边从 0 到 $x$ 逐项积分,得

$$\arctan x = x - \frac{x^3}{3} + \frac{x^5}{5} - \cdots + (-1)^n \frac{x^{2n+1}}{2n+1} + \cdots, \quad -1 < x < 1.$$

上式右端的幂级数 $\sum\limits_{n=0}^{\infty} (-1)^n \frac{x^{2n+1}}{2n+1}$ 在 $x = \pm 1$ 处成为 $\pm \sum\limits_{n=0}^{\infty} \frac{(-1)^n}{2n+1}$,它们都是收敛的,且 $\arctan x$ 在 $x = \pm 1$ 处有定义且连续,因此

$$\arctan x = x - \frac{x^3}{3} + \frac{x^5}{5} - \cdots + (-1)^n \frac{x^{2n+1}}{2n+1} + \cdots, \quad -1 \leqslant x \leqslant 1.$$

幂级数常用的展开式:

$$\mathrm{e}^x = \sum_{n=0}^{\infty} \frac{x^n}{n!}, \quad x \in (-\infty, +\infty);$$

$$\sin x = \sum_{n=0}^{\infty} (-1)^n \frac{x^{2n+1}}{(2n+1)!}, \quad x \in (-\infty, +\infty);$$

$$\cos x = \sum_{n=0}^{\infty} (-1)^n \frac{x^{2n}}{(2n)!}, \quad x \in (-\infty, +\infty);$$

$$\ln(1+x) = \sum_{n=0}^{\infty} (-1)^n \frac{x^{n+1}}{n+1}, \quad x \in (-1, 1];$$

$$\frac{1}{1-x} = \sum_{n=0}^{\infty} x^n, \quad x \in (-1, 1);$$

$$\frac{1}{1+x} = \sum_{n=0}^{\infty} (-1)^n x^n, \quad x \in (-1, 1);$$

$$\frac{1}{1+x^2} = \sum_{n=0}^{\infty} (-1)^n x^{2n}, \quad x \in (-1, 1).$$

上面这些函数的幂级数展开式,以后可以直接引用.

如果要将函数展开成 $x - x_0$ 的幂级数,可以先作代换 $t = x - x_0$,即 $x = x_0 + t$,然后将函数展开成 $t$ 的幂级数,也就是 $x - x_0$ 的幂级数.

**例 8-41** 将 $f(x) = \dfrac{1}{5-x}$ 展开成 $x - 2$ 的幂级数.

**解** 令 $x - 2 = t$,即 $x = 2 + t$,于是

$$\frac{1}{5-x} = \frac{1}{5-(2+t)} = \frac{1}{3-t} = \frac{1}{3} \cdot \frac{1}{1-\dfrac{t}{3}}$$

$$= \frac{1}{3} \sum_{n=0}^{\infty} \left(\frac{t}{3}\right)^n = \frac{1}{3} \sum_{n=0}^{\infty} \left(\frac{x-2}{3}\right)^n = \sum_{n=0}^{\infty} \frac{1}{3^{n+1}} (x-2)^n.$$

由 $-1 < \dfrac{t}{3} < 1$,得 $-1 < \dfrac{x-2}{3} < 1$,即 $-1 < x < 5$,所以收敛域为 $(-1, 5)$.

**例 8-42** 将函数 $f(x) = \sin x$ 展开成 $x - \dfrac{\pi}{4}$ 的幂级数.

**解** 令 $x - \dfrac{\pi}{4} = t$，即 $x = t + \dfrac{\pi}{4}$，于是

$$\sin x = \sin\left(t + \dfrac{\pi}{4}\right) = \dfrac{\sqrt{2}}{2}(\cos t + \sin t),$$

并且有

$$\cos t = 1 - \dfrac{1}{2!}t^2 + \dfrac{1}{4!}t^4 - \cdots \quad (-\infty < t < +\infty),$$

$$\sin t = t - \dfrac{1}{3!}t^3 + \dfrac{1}{5!}t^5 - \cdots \quad (-\infty < t < +\infty),$$

所以

$$\sin x = \dfrac{\sqrt{2}}{2}\left(1 + t - \dfrac{1}{2!}t^2 - \dfrac{1}{3!}t^3 + \cdots\right) \quad (-\infty < t < +\infty).$$

$$= \dfrac{\sqrt{2}}{2}\left[1 + \left(x - \dfrac{\pi}{4}\right) - \dfrac{1}{2!}\left(x - \dfrac{\pi}{4}\right)^2\right.$$

$$\left. - \dfrac{1}{3!}\left(x - \dfrac{\pi}{4}\right)^3 + \cdots\right] \quad (-\infty < x < +\infty),$$

即

$$\sin x = \dfrac{\sqrt{2}}{2}\left[1 + \left(x - \dfrac{\pi}{4}\right) - \dfrac{1}{2!}\left(x - \dfrac{\pi}{4}\right)^2 - \dfrac{1}{3!}\left(x - \dfrac{\pi}{4}\right)^3 + \cdots\right]$$

$$(-\infty < x < +\infty).$$

**例 8-43** 将函数 $f(x) = \dfrac{1}{x^2 + 4x + 3}$ 展开成 $x - 1$ 的幂级数.

**解** 令 $x - 1 = t$，即 $x = 1 + t$，于是

$$f(x) = \dfrac{1}{x^2 + 4x + 3} = \dfrac{1}{(t+1)^2 + 4(t+1) + 3} = \dfrac{1}{(t+2)(t+4)}$$

$$= \dfrac{1}{2(t+2)} - \dfrac{1}{2(t+4)} = \dfrac{1}{4\left(1 + \dfrac{t}{2}\right)} - \dfrac{1}{8\left(1 + \dfrac{t}{4}\right)}$$

$$= \dfrac{1}{4}\sum_{n=0}^{\infty}(-1)^n\left(\dfrac{t}{2}\right)^n - \dfrac{1}{8}\sum_{n=0}^{\infty}(-1)^n(\dfrac{t}{4})^n$$

$$= \dfrac{1}{4}\sum_{n=0}^{\infty}(-1)^n\dfrac{(x-1)^n}{2^n} - \dfrac{1}{8}\sum_{n=0}^{\infty}(-1)^n\dfrac{(x-1)^n}{4^n}$$

$$= \sum_{n=0}^{\infty}(-1)^n\left(\dfrac{1}{2^{n+2}} - \dfrac{1}{2^{2n+3}}\right)(x-1)^n.$$

由 $-1 < \dfrac{t}{2} < 1$ 和 $-1 < \dfrac{t}{4} < 1$，即由 $-1 < \dfrac{x-1}{2} < 1$ 和 $-1 < \dfrac{x-1}{4} < 1$ 得 $-1 < x < 3$. 所以收敛域为 $(-1, 3)$.

## 五、函数的幂级数展开式在近似计算中的应用

有了函数的幂级数展开式,就可以用它来进行近似计算,并能估计误差,这个方法被广泛应用于科学与工程计算中.

**例 8-44**　计算 $\sqrt{e}$ 的近似值,使其误差不超过 $10^{-3}$.

**解**　$e^x$ 的幂级数展开式为

$$e^x = 1 + x + \frac{1}{2!}x^2 + \cdots + \frac{1}{n!}x^n + \cdots \quad (-\infty < x < +\infty),$$

令 $x = \frac{1}{2}$,得

$$\sqrt{e} = e^{\frac{1}{2}} = 1 + \frac{1}{2} + \frac{1}{2!}\left(\frac{1}{2}\right)^2 + \frac{1}{3!}\left(\frac{1}{2}\right)^3 + \frac{1}{4!}\left(\frac{1}{2}\right)^4 + \cdots + \frac{1}{n!}\left(\frac{1}{2}\right)^n + \cdots.$$

取前 5 项作为 $\sqrt{e}$ 的近似值,

$$\sqrt{e} \approx 1 + \frac{1}{2} + \frac{1}{8} + \frac{1}{48} + \frac{1}{3844} \approx 1.648,$$

其误差

$$|R_4| = \frac{1}{5!}\left(\frac{1}{2}\right)^5 + \frac{1}{6!}\left(\frac{1}{2}\right)^6 + \frac{1}{7!}\left(\frac{1}{2}\right)^7 + \cdots$$

$$< \frac{1}{5!}\left(\frac{1}{2}\right)^5 \left[1 + \frac{1}{6}\left(\frac{1}{2}\right) + \frac{1}{6 \times 6}\left(\frac{1}{2}\right)^2 + \cdots\right]$$

$$= \frac{1}{5!}\left(\frac{1}{2}\right)^5 \times \frac{1}{1 - \frac{1}{12}} = \frac{1}{3520} < \frac{1}{1000} = 10^{-3}.$$

**例 8-45**　利用 $\sin x \approx x - \frac{x^3}{3!}$,求 $\sin 9°$ 的近似值,并估计误差.

**解**　先把角度化为弧度,得

$$9° = \frac{\pi}{180} \times 9 = \frac{\pi}{20},$$

从而

$$\sin 9° = \sin\frac{\pi}{20} \approx \frac{\pi}{20} - \frac{1}{3!}\left(\frac{\pi}{20}\right)^3.$$

又 $\sin x$ 的幂级数展开式为

$$\sin x = x - \frac{x^3}{3!} + \frac{x^5}{5!} - \cdots + (-1)^{n-1}\frac{x^{2n-1}}{(2n-1)!} + \cdots,$$

在上式中令 $x = \frac{\pi}{20}$,得

$$\sin\frac{\pi}{20} = \frac{\pi}{20} - \frac{1}{3!}\left(\frac{\pi}{20}\right)^3 + \frac{1}{5!}\left(\frac{\pi}{20}\right)^5 - \frac{1}{7!}\left(\frac{\pi}{20}\right)^7 + \cdots,$$

等式的右端是一个收敛的交错级数,且各项的绝对值单调减少,取它的前 2 项之

和作为 $\sin\frac{\pi}{20}$ 的近似值,其误差为

$$|R_2| < \frac{1}{5!}\left(\frac{\pi}{20}\right)^5 < \frac{1}{120}\times(0.2)^5 < \frac{1}{3}\times 10^{-5} < 10^{-5},$$

因此取

$$\frac{\pi}{20} \approx 0.157079, \frac{1}{3!}\left(\frac{\pi}{20}\right)^3 \approx 0.000646,$$

于是得

$$\sin 9° \approx 0.157079 - 0.000646 \approx 0.156433,$$

这时,误差不超过 $10^{-5}$.

# 第四节　　傅里叶级数

正弦函数是一种常见而简单的周期函数,例如描述简谐振动的函数
$$y = A\sin(\omega t + \varphi)$$

就是一个以 $\frac{2\pi}{\omega}$ 为周期的函数.其中 $y$ 表示动点的位置,$t$ 表示时间,$A$ 为振幅,$\omega$ 为

角频率,$\varphi$ 为初相.

但在实际问题中,除了正弦函数外,还会遇到非正弦的周期函数,它们反映
了较复杂的周期运动,我们也想将这些周期函数展开成由简单的周期函数(例如
三角函数)组成的级数.具体地说,将周期为 $T\left(=\frac{2\pi}{\omega}\right)$ 的周期函数用一系列以 $T$

为周期的正弦函数 $A_n\sin(n\omega t + \varphi_n)$ 组成的级数来表示,记为

$$f(t) = A_0 + \sum_{n=1}^{\infty} A_n\sin(n\omega t + \varphi_n),$$

其中 $A_0, A_n, \varphi_n (n=1,2,3,\cdots)$ 都是常数.

将周期函数按上述方式展开,它的物理意义就是把一个比较复杂的周期运
动看成是许多不同频率的简谐振动的叠加.在电工学上,这种展开称为谐波分析,
其中常数项 $A_0$ 称为 $f(t)$ 的直流分量;$A_1\sin(\omega t + \varphi_1)$ 称为一次谐波(又叫作基
波),而 $A_2\sin(2\omega t + \varphi_2), A_3\sin(3\omega t + \varphi_3), \cdots$ 依次称为二次谐波,三次谐波,等等.

为了方便讨论,我们将正弦函数 $A_n\sin(n\omega t + \varphi_n)$ 按三角公式变形,得

$$A_n\sin(n\omega t + \varphi_n) = A_n\sin\varphi_n\cos n\omega t + A_n\cos\varphi_n\sin n\omega t,$$

令 $\dfrac{a_0}{2}=A_0,a_n=A_n\sin\varphi_n,b_n=A_n\cos\varphi_n,\omega t=x$,则上式等号右端的级数就可以改写成

$$\frac{a_0}{2}+\sum_{n=1}^{\infty}(a_n\cos nx+b_n\sin nx),\qquad(8\text{-}8)$$

我们将形如式(8-8)的级数称为**三角级数**,其中常数 $a_0,a_n,b_n,(n=1,2,3,\cdots)$ 称为三角级数的系数.

## 一、三角函数系的正交性

如同讨论幂级数时一样,我们必须讨论三角级数(8-8)的收敛性问题,以及给定周期为 $2\pi$ 的周期函数如何把它展开成三角级数(8-8)的.为此,我们首先介绍三角函数系及它的正交性.

如果在区间 $[a,b]$ 上定义的两函数 $f(x)$ 与 $g(x)$ 满足

$$\int_a^b f(x)g(x)\mathrm{d}x=0,$$

则称两函数 $f(x)$ 与 $g(x)$ 在区间 $[a,b]$ 上**正交**.

**不难证明,三角函数系**

$$1,\cos x,\sin x,\cos 2x,\sin 2x,\cdots,\cos nx,\sin nx,\cdots\qquad(8\text{-}9)$$

中任意两个不同的函数的乘积在区间 $[-\pi,\pi]$ 上是正交的,即

$$\int_{-\pi}^{\pi}\cos nx\,\mathrm{d}x=0\quad(n=1,2,3,\cdots),$$

$$\int_{-\pi}^{\pi}\sin nx\,\mathrm{d}x=0\quad(n=1,2,3,\cdots),$$

$$\int_{-\pi}^{\pi}\sin kx\cos nx\,\mathrm{d}x=0\quad(k,n=1,2,3,\cdots),$$

$$\int_{-\pi}^{\pi}\cos kx\cos nx\,\mathrm{d}x=0\quad(k,n=1,2,3,\cdots,k\neq n),$$

$$\int_{-\pi}^{\pi}\sin kx\sin nx\,\mathrm{d}x=0\quad(k,n=1,2,3,\cdots,k\neq n).$$

现选择第四式用计算定积分来验证,由积化和差公式

$$\cos kx\cos nx=\frac{1}{2}[\cos(k+n)x+\cos(k-n)x],$$

当 $k\neq n$ 时有

$$\int_{-\pi}^{\pi}\cos kx\cos nx\,\mathrm{d}x=\frac{1}{2}\int_{-\pi}^{\pi}[\cos(k+n)x+\cos(k-n)x]\mathrm{d}x$$

$$=\frac{1}{2}\left[\frac{\sin(k+n)x}{k+n}+\frac{\sin(k-n)x}{k-n}\right]\Bigg|_{-\pi}^{\pi}$$

$$=0 \quad (k,n=1,2,3,\cdots,k \neq n).$$

但是在三角函数系中两个相同的函数的乘积在 $[-\pi,\pi]$ 上的积分不等于 0，且有

$$\int_{-\pi}^{\pi} 1^2 \, \mathrm{d}x = 2\pi,$$

$$\int_{-\pi}^{\pi} \cos^2 nx \, \mathrm{d}x = \pi \quad (n=1,2,3,\cdots),$$

$$\int_{-\pi}^{\pi} \sin^2 nx \, \mathrm{d}x = \pi \quad (n=1,2,3,\cdots).$$

我们现在证明第三式：

$$\int_{-\pi}^{\pi} \sin^2 nx \, \mathrm{d}x = \int_{-\pi}^{\pi} \frac{1-\cos 2nx}{2} \mathrm{d}x = \left(\frac{x}{2} - \frac{\sin 2nx}{4n}\right) \Big|_{-\pi}^{\pi} = \pi.$$

## 二、周期函数展开成傅里叶级数

### 1. 傅里叶系数的推导

设 $f(x)$ 是周期为 $2\pi$ 的周期函数，先假设 $f(x)$ 能展开成三角级数

$$f(x) = \frac{a_0}{2} + \sum_{k=1}^{\infty} (a_k \cos kx + b_k \sin kx), \quad (8\text{-}10)$$

并假设级数(8-10)能逐项积分。接下来我们要解决两个问题：首先是求出系数 $a_0, a_n, b_n, (n=1,2,3,\cdots)$，然后考察所得到的三角级数的收敛性。

先求 $a_0$，对式(8-10)从 $-\pi$ 到 $\pi$ 逐项积分得：

$$\int_{-\pi}^{\pi} f(x) \mathrm{d}x = \int_{-\pi}^{\pi} \frac{a_0}{2} \mathrm{d}x + \sum_{k=1}^{\infty} \left[ a_k \int_{-\pi}^{\pi} \cos kx \, \mathrm{d}x + b_k \int_{-\pi}^{\pi} \sin kx \, \mathrm{d}x \right],$$

根据三角函数系的正交性，等式右端除第一项外，其余各项均为零，则：

$$\int_{-\pi}^{\pi} f(x) \mathrm{d}x = \frac{a_0}{2} \times 2\pi,$$

从而得出

$$a_0 = \frac{1}{\pi} \int_{-\pi}^{\pi} f(x) \mathrm{d}x.$$

其次求 $a_n$，用 $\cos nx$ 乘以式(8-10)两端，再从 $-\pi$ 到 $\pi$ 逐项积分，可得

$$\int_{-\pi}^{\pi} f(x) \cos nx \, \mathrm{d}x = \frac{a_0}{2} \int_{-\pi}^{\pi} \cos nx \, \mathrm{d}x$$

$$+ \sum_{k=1}^{\infty} \left[ a_k \int_{-\pi}^{\pi} \cos kx \cos nx \, \mathrm{d}x + b_k \int_{-\pi}^{\pi} \sin kx \cos nx \, \mathrm{d}x \right],$$

根据三角函数系的正交性，上式右端除 $k=n$ 的项外，其余各项均为零，所以

$$\int_{-\pi}^{\pi} f(x)\cos nx\,\mathrm{d}x = a_n \int_{-\pi}^{\pi} \cos^2 nx\,\mathrm{d}x = a_n \int_{-\pi}^{\pi} \frac{1+\cos 2nx}{2}\,\mathrm{d}x = a_n \pi,$$

则

$$a_n = \frac{1}{\pi}\int_{-\pi}^{\pi} f(x)\cos nx\,\mathrm{d}x \quad (n=1,2,3,\cdots).$$

类似地,用 $\sin nx$ 乘以式(8-10)两端,再从 $-\pi$ 到 $\pi$ 逐项积分,可得

$$\int_{-\pi}^{\pi} f(x)\sin nx\,\mathrm{d}x = \frac{a_0}{2}\int_{-\pi}^{\pi} \sin nx\,\mathrm{d}x$$
$$+ \sum_{k=1}^{\infty}\left[ a_k\int_{-\pi}^{\pi} \sin nx\cos kx\,\mathrm{d}x + b_k\int_{-\pi}^{\pi}\sin nx\sin kx\,\mathrm{d}x \right]$$

根据三角函数系的正交性,上式右端除 $k=n$ 的项外,其余各项均为零,所以

$$\int_{-\pi}^{\pi} f(x)\sin nx\,\mathrm{d}x = b_n \int_{-\pi}^{\pi}\sin^2 nx\,\mathrm{d}x = b_n\int_{-\pi}^{\pi}\frac{1-\cos 2nx}{2}\mathrm{d}x = b_n\pi$$

则

$$b_n = \frac{1}{\pi}\int_{-\pi}^{\pi} f(x)\sin nx\,\mathrm{d}x \quad (n=1,2,3,\cdots)$$

由于当 $n=0$ 时,$a_n$ 的表达式正好给出 $a_0$,因此,已得结果可以合并成

$$\left.\begin{array}{l} a_n = \dfrac{1}{\pi}\displaystyle\int_{-\pi}^{\pi} f(x)\cos nx\,\mathrm{d}x \quad (n=0,1,2,\cdots), \\[3mm] b_n = \dfrac{1}{\pi}\displaystyle\int_{-\pi}^{\pi} f(x)\sin nx\,\mathrm{d}x \quad (n=1,2,3,\cdots). \end{array}\right\} \tag{8-11}$$

如果公式(8-11)中的积分存在,这时它们确定的系数 $a_0, a_n, b_n, (n=1,2,3,\cdots)$ 称为函数 $f(x)$ 的**傅里叶系数**,将这些系数代入级数式(8-10)的右端,所得的三角级数

$$\frac{a_0}{2} + \sum_{n=1}^{\infty} (a_n\cos nx + b_n\sin nx)$$

称为函数 $f(x)$ 的**傅里叶级数**.

### 2. 傅里叶级数收敛的条件

由上述可知,对于一个以 $2\pi$ 为周期的周期函数 $f(x)$,如果它在一个周期上可积,则一定可以作出 $f(x)$ 的傅里叶级数.然而,我们还不知道 $f(x)$ 的傅里叶级数是否收敛;而且即使它收敛,其和函数也不知是不是 $f(x)$.我们自然要问,函数 $f(x)$ 要满足什么条件时,它的傅里叶级数收敛且收敛于 $f(x)$? 或者说 $f(x)$ 什么情况下可以展开成傅里叶级数? 为回答这一问题,我们不加证明地给出下面的定理.

**定理 1**(收敛定理,狄利克雷(Dirichlet)充分条件)　设 $f(x)$ 是周期为 $2\pi$ 的周期函数,且在 $[-\pi,\pi]$ 上满足:

（1）在一个周期内连续或只有有限个第一类间断点；

（2）在一个周期内至多只有有限个极值点.

则函数 $f(x)$ 的傅里叶级数收敛,且

当 $x$ 是 $f(x)$ 的连续点时,级数收敛于 $f(x)$；

当 $x$ 是 $f(x)$ 的间断点时,级数收敛于 $\frac{1}{2}[f(x^-)+f(x^+)]$.

收敛定理说明：只要函数 $f(x)$ 在 $[-\pi,\pi]$ 上至多有有限个第一类间断点,且不做无限次振动,那么,函数 $f(x)$ 的傅里叶级数除了这有限个间断点外均收敛于 $f(x)$ 本身.而一般的初等函数与分段函数都能满足定理中所要求的条件,这就保证了傅里叶级数的广泛应用.另外,我们由收敛定理可知,$f(x)$ 存在傅里叶级数的条件比存在泰勒级数的条件要低得多,前者只要 $f(x)$ 可积,而后者则要求 $f(x)$ 具有任意阶导数.

**例 8-46**　设函数 $f(x)$ 是周期为 $2\pi$ 的周期函数,它在 $(-\pi,\pi]$ 上的表达式为

$$f(x)=\begin{cases}-1, & -\pi<x\leqslant 0,\\ 1+x^2, & 0<x\leqslant \pi.\end{cases}$$

则 $f(x)$ 的傅里叶级数在点 $x=\pi$ 处收敛于何值？

**解**　所给函数满足收敛定理的条件,$x=\pi$ 是它的间断点.故 $f(x)$ 的傅里叶级数在点 $x=\pi$ 处收敛于

$$\frac{1}{2}[f(\pi^-)+f(\pi^+)]=\frac{1}{2}(1+\pi^2-1)=\frac{1}{2}\pi^2.$$

**例 8-47**　设 $f(x)$ 是周期为 $2\pi$ 的周期函数,它在 $[-\pi,\pi)$ 上的表达式为

$$f(x)=\begin{cases}-1, & -\pi\leqslant x<0,\\ 1, & 0\leqslant x<\pi.\end{cases}$$

将 $f(x)$ 展开成傅里叶级数.

**解**　所给函数满足收敛定理的条件,它在点 $x=k\pi(k=0,\pm 1,\pm 2,\cdots)$ 处不连续,在其他点处连续,从而由收敛定理可知 $f(x)$ 的傅里叶级数收敛,且当 $x=k\pi$ 时级数收敛于

$$\frac{1}{2}[f(\pi^-)+f(\pi^+)]=\frac{-1+1}{2}=\frac{1+(-1)}{2}=0,$$

在连续点 $x(x\neq k\pi)$ 处级数收敛于 $f(x)$.下面计算傅里叶系数,注意到 $f(x)$（除 $x=0$）为奇函数.

$$a_0=\frac{1}{\pi}\int_{-\pi}^{\pi}f(x)\mathrm{d}x=0,$$

$$a_n=\frac{1}{\pi}\int_{-\pi}^{\pi}f(x)\cos nx\,\mathrm{d}x$$

$$= \frac{1}{\pi} \int_{-\pi}^{0} (-1)\cos nx\, dx + \frac{1}{\pi} \int_{0}^{\pi} \cos nx\, dx$$

$$= 0 \quad (n=0,1,2,3,\cdots);$$

$$b_n = \frac{1}{\pi} \int_{-\pi}^{\pi} f(x)\sin nx\, dx$$

$$= \frac{1}{\pi} \int_{-\pi}^{0} (-1)\sin nx\, dx + \frac{1}{\pi} \int_{0}^{\pi} \sin nx\, dx$$

$$= \frac{1}{\pi} \left( \frac{\cos nx}{n} \right)_{-\pi}^{0} + \frac{1}{\pi} \left( -\frac{\cos nx}{n} \right)_{0}^{\pi}$$

$$= \frac{1}{n\pi} [1 - \cos n\pi - \cos n\pi + 1]$$

$$= \frac{2}{n\pi} [1 - (-1)^n]$$

$$= \begin{cases} \dfrac{4}{n\pi}, & n=1,3,5,\cdots, \\ 0, & n=2,4,6,\cdots. \end{cases}$$

将求得的傅里叶系数代入式(8-10)中,得出 $f(x)$ 的傅里叶级数展开式为:

$$f(x) = \frac{4}{\pi} \left[ \sin x + \frac{1}{3}\sin 3x + \cdots + \frac{1}{2k-1}\sin(2k-1)x + \cdots \right]$$

$$= \frac{4}{\pi} \sum_{k=1}^{\infty} \frac{1}{2k-1}\sin(2k-1)x \quad (-\infty < x < +\infty; x \neq 0, \pm\pi, \pm 2\pi, \cdots).$$

因为当 $x = \dfrac{\pi}{2}$ 时,$f\left(\dfrac{\pi}{2}\right) = 1$,而 $f\left(\dfrac{\pi}{2}\right) = \dfrac{4}{\pi} \sum\limits_{k=1}^{\infty} \dfrac{1}{2k-1}\sin\left[(2k-1)\dfrac{\pi}{2}\right]$,所以

$$1 - \frac{1}{3} + \frac{1}{5} - \frac{1}{7} + \cdots = \frac{\pi}{4} \tag{8-12}$$

**例 8-48** 设 $f(x)$ 是周期为 $2\pi$ 的周期函数,它在$[-\pi,\pi)$上的表达式为

$$f(x) = \begin{cases} x, & -\pi \leqslant x < 0, \\ 0, & 0 \leqslant x < \pi. \end{cases}$$

将 $f(x)$ 展开成傅里叶级数.

**解** 所给函数满足收敛定理的条件,它在点 $x = (2k+1)\pi (k = 0, \pm 1, \pm 2, \cdots)$ 处不连续,在其他点处连续,从而由收敛定理可知 $f(x)$ 的傅里叶级数收敛,且当 $x = (2k+1)\pi$ 时级数收敛于

$$\frac{1}{2}[f(\pi^-) + f(\pi^+)] = \frac{0-\pi}{2} = -\frac{\pi}{2},$$

在连续点 $x(x \neq (2k+1)\pi)$ 处级数收敛于 $f(x)$.下面计算傅里叶系数.

$$a_0 = \frac{1}{\pi} \int_{-\pi}^{\pi} f(x)\, dx = \frac{1}{\pi} \left( \int_{-\pi}^{0} x\, dx + \int_{0}^{\pi} 0\, dx \right)$$

$$= \frac{1}{\pi}\left(\frac{x^2}{2}\right)\bigg|_{-\pi}^{0} = -\frac{\pi}{2};$$

$$a_n = \frac{1}{\pi}\int_{-\pi}^{\pi} f(x)\cos nx\, dx$$

$$= \frac{1}{\pi}\int_{-\pi}^{0} x\cos nx\, dx + \frac{1}{\pi}\int_{0}^{\pi} 0 \cdot \cos nx\, dx$$

$$= \frac{1}{\pi}\int_{-\pi}^{0} x\cos nx\, dx$$

$$= \frac{1}{\pi}\left(\frac{x\sin nx}{n} + \frac{\cos nx}{n^2}\right)\bigg|_{-\pi}^{0} = \frac{1}{n^2\pi}(1-\cos n\pi)$$

$$= \begin{cases} \dfrac{2}{n^2\pi}, & n=1,3,5,\cdots, \\ 0, & n=2,4,6,\cdots; \end{cases}$$

$$b_n = \frac{1}{\pi}\int_{-\pi}^{\pi} f(x)\sin nx\, dx$$

$$= \frac{1}{\pi}\int_{-\pi}^{0} x\sin nx\, dx + \frac{1}{\pi}\int_{0}^{\pi} 0 \cdot \sin nx\, dx$$

$$= \frac{1}{\pi}\left(-\frac{x\cos nx}{n} + \frac{\sin nx}{n^2}\right)\bigg|_{-\pi}^{0}$$

$$= \frac{\cos n\pi}{n} = \frac{(-1)^{n+1}}{n} \quad (n=1,2,3,\cdots).$$

将求得的傅里叶系数代入式(8-10)中,得出 $f(x)$ 的傅里叶级数展开式为:

$$f(x) = -\frac{\pi}{4} + \left(\frac{2}{\pi}\cos x + \sin x\right) - \frac{1}{2}\sin 2x$$

$$+ \left(\frac{2}{3^2\pi}\cos 3x + \frac{1}{3}\sin 3x\right) - \frac{1}{4}\sin 4x + \left(\frac{2}{5^2\pi}\cos 5x + \frac{1}{5}\sin 5x\right) - \cdots$$

$$= -\frac{\pi}{4} + \frac{2}{\pi}\sum_{k=1}^{\infty} \frac{1}{(2k-1)^2}\cos(2k-1)x + \sum_{n=1}^{\infty} \frac{(-1)^{n-1}}{n}\sin nx$$

$$(-\infty < x < +\infty; x \neq \pm\pi, \pm 3\pi, \cdots).$$

如果函数 $f(x)$ 只在 $[-\pi,\pi]$ 上有定义,并且满足收敛定理的条件,那么 $f(x)$ 也可以展开成傅里叶级数,其方法如下:先在 $[-\pi,\pi)$ 或 $(-\pi,\pi]$ 外补充函数 $f(x)$ 的定义,使它拓广成周期为 $2\pi$ 的周期函数 $F(x)$,这种拓广函数的定义域的过程称为**周期延拓**.再将 $F(x)$ 展开成傅里叶级数,由于在 $(-\pi,\pi)$ 内 $F(x)$ 恒等于 $f(x)$,这样便得到 $f(x)$ 的傅里叶级数展开式.根据收敛定理,该级数在区间端点 $x = \pm\pi$ 处收敛于 $\frac{1}{2}\left[f(\pi^-) + f(\pi^+)\right]$.

**例 8-49**　把函数

$$f(x) = \begin{cases} -x, & -\pi \leqslant x \leqslant 0, \\ x, & 0 < x \leqslant \pi. \end{cases}$$

展开成傅里叶级数.

**解**　所给函数在区间 $[-\pi,\pi]$ 上满足收敛定理的条件,并且在拓广为 $2\pi$ 为周期的周期函数时,它在每一点处都连续,因此拓广的周期函数的傅里叶级数在 $[-\pi,\pi]$ 上收敛于 $f(x)$.下面计算傅里叶系数.

由于 $f(x)$ 为偶函数,故有

$$a_0 = \frac{1}{\pi} \int_{-\pi}^{\pi} f(x)\,\mathrm{d}x = \frac{2}{\pi} \int_0^{\pi} f(x)\,\mathrm{d}x = \frac{2}{\pi} \int_0^{\pi} x\,\mathrm{d}x$$

$$= \frac{2}{\pi} \left( \frac{x^2}{2} \right) \Big|_0^{\pi} = \pi;$$

$$a_n = \frac{1}{\pi} \int_{-\pi}^{\pi} f(x)\cos nx\,\mathrm{d}x = \frac{2}{\pi} \int_0^{\pi} f(x)\cos nx\,\mathrm{d}x$$

$$= \frac{2}{\pi} \int_0^{\pi} x\cos nx\,\mathrm{d}x = \frac{2}{\pi} \left( \frac{x\sin nx}{n} + \frac{\cos nx}{n^2} \right) \Big|_0^{\pi}$$

$$= \frac{2}{n^2\pi} (\cos n\pi - 1)$$

$$= \begin{cases} \dfrac{4}{n^2\pi}, & n=1,3,5,\cdots, \\ 0, & n=2,4,6,\cdots; \end{cases}$$

$$b_n = \frac{1}{\pi} \int_{-\pi}^{\pi} f(x)\sin nx\,\mathrm{d}x = 0 \qquad (n=1,2,3,\cdots).$$

上式等于零是因为被积函数为奇函数.

所以,$f(x)$ 的傅里叶级数展开式为

$$f(x) = \frac{\pi}{2} - \frac{4}{\pi} \left[ \cos x + \frac{1}{3^2}\cos 3x + \cdots + \frac{1}{(2k-1)^2}\cos(2k-1)x + \cdots \right],$$

即

$$f(x) = \frac{\pi}{2} - \frac{4}{\pi} \sum_{n=1}^{\infty} \frac{1}{(2n-1)^2}\cos(2n-1)x, \quad (-\pi \leqslant x \leqslant \pi).$$

当 $x=0$ 时,$f(0)=0$,而由 $0 = \dfrac{\pi}{2} - \dfrac{4}{\pi}\left(1 + \dfrac{1}{3^2} + \dfrac{1}{5^2} + \cdots\right)$ 可知,

$$1 + \frac{1}{3^2} + \frac{1}{5^2} + \frac{1}{7^2} + \cdots + \frac{1}{(2n-1)^2} + \cdots = \frac{\pi^2}{8}, \tag{8-13}$$

而级数

$$\frac{1}{2^2} + \frac{1}{4^2} + \frac{1}{6^2} + \cdots + \frac{1}{(2n)^2} + \cdots$$

收敛，设它的值为 $m$，每项提出 $\frac{1}{4}$ 所得级数仍然收敛，即

$$\frac{1}{2^2}+\frac{1}{4^2}+\frac{1}{6^2}+\cdots+\frac{1}{(2n)^2}+\cdots=\frac{1}{4}\left(1+\frac{1}{2^2}+\frac{1}{3^2}+\frac{1}{4^2}+\cdots\right)$$

$$=\frac{1}{4}\left[\left(1+\frac{1}{3^2}+\frac{1}{5^2}+\cdots\right)+\left(\frac{1}{2^2}+\frac{1}{4^2}+\frac{1}{6^2}+\cdots\right)\right],$$

即有

$$m=\frac{1}{4}\left(\frac{\pi^2}{8}+m\right),$$

解得

$$m=\frac{\pi^2}{24},$$

即

$$\frac{1}{2^2}+\frac{1}{4^2}+\frac{1}{6^2}+\cdots+\frac{1}{(2n)^2}+\cdots=\frac{\pi^2}{24}, \tag{8-14}$$

所以可知级数公式

$$1+\frac{1}{2^2}+\frac{1}{3^2}+\frac{1}{4^2}+\cdots=\left[1+\frac{1}{3^2}+\frac{1}{5^2}+\frac{1}{7^2}+\cdots\right]+\left[\frac{1}{2^2}+\frac{1}{4^2}+\frac{1}{6^2}+\cdots\right]$$

$$=\frac{\pi^2}{8}+\frac{\pi^2}{24}=\frac{\pi^2}{6},$$

$$1-\frac{1}{2^2}+\frac{1}{3^2}-\frac{1}{4^2}+\cdots+(-1)^{n-1}\frac{1}{n^2}+\cdots=\left[1+\frac{1}{3^2}+\frac{1}{5^2}+\frac{1}{7^2}+\cdots\right]$$

$$-\left[\frac{1}{2^2}+\frac{1}{4^2}+\frac{1}{6^2}+\cdots\right]$$

$$=\frac{\pi^2}{8}-\frac{\pi^2}{24}=\frac{\pi^2}{12},$$

即

$$1+\frac{1}{2^2}+\frac{1}{3^2}+\frac{1}{4^2}+\cdots+\frac{1}{n^2}+\cdots=\frac{\pi^2}{6}; \tag{8-15}$$

$$1-\frac{1}{2^2}+\frac{1}{3^2}-\frac{1}{4^2}+\frac{1}{5^2}-\frac{1}{6^2}+\cdots+(-1)^{n-1}\frac{1}{n^2}+\cdots=\frac{\pi^2}{12}. \tag{8-16}$$

## 三、正弦级数与余弦级数

一般来说，一个函数的傅里叶级数既含有正弦项，又含有余弦项．但是，也有一些函数的傅里叶级数只含有正弦项（如例 8-47）或者只含有常数项和余弦项（如例 8-49）．这是什么原因呢？ 实际上，这些情况是与所给函数 $f(x)$ 的奇偶性

有密切关系的.

**定理 2** 设 $f(x)$ 是周期为 $2\pi$ 的函数,满足收敛定理的条件,则

(1) 当 $f(x)$ 为奇函数时,它的傅里叶系数为

$$\left.\begin{array}{ll} a_n = 0 & (n = 0, 1, 2, \cdots), \\ b_n = \dfrac{2}{\pi} \displaystyle\int_0^\pi f(x) \sin nx \, \mathrm{d}x & (n = 1, 2, 3, \cdots). \end{array}\right\} \quad (8\text{-}17)$$

(2) 当 $f(x)$ 为偶函数时,它的傅里叶系数为

$$\left.\begin{array}{ll} a_n = \dfrac{2}{\pi} \displaystyle\int_0^\pi f(x) \cos nx \, \mathrm{d}x & (n = 0, 1, 2, \cdots), \\ b_n = 0 & (n = 1, 2, 3, \cdots). \end{array}\right\} \quad (8\text{-}18)$$

由定理 2 可得正弦级数与余弦级数的定义.

**定义 1** 如果 $f(x)$ 为奇函数,那么它的傅里叶级数只含有正弦项

$$\sum_{n=1}^{\infty} b_n \sin nx, \quad (8\text{-}19)$$

称为**正弦级数**.

如果 $f(x)$ 为偶函数,那么它的傅里叶级数只含有常数项和余弦项

$$\frac{a_0}{2} + \sum_{n=1}^{\infty} a_n \cos nx, \quad (8\text{-}20)$$

称为**余弦级数**.

**例 8-50** 设 $f(x)$ 是周期为 $2\pi$ 的周期函数,它在 $[-\pi, \pi)$ 上的表达式为 $f(x) = x$,将 $f(x)$ 展开成傅里叶级数.

**解** 所给函数满足收敛定理的条件,它在点 $x = (2k+1)\pi (k = 0, \pm 1, \pm 2, \cdots)$ 处不连续,在其他点处连续,从而由收敛定理可知 $f(x)$ 的傅里叶级数收敛,且当 $x = (2k+1)\pi$ 时级数收敛于

$$\frac{1}{2}\left[f(\pi^-) + f(\pi^+)\right] = \frac{\pi + (-\pi)}{2} = 0,$$

在连续点 $x (x \neq (2k+1)\pi)$ 处级数收敛于 $f(x)$.

若不计 $x = (2k+1)\pi (k = 0, \pm 1, \pm 2, \cdots)$,则 $f(x)$ 是周期为 $2\pi$ 的奇函数.显然,此时式(8-17)仍成立,按公式(8-17)有 $a_n = 0 (n = 0, 1, 2, 3, \cdots)$,而

$$b_n = \frac{2}{\pi}\int_0^\pi f(x) \sin nx \, \mathrm{d}x = \frac{2}{\pi}\int_0^\pi x \sin nx \, \mathrm{d}x = \frac{2}{\pi}\left(-\frac{x \cos nx}{n} + \frac{\sin nx}{n^2}\right)\Big|_0^\pi$$

$$= -\frac{2\cos n\pi}{n} = \frac{2}{n}(-1)^{n+1} \quad (n = 1, 2, 3, \cdots).$$

将求得的 $b_n$ 代入正弦级数公式(8-19),得出 $f(x)$ 的傅里叶级数展开式为:

$$f(x) = 2\left(\sin x - \frac{1}{2}\sin 2x + \frac{1}{3}\sin 3x - \cdots + \frac{(-1)^{n+1}}{n}\sin nx + \cdots\right)$$

$$= 2 \sum_{n=1}^{\infty} \frac{(-1)^{n+1}}{n} \sin nx \quad (-\infty < x < +\infty; x \neq \pm \pi, \pm 3\pi, \cdots).$$

该例说明,如果函数 $f(x)$ 在 $[-\pi,\pi]$(或原点为第一类跳跃间断点)满足收敛条件时,可直接按傅里叶展开公式展开,此时函数若为奇函数(或偶函数),则展开傅里叶级数为正弦级数(余弦级数);如果 $f(x)$ 定义在 $[0,\pi]$ 上并且满足收敛条件,我们可以补充函数的定义,使它在 $(-\pi,\pi)$ 上成为奇函数(或偶函数),然后将补充定义后的函数展开成傅里叶级数,这个级数必定是正弦级数(或余弦级数),这样便得到 $f(x)$ 正弦级数(或余弦级数)展开式.

例如,如果将函数
$$f(x) = x, (0 \leqslant x \leqslant \pi),$$
补充定义为 $(-\pi,\pi)$ 上的偶函数,再作周期延拓,那么它展开的余弦级数为
$$x = \frac{\pi}{2} - \frac{4}{\pi} \sum_{k=1}^{\infty} \frac{1}{(2k-1)^2} \cos(2k-1)x, \quad (0 \leqslant x \leqslant \pi).$$